AF839350

Praktische Erfahrungen
im
Maschinenbau
in Werkstatt und Betrieb.

Von

R. Grimshaw.

Autorisirte deutsche Bearbeitung
von
A. Elfes,
Ingenieur.

Mit 220 Textfiguren.

Berlin.
Verlag von Julius Springer.
1897.

ISBN 978-3-642-50450-1 ISBN 978-3-642-50759-5 (eBook)
DOI 10.1007/978-3-642-50759-5

Softcover reprint of the hardcover 1st edition 1897

Vorwort zur deutschen Ausgabe.

Gestützt auf langjährige Erfahrungen und vertraut mit den Werkstatts- und Betriebseinrichtungen einer grossen Zahl hervorragender Fabriken, hat es der amerikanische Verfasser unternommen, mit Hülfe zahlreicher Fachgenossen eine Reihe von Arbeitsverfahren und Betriebseinrichtungen zu schildern, die in den angesehensten Fabriken in Gebrauch sind und sich vollauf bewährt haben.

Die deutsche Bearbeitung hat sich die Aufgabe gestellt, aus dem vorliegendem Stoff die Abschnitte auszuwählen, die gerade für deutsche Verhältnisse Werth besitzen.

Durch die weitere Ausführung einiger speciell in Amerika eingeführter Betriebseinrichtungen und Arbeitsverfahren wird bezweckt, alle diejenigen, welche im Betrieb und in der Werkstatt beschäftigt sind, auf die Vortheile dieser Einrichtungen und Verfahren aufmerksam zu machen.

Berlin, im Februar 1897.

A. Elfes.

Inhaltsverzeichniss.

I. Dreh-Arbeiten.

In neuerer Zeit ist man immer mehr und mehr bestrebt, ältere Drehbänke, wie man sie hier und da noch im Gebrauch findet, aus den Werkstätten zu entfernen und Bänke neuester Konstruktion, die in Bezug auf Präcision und Leistungsfähigkeit den höchsten Anforderungen gerecht werden, einzuführen.

Bedeutungsvoll für die Konstruktion der Drehbänke war die Einführung der Kugellagerung, zweier Leitspindeln zum genauen, rechtwinkligen Transport des Supports und zuletzt nicht am wenigsten das Bestreben, die Drehbänke möglichst stabil und kräftig zu gestalten, um sie so den höchsten Anforderungen entsprechend auszubilden.

Konstante Schnittgeschwindigkeit beim Plandrehen.

Sobald an einer Drehbank Arbeitsstücke grösseren Durchmessers plan gedreht werden sollen, wie z. B. ein Cylinderkopf oder eine grosse Scheibe, so tritt gewöhnlich der Uebelstand ein, dass die Schnittgeschwindigkeit am äusseren Durchmesser eine grössere ist, als in der Nähe des Mittelpunktes der Scheibe. Die Folge hiervon ist die, dass, sobald die Schnittgeschwindigkeit der Beschaffenheit des Materials entsprechend für den mittleren Durchmesser des Arbeitsstückes gewählt wird, sie für den Stahl am äusseren Durchmesser viel zu gross und am inneren Durchmesser viel zu klein wird, ein Umstand, der, besonders bei grossen Arbeitsstücken, ausserordentlich schädlich auf den Stahl wirken muss.

Wird z. B. bei einer Scheibe von 400 mm Durchmesser die Schnittgeschwindigkeit für einen Durchmesser von 750 mm bestimmt, so würde die mittlere Geschwindigkeit fünfmal und die äussere neunmal so gross sein. Nehmen wir umgekehrt, um zu grosse Schnittgeschwindigkeiten für den Stahl und die hierdurch bedingte schlechte Bearbeitung zu vermeiden, die Schnittgeschwindigkeit an der Peripherie der 400 mm-Scheibe als massgebend an, so würde die mittlere Schnittgeschwindigkeit, welche auch der mittleren Leistungsfähigkeit der Bank entspricht, fünfmal, und diejenige, welche in einer Entfernung von 25 mm von Scheibenmitte zur Geltung kommt, neunmal kleiner sein als die, welche für das betreffende Material massgebend ist.

Wenn letzteres keinen so schädlichen Einfluss auf den

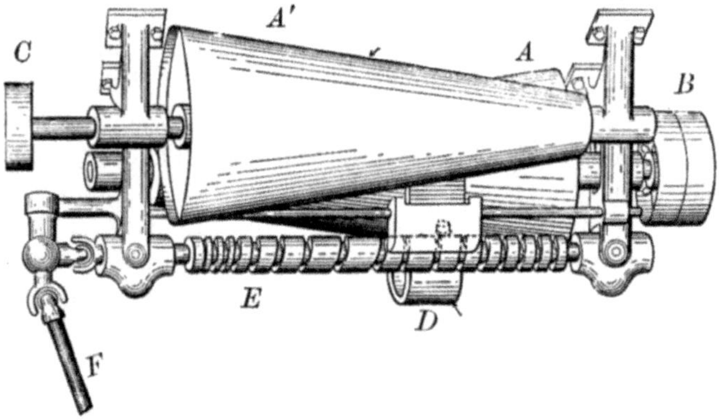

Fig. 1.

Stahl ausübt, wie eine zu grosse Schnittgeschwindigkeit, so trägt es gleichwohl in keiner Weise dazu bei, die Leistungsfähigkeit der Bank zu erhöhen resp., wie dieses meistens verlangt wird, das Arbeitsstück in kürzester Zeit fertig zu stellen.

Um diesen Uebelstand zu beseitigen, hat man verschiedene Vorrichtungen ersonnen, dem Stahl immer die dem betreffenden Durchmesser entsprechende Schnittgeschwindigkeit zu geben. Es lässt sich dies am einfachsten dadurch erreichen, dass man die Umdrehungszahl des Arbeitsstückes proportional zum Vorschub des Stahles ab- oder zunehmen lässt.

Fig. 1 zeigt eine Vorrichtung, die von Brown & Sharpe ausgeführt wird. Die Anordnung besteht, wie aus der Figur ersichtlich, aus den konischen Trommeln *A*, *A'*, den Antriebsscheiben *B*, der Scheibe *C*, der Riemenführung *D*, sowie der Vorrichtung *E* und *F* zum Einstellen der Riemen in beliebige Lagen. Die konische Trommel *A* wird von der Antriebsscheibe *B* (Fest- und Lossscheibe) angetrieben und überträgt ihre Bewegung mittelst Riemens auf die konische Trommel *A'*, deren Geschwindigkeit durch die Scheibe *C* der Drehbank mitgetheilt wird. Da der Zwischenraum der beiden konischen Trommeln etwas geringer ist als die Stärke des um die Trommel *A* lose herumgelegten Gummiringes, so muss hierdurch in jeder Lage des Riemens eine Uebertragung der Geschwindigkeiten der einen Scheibe auf die andere stattfinden. Es braucht wohl kaum erwähnt zu werden, dass bei einer jeden Lage des Riemens auf der Trommel *A* eine dem jeweiligen Durchmesser entsprechende Geschwindigkeit der Trommel *A'* erzielt wird.

Um also eine konstante zu- oder abnehmende Geschwindigkeit der Scheibe *C* zu erhalten, hat man nur nöthig, den Riemen von rechts nach links oder in umgekehrter Richtung gleichmässig an den Trommeln entlang zu führen.

Letzteres erfolgt unter Vermittelung der Spirale *E* und des Antriebs *F*. Je nachdem die Spirale *E* mit gleicher oder ungleichmässiger Theilung geschnitten ist, hat man es in der Hand, proportional oder ungleichmässig zunehmende Geschwindigkeiten zu erzielen.

Wie schon gesagt, erfolgt der Antrieb der Drehbank durch Riemen von der Scheibe *C* aus.

Die Führung des Riemens wird entweder durch die Spirale *E* und den mit der Vorschubspindel der Drehbank in Verbindung stehenden Antrieb *F* oder dadurch bewirkt, dass man unter Wegfall der Spirale *E* die Riemengabel mit einem entsprechend ausgebildeten Hebel, der entweder gegen den Stahlhalter oder den Obersupport zur Anlage kommt, in Verbindung setzt. Hiermit wird es ermöglicht, durch die Bewegung des Stahles resp. des betreffenden Theiles eine direkte Verschiebung des Riemens zu bewirken und dadurch einen steten Geschwindigkeitswechsel der Drehbank zu bewirken.

Es braucht wohl nicht weiter ausgeführt zu werden, dass vermittelst dieser Anordnung dem Stahl die dem jeweiligen Durchmesser entsprechende Schnittgeschwindigkeit zu Theil wird.

Abnutzung der Leitspindel.

Der Fehler an der in Frage stehenden Drehbank ist der, dass an derselben jahrein, jahraus, fast ausnahmslos rechtsgängigige Gewinde geschnitten worden sind, was, da sich die Leitspindel stets nur an ein und derselben Stelle hat abnutzen können, eine einseitige Abnutzung der Gewindegänge zur Folge gehabt hat; ferner muss auch, da die Drehbank fast nur an der Spindelstockseite benutzt wurde, die Abnutzung an dieser Stelle grösser sein, als in der Nähe des Reitstockes. Es haben sich demnach die Gewindegänge der Leitspindel nicht nur verändert, sondern die Formveränderung derselben ist an verschiedenen Stellen eine so ungleichmässige, dass sie beim Gewindeschneiden weder in Betracht gezogen noch erlaubt werden kann. Wenn man die Leitspindel von Zeit zu Zeit hätte umdrehen können, so wäre wenigstens der Fehler der ungleichmässigen Abnutzung vermindert resp. auf ein Mindestmass beschränkt worden.

Der Uebelstand der einseitigen Beanspruchung wäre jedoch nach wie vor bestehen geblieben. Es empfiehlt sich deshalb, gewöhnliche Gewindeschneidarbeiten an einem Ende der Leitspindel vorzunehmen, das andere Ende aber nur zu den Arbeiten zu benutzen, die eine grössere Genauigkeit beanspruchen.

Die einseitige Abnutzung der Leitspindel lässt sich durch folgende Vorrichtung vermindern. An dem Drehbankschlitten befestigt man eine Schnur, die man über eine an dem äussersten Ende der Drehbank laufenden Rolle führt, an deren Ende ein entsprechend grosses Gewicht befestigt ist. Hierdurch tritt eine Veränderung in der Beanspruchung der Leitspindel insofern ein, dass dieselbe anstatt auf Druck, auf Zug beansprucht wird. Durch diese Anordnung wird auch auf der linken Seite des Gewindeganges beim Schneiden von rechtsgängigem Gewinde eine Abnutzung eintreten.

Man kann nun hiergegen einwenden, dass jedesmal, wenn der Schlitten zurückläuft, auch ein Druck auf die andere Gewindeseite der Spindel ausgeübt wird; hierauf lässt sich in derselben Weise erwidern, dass der Druck auf der einen Seite nur während der Schnittzeit stattfindet.

Eine wichtige Massregel wird in den meisten Fällen vernachlässigt: die zweckmässige und genügende Schmierung der Leitspindel. Während alle Lagerstellen in ausreichender Weise mit geeignetem Material geschmiert und in bestem Zustande gehalten werden, giebt man der Leitspindel nur in den allerseltensten Fällen genügendes Oel und reinigt sie auch viel zu wenig von dem anhaftenden Staub, Spähnen, Putzwollfasern u. s. w. Es kann nicht genug darauf hingewiesen werden, dass die richtige Behandlung der Leitspindel die Genauigkeit der Arbeit in erster Linie bedingt, wozu noch kommt, dass ein etwaiges Wiederinstandsetzen sich an jedem anderen Theil der Drehbank leichter bewerkstelligen lässt als an der Leitspindel.

Schleifen der Drehbankspitzen.

Der Versuch, gute Arbeiten mit schlechten Werkzeugen herzustellen, sollte an der Drehbank niemals gemacht werden. Eine Drehbank ist ein Werkzeug, mit dem man wohl im Stande ist, genaue Arbeiten fertig zu bringen, zumal wenn

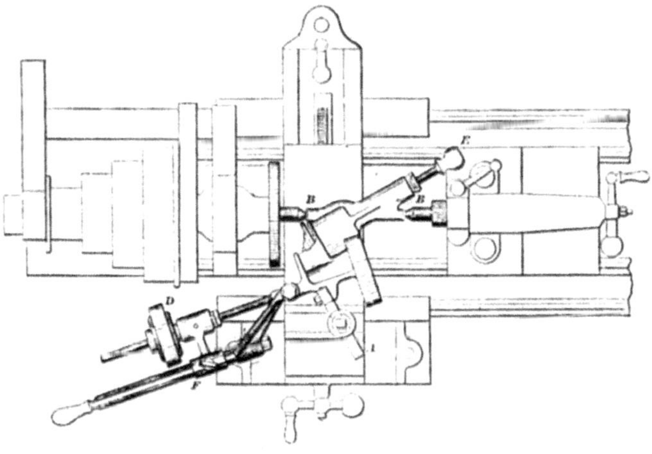

Fig. 2.

dieselbe gut gehalten ist und richtig behandelt wird. Sind aber die Führungen ungenau, die Leitspindel abgenutzt, die Spitzen weich oder unrund, so kann man selbstverständlich bei der grössten Mühe keine gute Arbeit erhalten.

Vor allen Dingen hat man sein Augenmerk auf genaue „Spitzen“ zu richten. Sind die Drehbankspitzen unrund oder zu weich, so zeigen sie das Bestreben, „auszubiegen“ oder sich trotz grösster Sorgfalt des Arbeiters bei der Arbeit zu „fressen“. Gehärtete Spitzen hingegen werden, selbst bei schwereren Arbeitsstücken, nur selten unrund in Folge dessen lässt sich zwischen diesen stets eine bessere und genauere

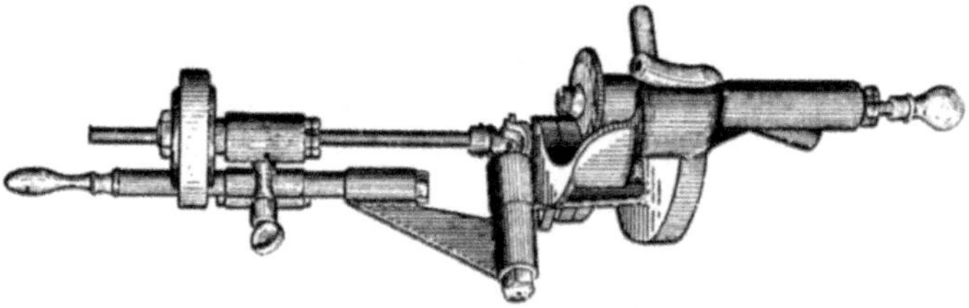

Fig. 3.

Arbeit herstellen, als zwischen weichen Spitzen. Selbstverständlich müssen sie, um ihre genaue Form beizubehalten, ab und zu nachgeschliffen werden. Letzteres lässt sich bei Benutzung eines geeigneten Apparates, wie z. B. des in Fig. 2—4 dargestellten, sehr leicht vornehmen.

Bei der Verwendung dieses Apparates wird zunächst der

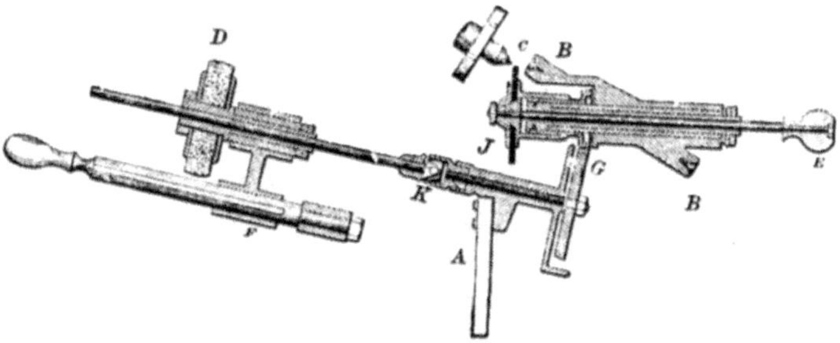

Fig. 4.

Halter *A* lose in das Stichelhaus eingesteckt und hierauf die Vorrichtung *B, B* zwischen die Spitzen genommen, wobei die Reitstockspindel fest eingestellt wird.

Das Stichelhaus wird nun so lange verschoben, bis der Halter *A* eine gute Auflage gefunden hat; die Stichelhausschraube wird hierauf fest angezogen, der Reitstock zurückgeschoben und der Schlitten so eingestellt, dass der Apparat in die in Fig. 4 bei *C* angegebene Lage kommt. Fig. 3 zeigt eine Gesammtansicht dieser Anordnung, während in Fig. 4 ein Schnitt derselben dargestellt ist. Wie aus der Figur ersichtlich ist, erfolgt der Antrieb der Schmirgelscheibe *S* unter Vermittelung der Scheiben *G*, sowie des Kugelgelenkes *K* von der Gummischeibe *D* aus. Letztere wird durch den Handhebel *F* gegen die grössere Stufenscheibe der Drehbank gehalten und so in Umdrehung versetzt. Da die Scheibe mit ihrem Führungsarm auf der Welle verschiebbar angeordnet ist, lässt sich der Apparat auch an verschieden grossen Drehbänken benutzen.

Das Einstellen der Schmirgelscheibe zum Schnitt erfolgt durch die Supportspindel. Die Längsführung der Scheibe an der Spitze wird durch Verschiebung des Handgriffes *E* bewirkt.

Der Vorzug dieses Apparates besteht darin, dass zu seinem Inbetriebsetzen keinerlei Riemen von dem Deckenvorgelege oder der Stufenscheibe aus erforderlich sind.

Drehbankspitzen.

Drehbankspitzen mit abgesetztem Konus, Fig. 5, besitzen den Vortheil, sich weniger abzunutzen als die mit geradem Konus, wie auch ein Ueberdrehen der Spitzen mit grösserer Leichtigkeit zu ermöglichen ist. Die Hauptschwierigkeit beim Abdrehen, die ungleichmässige Schnittgeschwindigkeit an der Spitze und dem vollen Durchmesser ist hier wesentlich verringert.

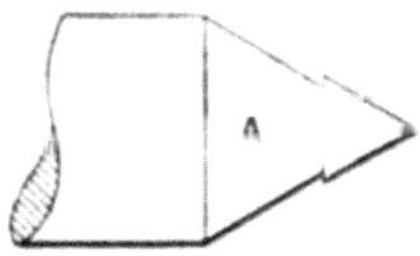

Fig. 5.

Fig. 6 und 7 zeigen dieselbe Anordnung an einer Dreh-

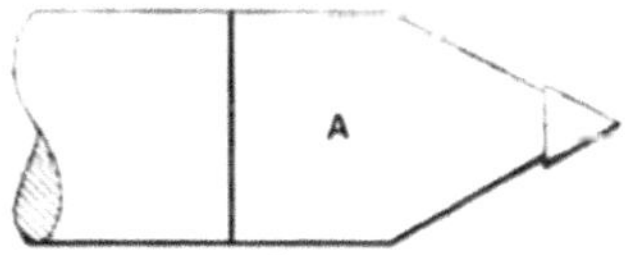

Fig. 6.

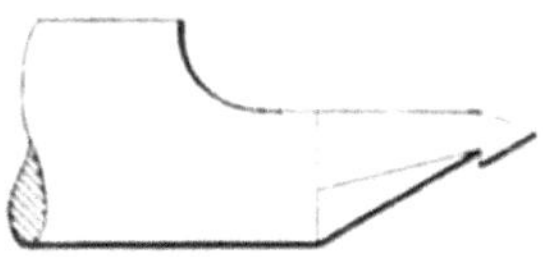
Fig. 7.

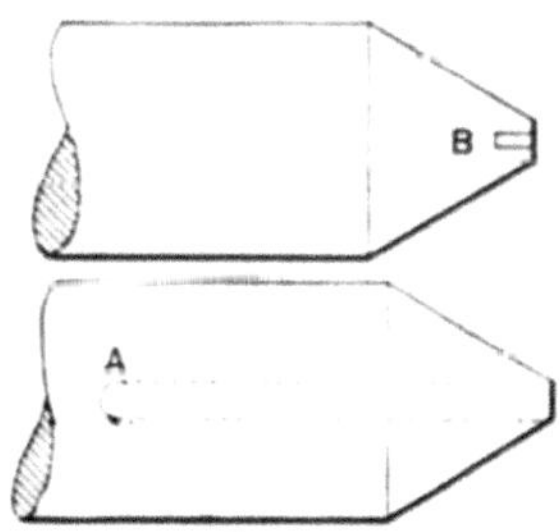

Fig. 8.

bankspitze, die, um ein Ausschneiden des Stahles zu erleichtern, bei *A* ausgefräst ist.

In Fig. 8 ist die Form einer Drehbankspitze wiedergegeben, die bei schwereren Dreharbeiten in Benutzung genommen wird. Vermittelst der Oelrinne *A* und des Schlitzes *B* ist für eine stete Schmierung der Spitze Fürsorge getroffen.

Drehbankspitzen für schwere Arbeitsstücke.

Bei Bestimmung der Formen der Drehbankspitzen, die für schwere Arbeiten verwandt werden sollen, müssen die Erfahrungen zu Grunde gelegt werden, die sich bei langjähriger Benutzung ergeben haben. Fig. 9 zeigt die Form einer solchen Spitze, wie sie sich bei dem Gebrauch an schweren Arbeitsstücken ausgebildet hat. Man kann annehmen, dass die Form für diesen Zweck die beste und widerstandsfähigste ist; weshalb man sich auch bei der Konstruktion einer neuen Spitze nach dieser abgenutzten zu richten suchte. Man führte die Spitze so aus, dass man ihr einen Winkel von 80^0

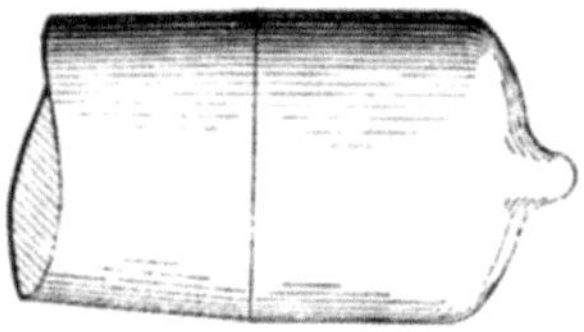

Fig. 9.

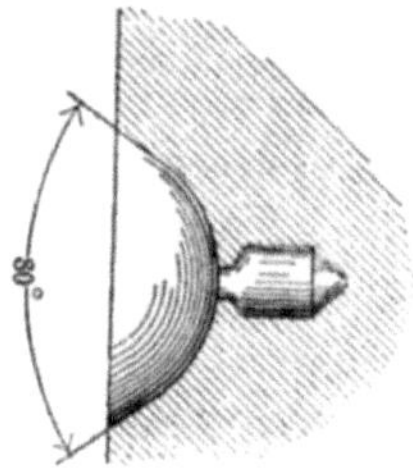

Fig. 10.

gab und sie vorne kugelförmig ausbildete. Die entsprechende Aussenkung im Arbeitsstücke würde in der Weise gebildet, dass man zuerst ein Loch von ca. 6 mm Durchmesser einbohrte, dann mit einem Meissel die der Spitze entsprechende Aussparung herstellte und hierauf die Aussenkung mittelst eines Aufsetzhammers ausbildete; durch letztere Operation werden die Flächen der Aussenkung etwas verdichtet. Es erübrigte nur noch, für die Oelzufuhr geeignete Nuthen in die Flächen der Ausspannung einzumeisseln, sowie das in der ersten Operation eingebohrte Loch nach der in Fig. 10 angegebenen Weise mit einem entsprechenden Werkzeug nachzuarbeiten.

Drehbankspitzen für Abstecharbeiten.

Sobald es sich darum handelt, eine grössere Anzahl Arbeitsstücke abzustechen, ist es vortheilhaft, sich einer zweckentsprechenden, in Fig. 11 dargestellten Spitze zu bedienen. Die Spitze erhält einen cylindrischen Ansatz *A*, dessen Ende konisch ausgebildet ist. Hierdurch wird es ermöglicht, den Stahl ganz ausschneiden zu lassen, sodass keinerlei Grat stehen bleibt.

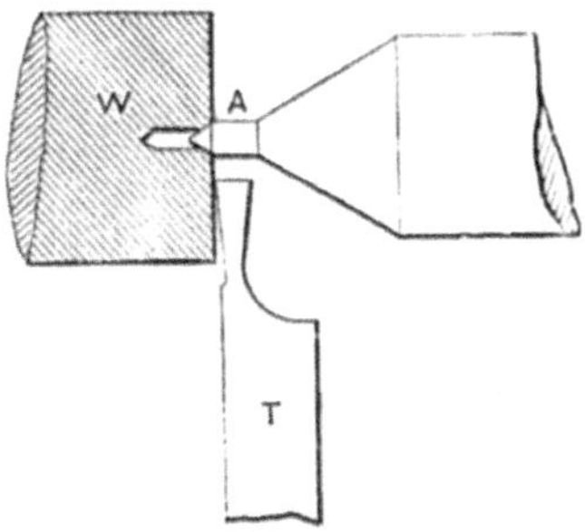

Fig. 11.

Drehbankspitzen zur Aufnahme von rohrförmigen Arbeitsstücken.

Die Fig. 12 und 13 zeigen eine Drehbankspitze, wie sie bei der Lockwood Manufacturing Company zur Aufnahme rohrförmiger Arbeiten in Gebrauch ist. Der Zweck dieser eigenartigen Ausbildung ist, eine Abnutzung des Arbeitsstückes an der Aufnahmestelle zu verhindern. *A* ist der in die Reitstockspindel passende Konus, welcher an seinem vorderen Ende

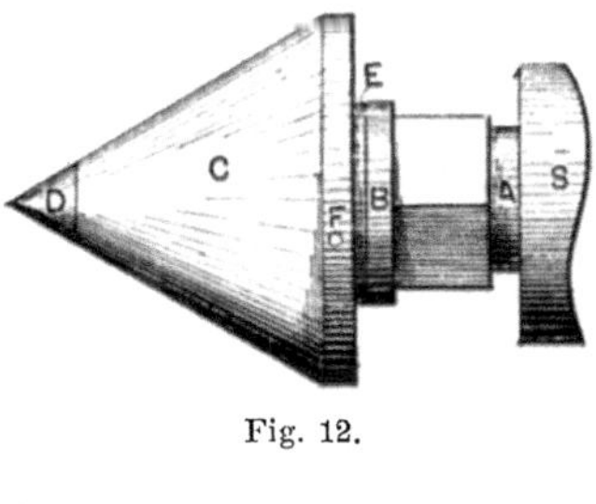

Fig. 12.

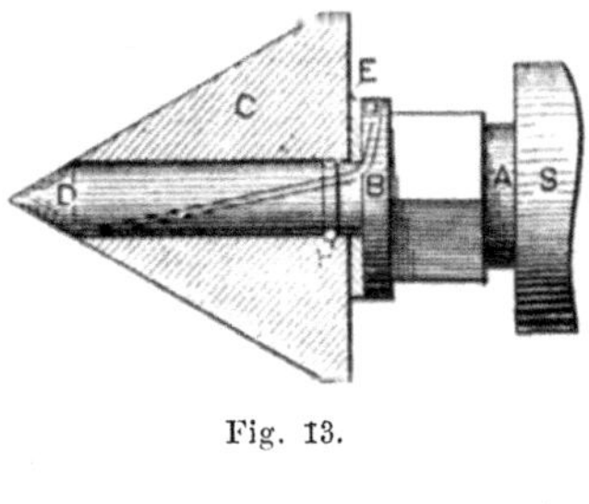

Fig. 13.

mit Sechskant versehen ist und unter Zuhülfenahme des Ringes *B* den lose aufgesetzten Konus *C* trägt, dessen Fortsetzung die Spitze *D* bildet. Das Arbeitsstück wird durch den losen Konus *C* aufgenommen. An einer Längsbewegung wird der Konus *C* durch den Stift *F* gehindert. *G* ist eine Oelnuthe, die, von dem Ringe *B* ausgehend, sich um den Schaft herumwindet und so für eine Schmierung des eingelegten Ringes *B* sowohl, als auch des losen Konus *C* hinreichend sorgt.

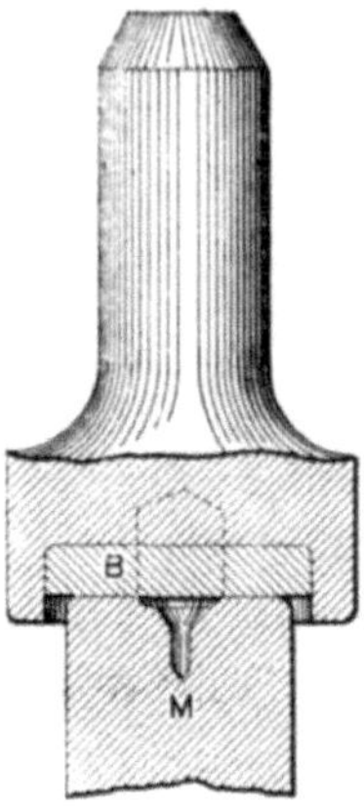

Fig. 14.

Körner für Wellen.

Jedermann weiss, wie leicht es ist, bei Anwendung von gewöhnlichen Körnern durch einen Fehlschlag die ganze Arbeit in Frage zu stellen. Die Abbildung Fig. 14 zeigt eine Vorrichtung, bei der das Abgleiten des Körners so gut wie ausgeschlossen ist. *B* ist eine in die Aussparung des Körnerhalters eingelegte Platte aus weichem Metall, deren Stärke etwas geringer ist als die erwähnte Aussparung; *M* stellt die zu centrirende Welle dar.

Ausrichten der Drehbankspitzen.

Bei dem grossen Einfluss, den die richtige Stellung der Drehbankspitzen auf die Güte der Arbeit ausübt, sollte man sich stets überzeugen, ob auch dieser Bedingung genügt wird. Es lässt sich dies einfach dadurch feststellen, dass man eine Scheibe von ungefähr 250 mm Durchmesser mit einer Stärke von 2—3 mm und einem centrisch gebohrten Loche von 2 mm Durchmesser zwischen die Spitzen nimmt. Eine jede Ungenauigkeit in der Lage der Spitzen tritt dadurch in vergrössertem Massstabe zu Tage und ist man in der Lage, die Spitzen auf das Genaueste auszurichten. Es kommt nun darauf an, festzustellen, ob die Spitze im Reitstock oder im Spindelstock ungenau ist. Man bedient sich zu diesem Zweck eines entsprechend geformten Stahlstabes, welcher gross genug ist, um von der Reitstockspitze aus bis zu einem Punkte der Aussenseite des eingespannten Lehrstückes zu reichen. Man setzt das eine Ende dieses Stabes auf die Körnerspitze auf und berührt mit dem anderen Ende die eingespannte Scheibe; hierauf dreht man die Scheibe um 90^0 und sieht nach, ob das Messstück die Scheibe in derselben Entfernung von der Mitte berührt. Wendet man dieses Verfahren auch für die anderen $^3/_4$ Stellungen an, so kann mit Leichtigkeit ein jeder Fehler festgestellt werden.

Haben sämmtliche Berührungspunkte dieselbe Entfernung

von der Scheibenmitte, so muss die Reitstockspitze genau sein, während im anderen Falle, bei einer Differenz in den Entfernungen, die Spitze so lange ausgerichtet werden muss, bis alle Berührungspunkte in einem zum Mittelpunkte koncentrischen Kreise liegen.

Lehre zum Einstellen der Körnerspitzen.

Eine gute Lehre für das Einstellen der Spitzen ist in Fig. 15 dargestellt. Dieselbe besteht aus einem Metallstabe, dessen Ende nabenförmig ausgebildet und dessen Länge gleich dem halben Durchmesser der Planscheibe ist. In die nabenförmige Erweiterung der Stange wird ein Loch kleineren Durchmessers centrisch eingebohrt und von beiden Seiten ausgesenkt, wobei zu beachten ist, dass die Aussenkungen nicht zusammenfallen. Bringt man diese Lehre zwischen die Drehbankspitzen, sodass jede Spitze in die Aussenkung eingreift, ohne dass sie die andere berührt, so wird die Lehre in einer bestimmten Lage zur Planscheibe festgehalten. Misst man nun die Entfernung des äussersten Lehrschenkels von der Planscheibe und dreht alsdann die Lehre um 90°, 180°, resp. 270°, so muss die jeweilige Entfernung der Lehre von der Planscheibe genau gleich dem in der ersten Stellung festgesetzten Masse sein. Ist dies nicht der Fall, so müssen die Körnerspitzen ausgerichtet werden.

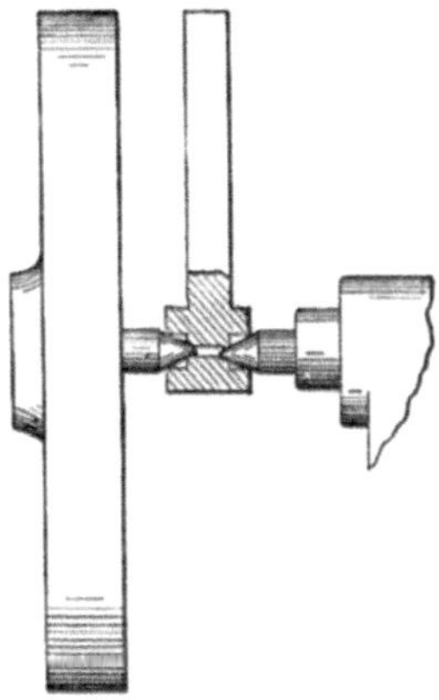
Fig. 15.

Centriren der Arbeitsstücke.

Ein genaues Centriren des Arbeitsstückes ist für jede Dreharbeit von grösster Wichtigkeit. Bei leichteren Arbeitsstücken wird zunächst ein Loch von ungefähr 3 mm Durchmesser gebohrt und dieses dann mit einem geeigneten Werkzeuge ausgesenkt. Besonders gut eignet sich hierzu der in Fig. 16 dargestellte Stahl. Wie ersichtlich, ist etwas mehr als die Hälfte der oberen Fläche des Konus weggefräst und somit eine gerade Schnittfläche hergestellt. Der Winkel wird gewöhnlich 60—75°, oft sogar noch grösser genommen. Wird das Arbeitsstück in dieser Weise centrirt, so werden Arbeits-

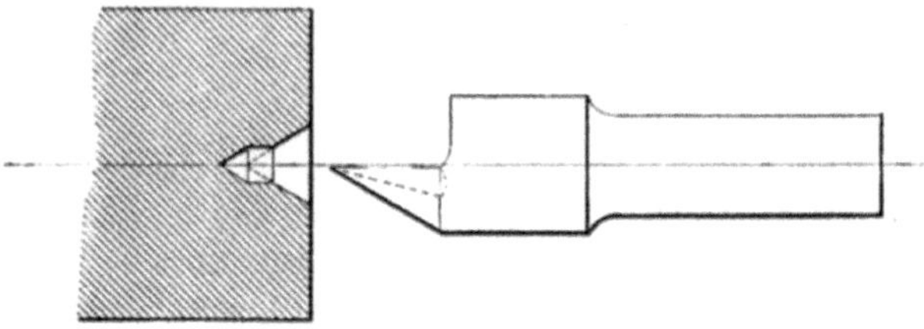

Fig. 16.

stück und Spitze gut zusammenpassen, wobei auch eine hinreichende Schmierung gewährleistet ist.

Wie es aber gute Verfahren giebt, um eine Arbeit zu verrichten, so giebt es auch schlechte; nirgendwo kann dieses besser beobachtet werden als bei der Drehbank und dem betreffenden Körnerloch im Arbeitsstück. Fig. 17 zeigt eine Anordnung, die keineswegs als eine gute angesehen werden

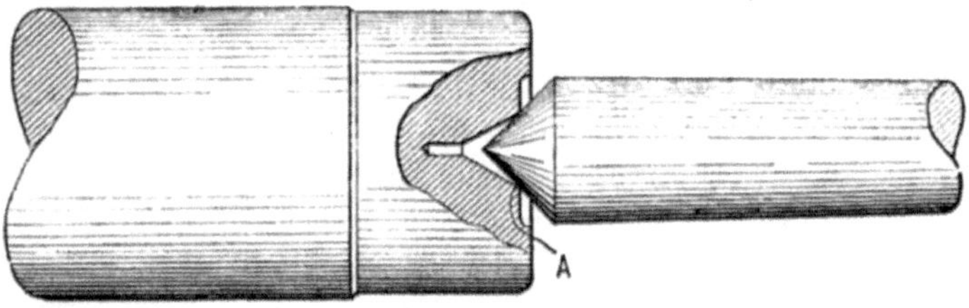

Fig. 17

kann. Der Winkel der Spitze beträgt ungefähr 90°, während die Grösse des Winkels in der Aussenkung nur etwa 60° ist. Hierbei kann selbstverständlich das Arbeitsstück nur an einem Punkt (*A*) zur Auflage gelangen, sodass sich, wenn die Spitze weich ist, an dieser Stelle ein Ansatz bilden wird, während sich bei einer harten Spitze das Arbeitsstück „frisst".

Eine andere, ebenso falsche Anordnung, ist in Fig. 18 gegeben. Diese ist in manchen Beziehungen noch schlechter als die eben angeführte. Hier ist der Winkel der Aussenkung im Arbeitsstück grösser als der der Spitze, und auch hier kommt das Arbeitsstück, wie zu sehen, nur an einer Stelle zur Auflage.

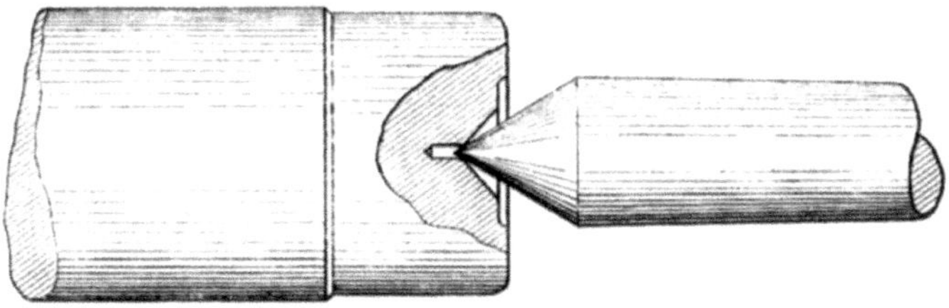

Fig. 18.

Fig. 19 zeigt eine Anordnung desselben Konstrukteurs der Leland & Faulconer Co. Die Winkel der Aussenkung und der Spitze sind hierbei dieselben. Da aber Aussenkung und Spitze an derselben Stelle nicht von demselben Durchmesser sind, so wird ein genaues Zusammenpassen zur Un-

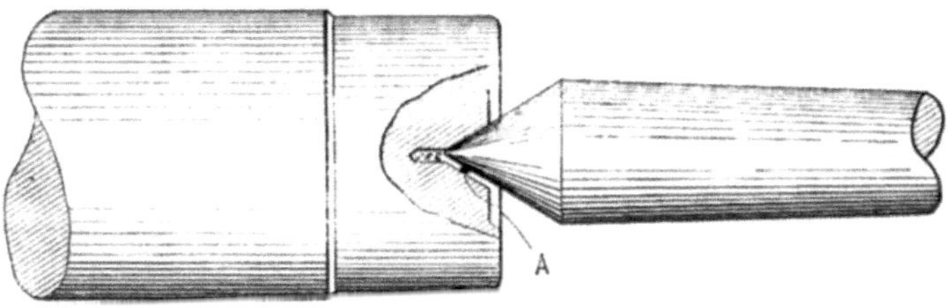

Fig. 19.

möglichkeit. Ein fortwährendes Schlagen des Arbeitsstückes und somit ein ungenaues Arbeiten ist die Folge. Ferner bildet das in das Arbeitsstück eingebohrte Loch einen Behälter für die Spähne, sodass eine weiche Spitze äusserst schnell abgenutzt wird.

In Fig. 20 ist ein anderer beliebter Weg des Centrirens

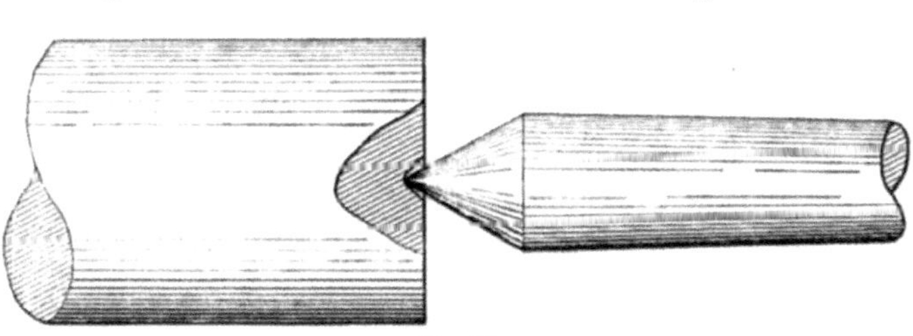

Fig. 20.

angegeben. Hier ist das Loch eingeschlagen; in Folge dessen kann es genau in der Mitte stehen oder auch aus der Mitte sein, es kann genau die Achsenrichtung des Arbeitsstückes erhalten oder aber auch schräg eingeschlagen sein, in keinem Fall besitzt es aber denselben Winkel wie die Spitze.

Fig. 21 zeigt eine andere schlechte Anordnung, indem

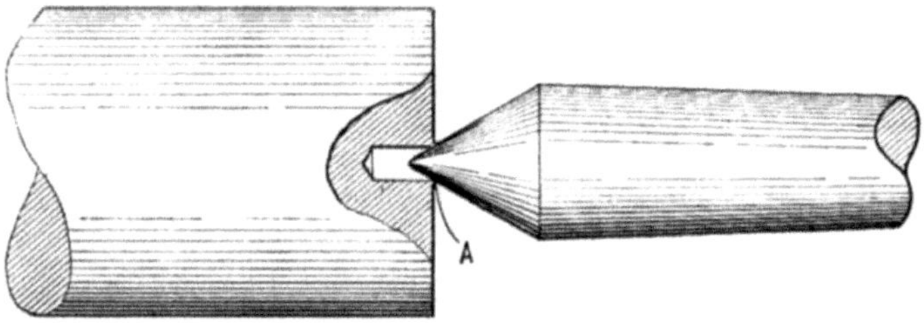

Fig. 21.

hierbei das Arbeitsstück wieder nur an einem Punkt, *A*, zur Auflage gelangt.

Fig. 22 zeigt die beste Anordnung, um das Arbeitsstück sowohl als auch die Spitze genau passend zu erhalten. Die

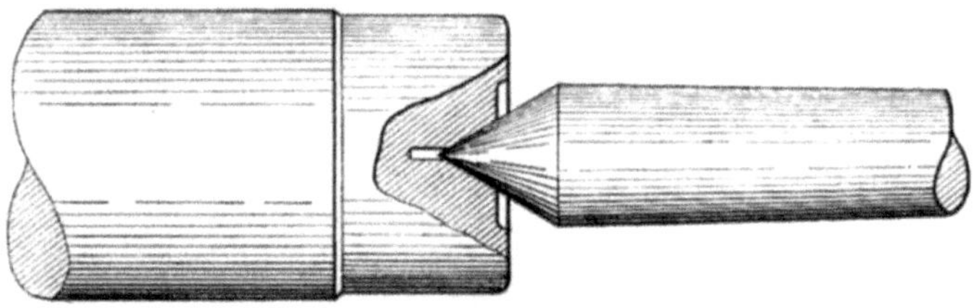

Fig. 22.

Spitze hat hier einen Winkel von 60^0, ist gehärtet und geschliffen; denselben Winkel besitzt auch die Aussenkung des Arbeitsstückes, indem dieselbe mit Hülfe des in Fig. 27 dargestellten Senkers hergestellt ist.

Centrirvorrichtung.

Die in den Fig. 23 u. 24 dargestellte Centrirvorrichtung besteht aus dem Hauptkörper *S*, welcher mittelst Bolzen und Klemmstückes auf den Drehbankprismen befestigt ist, und den in diesen Körper eingesetzten Bolzen *P*. Die Bolzen dienen zur Führung des an beiden Seiten konisch ausgearbeiteten Kopfstückes *G*. Zwei Spiralfedern, welche sich einerseits gegen

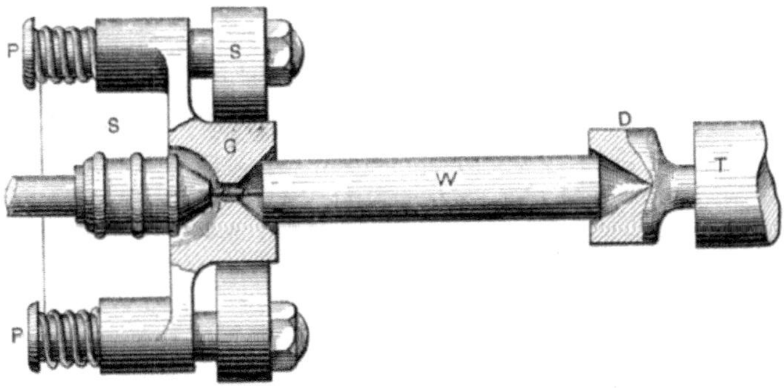

Fig. 23.

den Kopf der Bolzen *P* und andererseits gegen die Führung des Stückes *G* anlegen, dienen zum Feststellen des Arbeitsstückes *W*, welches an der einen Seite bei *G* und an der

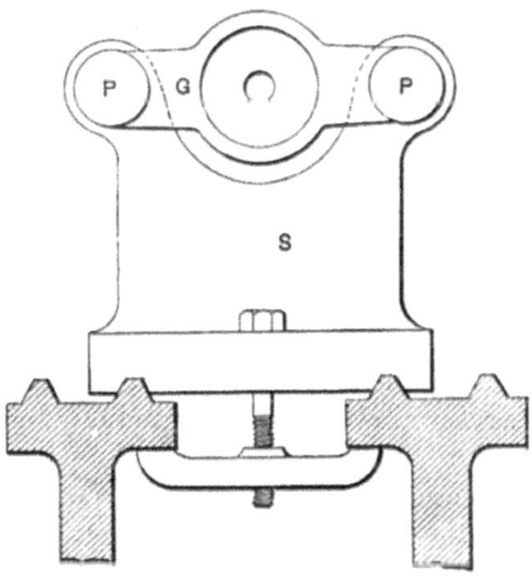

Fig. 24.

anderen Seite von einem an dem Reitstock befindlichen Aufnahmefutter *D* gehalten wird. Zum Anbohren eignet sich jeder beliebige Bohrer.

Centrirfutter.

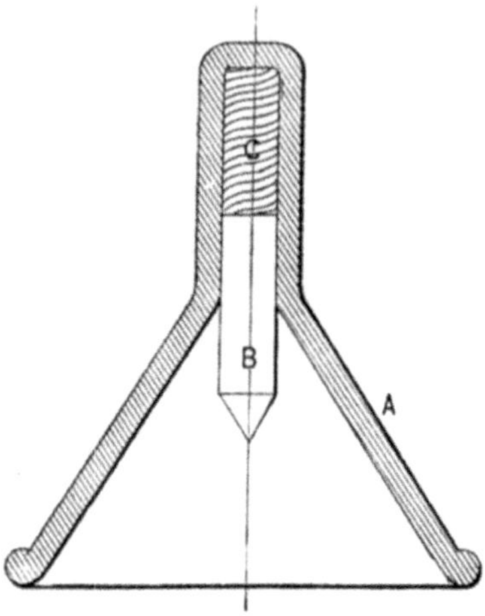

Fig. 25.

Seit dem Jahre 1878 hat ein Centrirfutter vielfach Verwendung gefunden, das hauptsächlich dazu dient, Arbeitsstücke, die auf der Abstechmaschine auf Länge abgestochen sind, zu centriren. Wie aus Fig. 25 ersichtlich ist, besteht die Anordnung aus Trichter *A*, Spitze *B* und Spiralfeder *C*. Sofern die Bohrung für die Spitze *B* genau centrisch zum Trichter hergestellt ist, wird jedes Arbeitsstück von rundem Querschnitt mit seinem Mittelpunkt auf die Spitze zu stehen kommen.

Zusammengesetzter Bohrer und Senker.

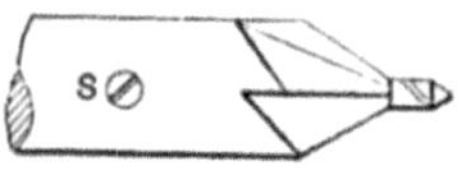

Fig. 26.

In Fig. 26 ist ein Werkzeug dargestellt, welches zum gleichzeitigen Anbohren und Versenken dient. Der Bohrer ist in dem Senker eingesteckt und mittels der Schraube *S* festgehalten.

Winkel für Aussenker.

Der beste Winkel für Senker, welche zum Aussenken von Arbeitsstücken Verwendung finden, ist ein dem Winkel

Fig. 27.

der Drehbankspitze entsprechender von 60°. Wie bereits mehrfach erwähnt, muss der Winkel im Arbeitsstück genau mit dem der Spitze übereinstimmen, und ist deshalb auf die richtige Aussenkung im Arbeitsstück das grösste Gewicht zu legen. Ein Senker, der fast in allen Werkstätten Verwendung findet, ist in Fig. 27 dargestellt. Da die Spitze des Senkers genau auf 60^0 geschliffen ist, so ist hierdurch ebenfalls der richtige Winkel für die Aussenkung festgelegt.

Mittenbestimmung an Arbeitsstücken.

Oft handelt es sich darum, aus einem Stück Material den grössten zu erreichenden Durchmesser zu drehen. Hierbei darf man sich nicht damit begnügen, den Mittelpunkt durch einfaches Messen in einer Richtung festzustellen, da es hierdurch noch lange nicht erwiesen ist, ob man wirklich den so erhaltenen Durchmesser bei dem Drehen beibehalten kann, oder aber ob man nicht bei Bestimmung eines anderen Mittelpunktes einen grösseren Drehdurchmesser erhalten hätte. So

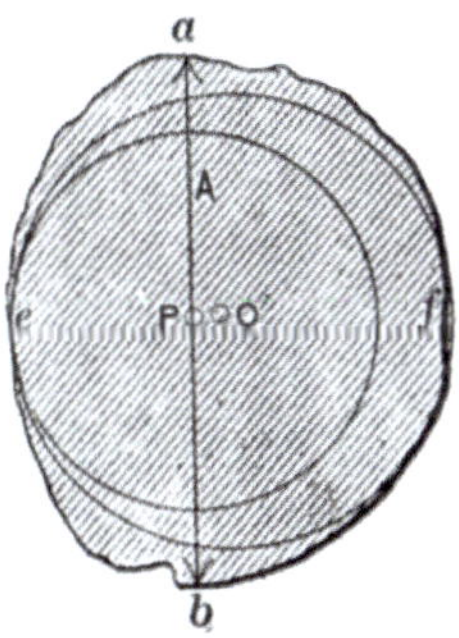

Fig. 28.

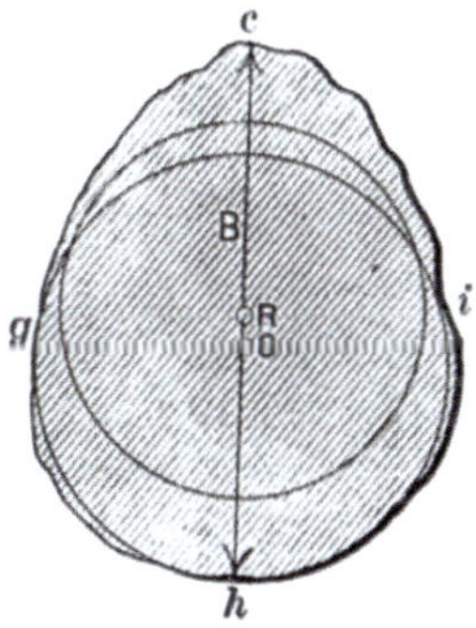

Fig. 29.

haben z. B. die Punkte *a* und *b*, Fig. 28, von der angenommenen Mitte *P* gleiche Entfernung. Da aber die Entfernung von *P* zu *e* bedeutend kleiner ist, als von *P* zu *a*, so würde man nur einen Durchmesser gleich der doppelten Entfernung *Pe* drehen können; der grösste Durchmesser liesse sich erst bei Annahme von *Q* als Mittelpunkt erzielen.

Dasselbe ist in Fig. 29 gezeigt, wo sich bei einem Messen der Linie *c-h* „*R*“ als Mittelpunkt ergiebt, mit welchem jedoch ein bedeutend kleinerer Drehdurchmesser gegeben wäre, als bei Annahme von *S* als Mittelpunkt.

Während bei der Bestimmung des Mittelpunktes in Fig. 28 nur die zwei Punkte *e*, *f* in Betracht kommen, sind bei dem Querschnitt Fig. 29 drei Punkte, *i*, *g*, *h*, massgebend.

Centriren und Dornen von Pleuelstangen.

Bei einem Besuch in einer grösseren Maschinenwerkstätte sah ich einen Arbeiter damit beschäftigt, eine Pleuelstange zu centriren resp. zu dornen. Mittelst eines Zirkels wurde auf der Stirnseite des rechteckig ausgebildeten Pleuelstangenkopfes der Mittelpunkt von den betreffenden Seiten aus festgelegt. Nachdem dann mit einem Körner ein Loch eingeschlagen worden war, wurde die Stange zum Ausrichten auf die Drehbank genommen. Mit einem Stück Kreide wurde der Theil der Stange, welcher „schlug“, angezeichnet, die Stange von der Drehbank weggenommen, und das Körnerloch mittelst eines halbrunden Meissels nach der betreffenden Seite hin erweitert, um die Pleuelstange auf diese Weise „laufend“ zu erhalten. Selbstverständlich mussten diese Operationen mehrmals wiederholt werden. Nachdem die Stange endlich einigermassen ausgerichtet war, bohrte der Arbeiter das Loch für die Drehbankspitzen ein.

Auf die Ungenauigkeit eines derartigen Verfahrens braucht wohl nicht weiter hingewiesen zu werden.

Im Folgenden soll nun ein Verfahren angegeben werden, welches in den Delamater Eisenwerken in Gebrauch ist. Es

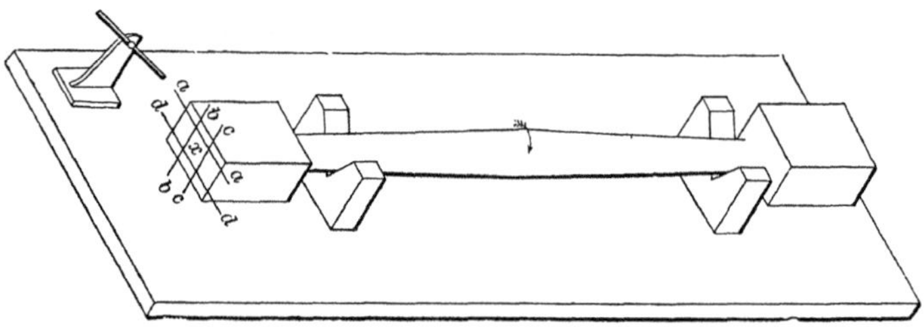

Fig. 30.

sei angenommen, dass eine Pleuelstange von 1,80 m Länge zu centriren ist. Man legt die Stange, wie in Fig. 30 angegeben ist, in zwei $\vee$förmig ausgebildete Böcke auf eine Richtplatte, oder, falls eine solche nicht vorhanden ist, auf den Tisch einer grösseren Hobelmaschine. Die Unterlagsböcke sind hierbei so hoch zu nehmen, dass man die Stange bequem drehen kann. Mittelst eines Parallelreissers wird auf der Stirnseite des Stangenkopfes die Linie *a a* angerissen. Hierauf wird die Stange in Richtung des Pfeiles um eine Viertelwendung gedreht und der Riss *b b* gezogen; in gleicher Weise werden dann die Linien *c c* und *d d* angerissen. Der Mittelpunkt des auf diese Weise erhaltenen Viereckes ist gleichzeitig der Mittelpunkt für den runden Theil der Stange. Wenn der Kopf der Stange 65 mm breit und 110 mm hoch werden soll, so beschreibt man von dem Mittelpunkte *x* aus zwei Kreise mit 65 mm resp. 110 mm Durchmesser. Hierauf reisst man mit dem Parallelreisser ein Parallelogramm, dessen Seiten 65 mm resp. 110 mm lang werden. Nunmehr wird ersichtlich, ob überall genügendes Material vorhanden ist, oder aber, ob der Mittelpunkt verlegt werden muss. Bei einer Verlegung des Mittelpunktes hat man sich durch Messen an dem runden Theil der Stange zu überzeugen, ob auch dort noch überall genügend Material vorhanden ist. Das Einbohren und Aussenken des Körnerloches geschieht am besten auf einer Centrirmaschine oder aber auf einer Drehbank, die mit einer hierzu geeigneten Vorrichtung ausgestattet ist.

Mitnehmer für Drehbänke.

Die gewöhnlich im Gebrauch befindlichen, einfach gebogenen Mitnehmer zeigen fast immer das Bestreben, ein Vibriren langer und dünner Arbeitsstücke bei allen Schnitten,

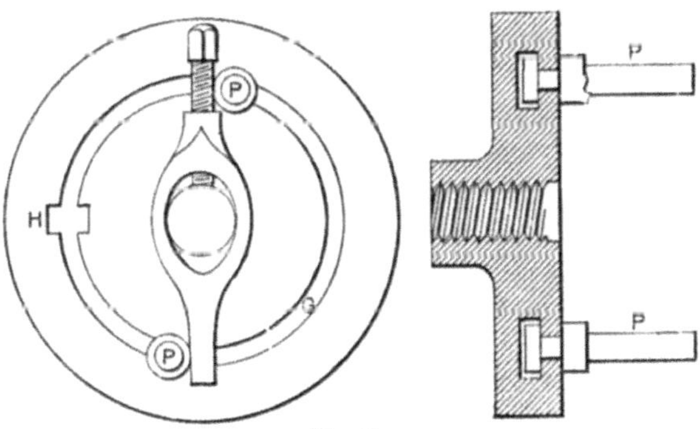

Fig. 31.

und kurzer schwerer Arbeitsstücken beim Ausschrubben zu begünstigen. Der Mitnehmer mit geradem Schenkel hingegen weist diesen Nachtheil nicht in demselben Maasse auf; insbesondere wenn er nach der in Fig. 31 dargestellten Weise mittelst zweier Mitnehmerstifte angetrieben wird. Die in der Figur ersichtliche Anordnung wird bei der S. A. Woods Co. vielfach benutzt.

Die Planscheibe besitzt einen *T*-förmig ausgebildeten, zur Mitte koncentrisch gelegenen Schlitz *G* mit einer entsprechenden Aussparung *H*. Letztere ermöglicht das Einbringen zweier Muttern in den Schlitz, in welche die zwei Mitnehmerstifte *P* eingeschraubt sind. Die Stifte mit den Muttern werden in die Mitnehmerscheibe eingeschoben und dann festgezogen.

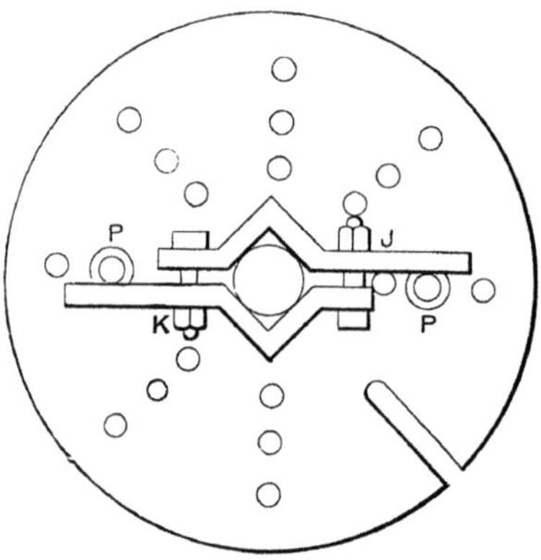

Fig. 32.

Ein anderer Mitnehmer ist in Fig. 32 dargestellt. Derselbe besteht aus zwei getrennten Schenkelstücken, welche durch die Schrauben *J* und *K* auf dem zu bearbeitenden Stück befestigt werden. Die Mitnehmerstifte *P* sind in entsprechende Löcher, die von der Mitte der Planscheibe gleichen Abstand haben, eingesetzt. Bei dieser Anordnung sowohl, als auch bei der erstgenannten, wird jedoch wohl selten ein vollkommen stossfreier Antrieb erzielt werden.

Fig. 33 hingegen zeigt eine Vorrichtung, die einen gleichmässigen Antrieb der Mitnehmer ermöglicht. Auf der Planscheibe ist das kreuzförmig ausgebildete Gussstück mittelst der Schrauben *C* und *D* befestigt. Diese Schrauben bewegen sich lose in den Schlitzen *A* und *B*, während sie in der Planscheibe fest eingespannt sind. Die zwei andern Schlitze sind *T*-förmig ausgebildet und nehmen zwei Muttern auf, in denen die Mitnehmerstifte *P* eingeschraubt sind. Durch die Bolzen *C* und *D* wird das Mitnehmerkreuz und durch die Stifte *P* der Mitnehmer selbst in Umdrehung versetzt. Infolge der Verschiebung des Mitnehmerkreuzes *F* in den Schlitzen *A* und *B*,

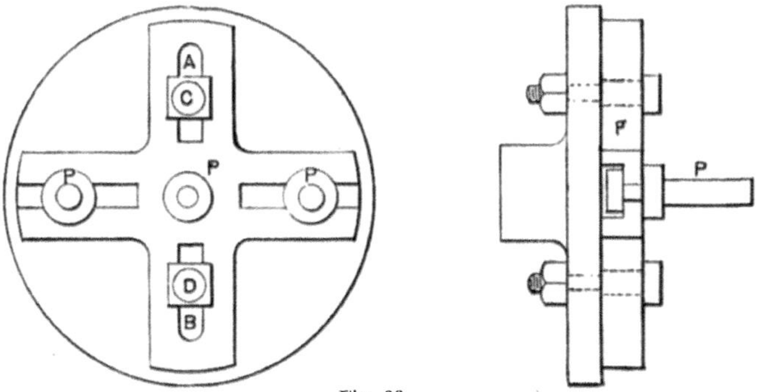

Fig. 33.

sowie der Stifte *P* in den *T*-förmigen Schlitzen wird ein vollständig gleichmässiger Antrieb erreicht.

Mitnehmer für Hohlkörper.

Einen sehr brauchbaren Mitnehmer für Dreharbeiten an Gasrohren, Hähnen u. s. w. zeigt Fig. 34. Die auf der Drehbankspindel aufgeschraubte und mit einer Spitze versehene Nabe *A* trägt die zwei Rundeisen *B* und *B'*. An dem Rundeisen *B* ist der Arm *D* verstellbar angeordnet. *B* sowohl wie *B'* sind

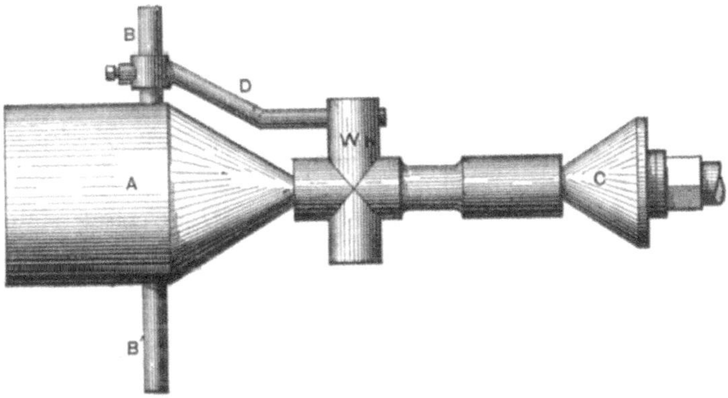

Fig. 34.

in gleicher Weise verstellbar: *B* um das betr. Arbeitsstück mittelst des Armes *D* zu fassen und *B'* um die Theile *B* und *D* auszubalanciren. Bemerkt sei noch, dass das Arbeitsstück an der Reitstockseite in einer in Fig. 12 näher beschriebenen Spitze gehalten wird.

Verbesserte Aufnahmefutter für die Drehbank.

Bei der Direct Separator Co. stellte es sich als nothwendig heraus, bei einer bestimmten Arbeit für jedes Arbeitsstück zwei Spannfutter zu benutzen. Um nun die Kosten des Gewindeschneidens an jedem Futter zwecks Aufnahme des Gewindekopfes der Drehbankspindel zu vermeiden, verwendete man die in den Fig. 35—38 dargestellten Konstruktionen. Die Spannfutter wurden ausgebohrt und auf Maass gedreht, sodass sie genau auf den Ansatz der Drehbankspindel passten. Hierauf wurden sie vermittelst der Mutter *A*, die für alle Futter verwendbar ist, auf der Drehbankspindel festgezogen.

Das Feststellen der aussen konisch übergedrehten Mutter *A* geschieht in der Weise, dass durch das Aufziehen des Ringes

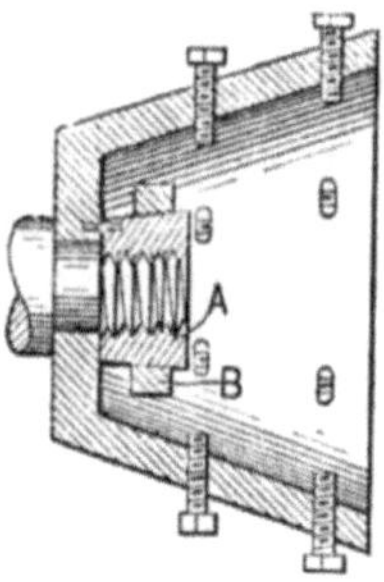

Fig. 35.

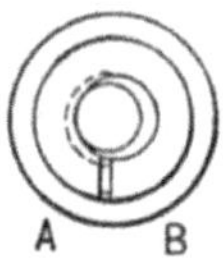

Fig. 36.

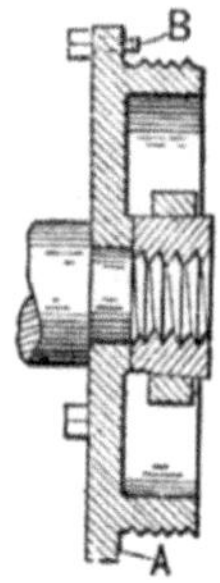

Fig. 37.

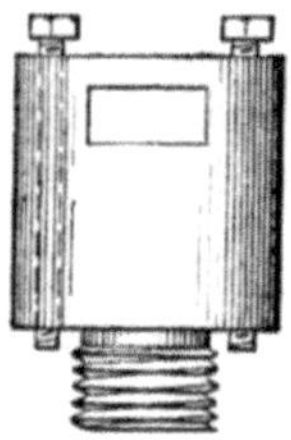
Fig. 38.

B ein Zusammenpressen der geschlitzten Mutter stattfindet. Während es äusserst zeitraubend ist, ein Futter gewöhnlicher Konstruktion durch ein anderes zu ersetzen, lässt sich die Abnahme dieses Futters mit Leichtigkeit bewerkstelligen, indem es nur nöthig ist, den Ring *B* auf der Mutter zurückzustreifen.

Für Arbeitsstücke, welche nach Fig. 35 an der Innenseite mit Gewinde versehen sind, verwendet man zur weiteren Bearbeitung, z. B. zum Ueberdrehen resp. Gewindeschneiden auf der Aussenfläche, das in Fig. 37 dargestellte Futter. Wollte man nun das Stück fest gegen den Ansatz *A* anschrauben, so würde die Abnahme des fertiggestellten Arbeitsstückes mit Schwierigkeiten verknüpft sein. Dieses lässt sich dadurch vermeiden, dass man zwei oder mehrere Stellschrauben *B* verwendet, deren Stirnflächen genau abgedreht, und die bis zur Anlage gegen den Kopf oder den Kranz eingeschraubt sind. Das Arbeitsstück, welches in diesem Futter fertig bearbeitet werden soll, kann man fest gegen diese Stellschrauben anliegen lassen; will man das Stück nach seiner Fertigstellung abnehmen, so braucht man nur die Stellschrauben etwas zu lösen.

Drehbankfutter mit Spannpatrone.

Für gewisse Arbeiten, insbesondere für Rothgussstücke wird bei der Hancock Inspirator Co. ein Spannfutter ver-

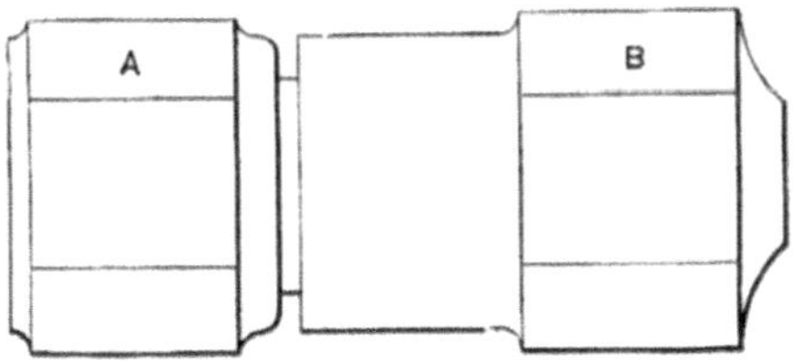

Fig. 39.

wendet, welches in den Fig. 39—41 dargestellt ist. Fig. 39 giebt eine Ansicht des zusammengesetzten Futters, Fig. 40

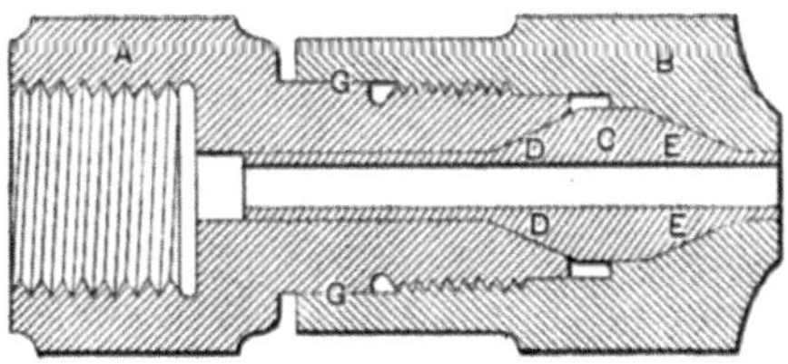

Fig. 40.

einen Mittelschnitt, während Fig. 41 die Seiten- und Endansicht der Spannpatrone darstellt.

Das Futter besteht aus drei Theilen. Der Hauptkörper *A*

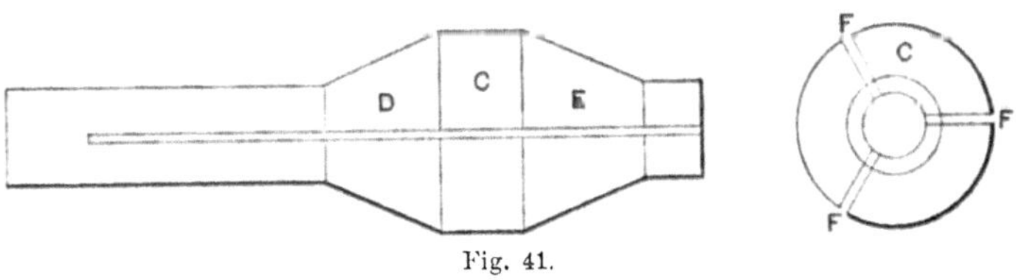

Fig. 41.

wird auf die Drehbankspindel aufgesteckt und ist bei *G* zur Aufnahme der konisch ausgebildeten Spannbüchse *B* mit Gewinde versehen. Die Spannpatrone *C* kommt mit dem Konus *D* gegen den Hauptkörper *A* und mit dem Konus *E* gegen die Büchse *B* zur Anlage. Die Patrone ist auf $^3/_4$ ihrer Länge dreimal geschlitzt, wie bei *F* zu ersehen, sodass sie beim Aufschrauben der Büchse *B* auf dem Hauptkörper *A* zusammengedrückt wird.

Spannfutter für radiale Bohrarbeiten.

Sollen mehrere Löcher in einen cylindrischen Körper radial eingebohrt werden, so dass sie sich alle in einem Punkte treffen, so setzt man an Stelle der Körnerspitze des Reitstockes ein Spannfutter, welches mit einer \/ förmigen Nuthe versehen ist. Letztere gewährleistet die genaue Lage des betreffenden Arbeitsstückes zur Drehbankspitze. Oft ist es von Vortheil, das Spannfutter mit zwei Nuthen zu versehen, eine für Arbeitsstücke kleineren, und eine für Arbeitsstücke grösseren Durchmessers. Durch diese Anordnung wird erreicht, dass die Fläche des Arbeitsstückes, in welche das Loch gebohrt werden soll, am Spannstück vorsteht.

Aufspannen von Wellenlagern.

In den Werkstätten von Lane & Boldley bedient man sich zum Aufspannen von Lagerkörpern, deren Aussenfläche kugelförmig ausgebildet ist, eines halbrunden Dornes, der auf der Planscheibe der Drehbank befestigt wird. Die betr. Lagerhälfte wird mittelst Schrauben und Spannstücken auf dem Dorne festgehalten. Befindet sich der halbrunde Dorn in der richtigen Lage, so muss auch die Lagerhälfte in der genauen Lage zur Bohrung stehen.

Die Kreisführung des Stahles geschieht mittelst eines am Unterschlitten befestigten Formstückes. Formstück und Oberschlitten werden in zweckentsprechender Weise unter Zuhülfenahme einer Schnur und eines Gewichtes in Verbindung gehalten.

Stichelhäuser für Drehbänke.

Im Folgenden seien einige Anordnungen von Stichelhäusern gegeben, die sich in der Praxis sehr gut bewährt haben.

Bei einer Anordnung, die sich in den „Freeland“ Werkstätten in Gebrauch befindet, ist der obere Theil des Stichelhauses nabenförmig ausgebildet und zur Aufnahme einer Ringmutter mit Aussengewinde versehen. Letztere besitzt eine grosse Anzahl eingebohrter Löcher, die die Benutzung eines Steckschlüssels ermöglichen. Ist der Drehstahl lose, so kann man die Ringmutter mit der Hand anziehen, während man sich im andern Falle des Steckschlüssels bedient. Diese Anordnung eignet sich besonders für schwere Drehbänke.

Brown & Sharpe benutzt unter andern ein Stichelhaus, dessen Konstruktion wie folgt ist: Der Drehstahl ruht auf einem Gegenkeil, der an der vordern und hintern Seite durch zwei Stell-, resp. Befestigungsschrauben festgehalten wird. Die obere Fläche der Führungsschlitze ist konkav ausgebildet, sodass der Stahl mit der oberen Fläche nur in einer Linie zur Auflage kommt, während die untere Fläche ganz durch den Keil getragen wird. Durch das Wegfallen der Stellschraube wird die Beobachtung der Stahlschnittkante wesentlich erleichtert.

Eine andere Konstruktion eines Stichelhauses, Fig. 42, die, wenngleich sie den Stahl mittelst einer Schraube von oben her feststellt, dennoch mit Vortheil angewandt wird, ist dadurch gekennzeichnet, dass der Stahl nicht auf eine senkrecht zum Stichelhaus stehende Fläche zur Auflage kommt, sondern auf einem in einer entsprechenden Aussparung verschiebbaren Unterlagstück von konvexer Form ruht.

Ein Feststellen des Stahles in einer bestimmten Lage lässt sich hierdurch mit Leichtigkeit erreichen.

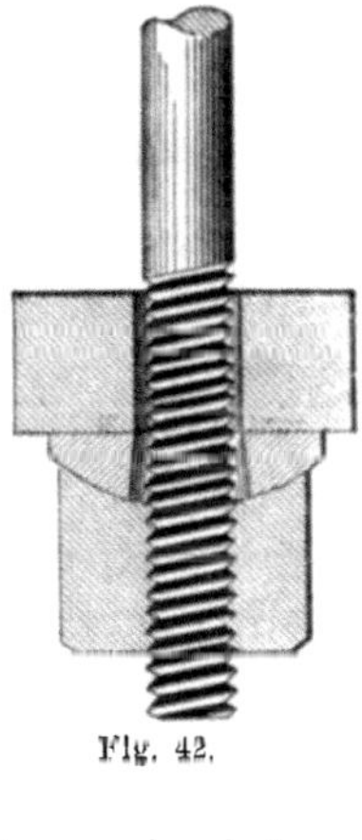
Fig. 42.

Viel verbreitet sind Stichelhäuser, die so ausgebildet sind, dass man den Stahl nicht nur in jedem beliebigen Winkel feststellen, sondern auch in gewünschter

Entfernung vorstehen lassen kann, sodass es ermöglicht wird, jede Art von Kurvenstücken zu drehen.

Stichelhausschlitze.

Die Schlitze in den Stichelhäusern zur Aufnahme der Stähle werden gewöhnlich viel zu schmal ausgeführt. Dies tritt besonders dann zu Tage, wenn man sich der patentirten Stahlhalter bedient, die aus dem eigentlichen Stahlhalter, — aus Schmiedeisen, Gusseisen oder schmiedbarem Guss hergestellt, — und dem in dem Halter eingesetzten Schneidstahl bestehen. Hauptsächlich sind die Schlitze aus dem Grunde zu schmal, weil sie nicht die Benutzung von Stählen gestatten, die gross genug sind, um die erzeugte Wärme abzuleiten.

Man sollte sich hierbei die Erfahrung vieler Fachleute zu Nutze machen, die der Ansicht sind, dass der kleinste, wirklich solide Arbeitsstahl für Eisen mindestens 30 mm Höhe bei 20 mm Breite haben soll.

Eine Drehbank von 750 mm Spitzenhöhe sollte einen Arbeitsstahl von 45 mm Höhe bei 30 mm Breite erhalten, während bei einer Drehbank von 1200 mm Spitzenhöhe Stahldimensionen von 70—80 mm Höhe und 60 mm Breite nicht als übermässig gross gelten können.

Stahlhalter für Bohr- und Gewindeschneidstähle.

Das Bohren und Gewindeschneiden lässt sich bei Benutzung eines Stahles, wie er im Folgenden beschrieben ist, wesentlich erleichtern.

In Fig. 43 ist in dem Stichelhaus *A* ein Halter *B* befestigt, der in seiner nabenförmigen Ausbildung *K* eine Stange aus gezogenem Rundeisen mittelst der Klemmschraube *G* festhält. Das Ende dieses Schaftes ist abgedreht und zwecks Aufnahme eines Verschlussstückes mit Gewinde versehen. Das eine dieser Verschlussstücke besitzt eine rechteckige Oeffnung zur Aufnahme des Schnittstahles *E*, während das andere so ausgebildet ist, dass eine Stellung des Stahles unter 45^0 ermöglicht wird.

Das Feststellen der Stähle *E* geschieht dadurch, dass bei Aufschrauben des Schlussstückes der Stahl gegen das im Schaft *C* eingesetzte Einsatzstück *D* angepresst wird. Auf-

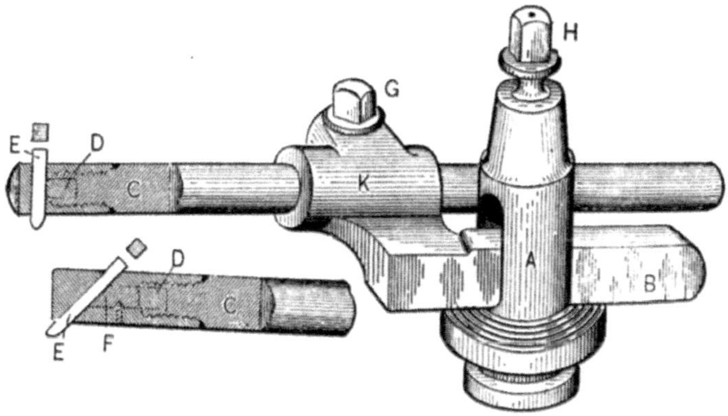

Fig. 43.

geschraubt wird das Schlussstück mittelst des in Fig. 44 dargestellten Schlüssels, indem man denselben so auf das Verschlussstück aufschiebt, dass der Schnittstahl in die betreffende Ausfräsung des Schlüssels zu liegen kommt und hierdurch

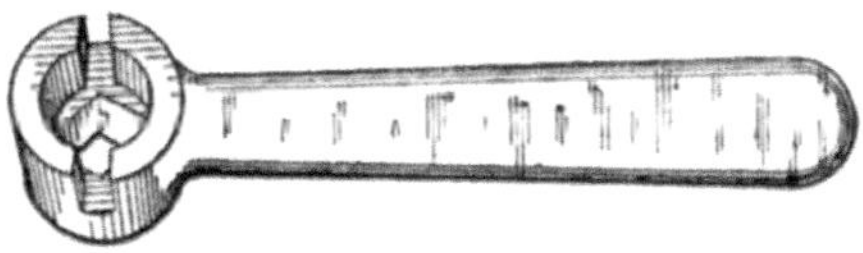

Fig. 44.

bei einer Verdrehung des Schlüssels ein Festziehen des Schnittstahles bewirkt wird.

Ein derartiges Werkzeug, das unter dem Namen „Armstrong“-Stahlhalter bekannt ist, macht das Schmieden des Stahles überflüssig und ist dadurch, dass nur ein verhältnissmässig kleines Stück Werkzeugstahl erforderlich ist, ausserordentlich billig und ökonomisch.

Gusseiserne Drehstähle.

Um die Schmiedekosten für die Drehstähle zu vermeiden, werden für gewisse Arbeiten an weichen Gussstücken gegossene Drehstähle benutzt, die aus hartem Gusseisen hergestellt und gehärtet sind (eingesetzt). Dieselben geben einen guten Schnitt, bedürfen kein so häufiges Schleifen wie stählerne Drehstähle und lassen sich 4—5 mal nachschleifen.

Schnittwinkel für Drehstähle.

Der Schnittwinkel für die Drehstähle ist von der Art des Schnittes selbst, wie auch von der Beschaffenheit des zu bearbeitenden Metalles abhängig. Im Durchschnitt beträgt der Winkel 15—17°.

Kontrollirt kann der Schnittwinkel eines Drehstahles am leichtesten dadurch werden, dass man den Stahl auf eine gerade Fläche legt und dann mittelst eines Winkels abwinkelt.

Winkellehren für Drehbankstähle.

In jeder Werkstätte sollten Lehren für die Stahlwinkel vorhanden sein. Eine gute Lehre für diesen Zweck ist die bei Smith & Coventry in Gebrauch befindliche.

In einer Platte sind eine Anzahl Einschnitte für 35°, 45°, 60°, 90° Winkel so hergestellt, dass je eine Seite rechtwinklig zur Aussenkante der Lehre zu stehen kommt; ferner sind mehrere Einschnitte für Abstech-, Rundstähle u. s. w. vorgesehen.

Der Vortheil dieser Lehre besteht darin, dass man dieselbe sowohl für links- als auch für rechtsschneidende Stähle benutzen kann.

Gewindesträhler.

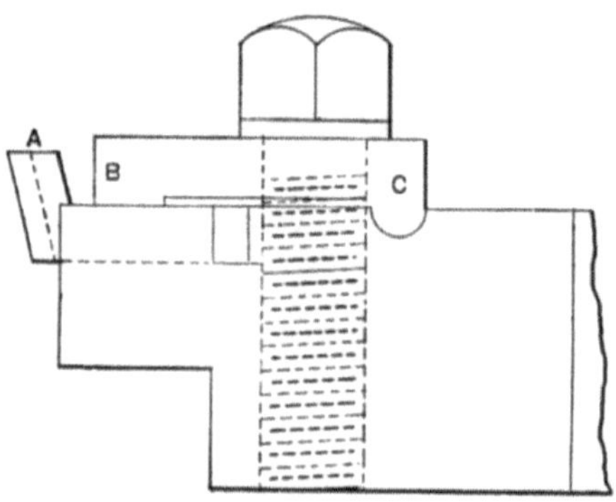

Fig. 45.

Gewindesträhler scheinen in manchen Werkstätten als veraltet angesehen zu werden; in anderen hingegen, die, wie Pratt & Withney, einen Weltruf besitzen, werden sie theils zum Vorschrubben, theils auch zum Fertigschneiden verwendet.

Eine Anordnung, die bei Pratt & Withney in

Anwendung ist, zeigen die Fig. 45 u. 46. Der eigentliche Strähler *A*, der hier ziemlich kurz gehalten ist, ist mittelst einer Klemmschraube und eines Spannstückes *B* in dem eigentlichen

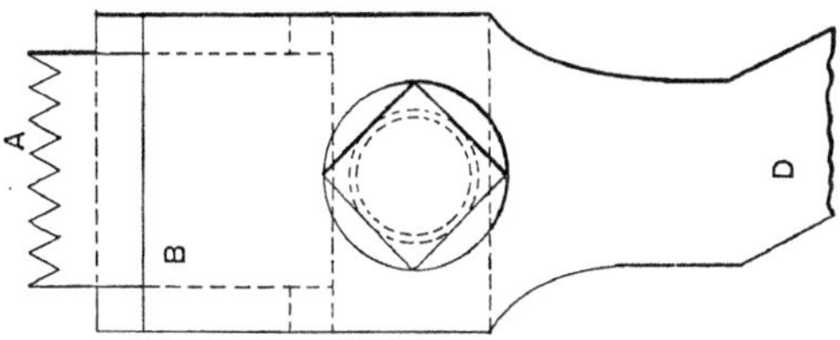

Fig. 46.

Stahlhalter *D* befestigt. Das Spannstück ist abgesetzt, sodass nur die äusserste Kante zur Auflage kommt, und deshalb der Strähler sehr fest gespannt werden kann. Aus demselben Grunde ist das Spannstück bei *C* cylindrisch ausgebildet.

Ausbrechen von Gewindestählen.

Es kommt häufig vor, dass ein Gewindestahl beim Schneiden scharfgängigen Gewindes ausbricht. Um dies zu vermeiden, empfiehlt es sich, das Arbeitsstück mittelst einer Dreikantfeile, die denselben Winkel wie das betreffende Gewinde hat, an einer Stelle auszufeilen, um so das Anschneiden des Stahles zu erleichtern.

Messen von Schraubengewinden.

Kommt man in die Lage, eine grössere Anzahl von Schraubengewinden nachmessen zu müssen, so ist es sehr vortheilhaft, sich hierzu einer Lehre zu bedienen, die sowohl den Winkel des Gewindes als auch seine Steigung gleichzeitig feststellt. Wie die Fig. 47 zeigt, besteht die Lehre *G* aus einem Stück Flacheisen, das bei *a* und *b* der Gewindeform entsprechende Zähne besitzt. Trifft die Zahnspitze auf den Gewindekern auf, und kommen ferner die Zahnseiten mit den Seitenflächen des Winkels genau in Berührung, so ist die Gewindeform, wie auch die Tiefe richtig.

Handelt es sich nur darum, die Steigung des Gewindes zu prüfen, so benutzt man hierzu die Lehre *G'*.

Diese Lehre eignet sich besonders zum Prüfen gehärteter Gewinde. Bei der Herstellung der Lehren können Säge-

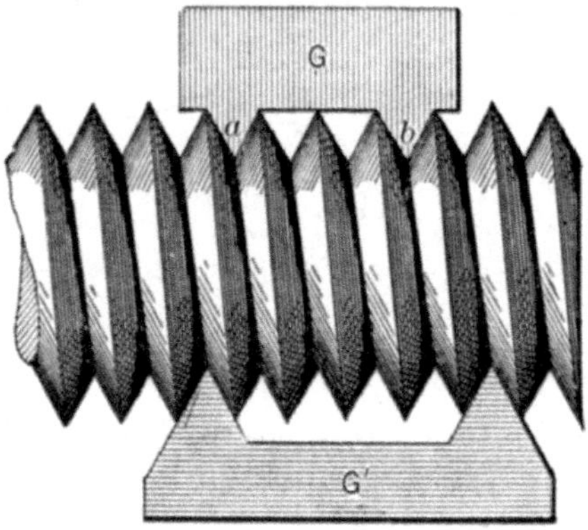

Fig. 47.

blätter, deren eingeschnittene Gewindeform gehärtet wird, Verwendung finden.

Grenzlehren für Schneckengewinde.

In den Werkstätten von Edwin Harrington & Sons ist zur Bestimmung des Schneckengewindes eine Grenzlehre in Gebrauch, die in Fig. 48 dargestellt ist. Der untere Tastschuh *b* ist, damit er sich der jeweiligen Steigung anpassen kann, in dem Halter drehbar angeordnet. Der obere, an dem unteren Ende konisch ausgebildete Tastschuh *a* wird durch eine Spiralfeder gegen das zu messende Stück angedrückt. Ist die Schnecke genau nach Maass hergestellt, so wird die Stirnseite des Tasters *a* mit der oberen Stirnseite des Halters genau abschneiden, während sich jede Ungenauigkeit dadurch bemerkbar macht, dass die Stirnseite des oberen Tastschuhes unter- oder oberhalb der Nabenfläche des Halters zu liegen kommt.

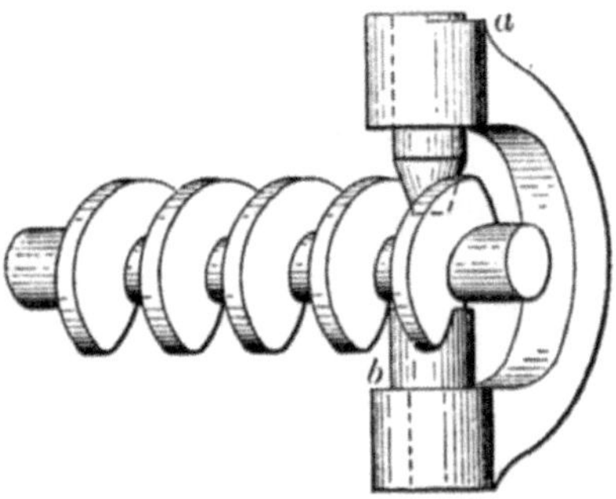

Fig. 48.

Metrisches Gewinde.

Ab und zu tritt der Fall ein, auf einer Drehbank, die eine mit Zollgewinde versehene Spindel besitzt, Millimetergewinde schneiden zu müssen. Es lässt sich dies in einfacher Weise dadurch erreichen, dass man in die Wechselräderscheere einen Bolzen einsetzt, der zwei Wechselräder aufzunehmen im Stande ist. Das eine dieser Räder nimmt man mit 127 Zähnen, während sich die Zähnezahl des zweiten Rades nach der zu erzielenden Steigung des Gewindes bestimmen lässt. Das Rad mit 127 Zähnen wird deshalb gewählt, weil die Anzahl der Zähne durch die Zolleinheit = 25,4 mm dividirt, eine gerade Zahl ergiebt und sich in Folge dessen eine nach Millimeter zu messende Steigung erzielen lässt. Der Fehler, der dadurch entstanden ist, dass man 1″ = 25,4 mm angenommen hat, ist so gering, dass er praktisch vollständig ausser Acht gelassen werden kann.

Lehre für konische Arbeiten.

Konische Arbeiten darf man nie in der Weise vornehmen, dass man das betreffende Arbeitsstück überdreht, dann nachsieht, ob der Konus passt, dann wieder überdreht, u. s. w.; insbesondere dann nicht, wenn das betreffende Arbeitsstück

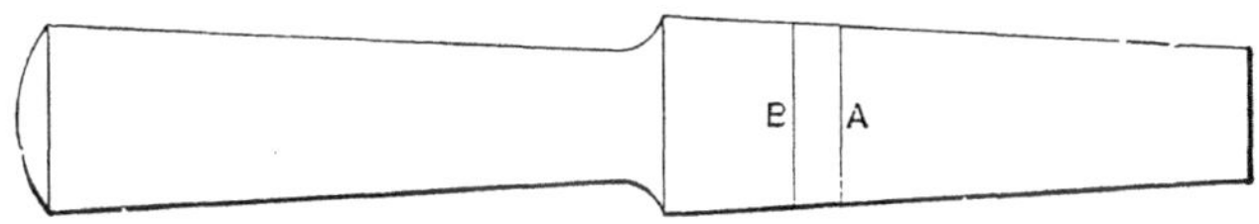

Fig. 49.

ausgebohrt ist. Eine Lehre, die derartige Arbeiten wesentlich erleichtert und vereinfacht, ist in Fig. 49 dargestellt. Durch zwei Striche *A* und *B* ist der Betrag des beim Einpassen gestatteten Spieles gegeben.

Stähle für Revolverdrehbänke.

Ein ausserordentlich gutes Werkzeug für Revolverdrehbänke ist in den Werkstätten von Brown & Sharpe in Gebrauch. Mit demselben wurde sowohl schneller als auch besser gearbeitet, als mit den sonst für diesen Zweck benutzten Werkzeugen.

Gewöhnlich bedient man sich bei dem Abdrehen von geraden Flächen eines Werkzeuges, das aus einem cylindrischen Kopf, der vermittelst Konus in dem Revolverkopf befestigt ist, besteht. Der Kopf ist ausgebohrt und besitzt drei radial angeordnete, nach innen vorstehende Schneidwerkzeuge, mittelst deren das Material von dem Arbeitsstück in einer wohl nur in den seltensten Fällen zufriedenstellenden Weise abgedreht wird. Bei dem oben erwähnten Werkzeuge sind die Schnittstähle nicht radial eingesetzt, sondern unter einem bestimmten Winkel geneigt angeordnet. Durch diese Anordnung erhält jeder Stahl den richtigen Schnittwinkel und kann so wie ein gut ausgebildeter Einzelstahl zur Wirkung kommen. Der Erfolg ist ein durchaus glatter Schnitt, der einerseits weniger Kraft beansprucht und andererseits Material und Stahl bedeutend weniger erhitzt. Das Ausschrubben des Arbeitsstückes erfolgt mittelst dreier Stähle, während das Schlichten mit einem Stahl, durch zwei Anlagen unterstützt, vorgenommen wird.

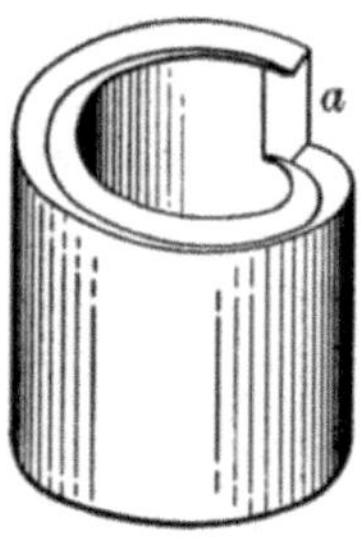

Fig. 50.

Special-Drehstahl.

In den Werkstätten von Harrington wird ein Specialdrehstahl zur Bearbeitung von Schnecken benutzt, der, wie aus Fig. 50 ersichtlich ist, durch ein Abschleifen der Fläche *a* keinerlei Formveränderung erleidet.

Maschinenreibahle.

Ein Loch, das vor dem Aufreiben mit der Handreibahle auf der Maschine vorgerieben werden soll, wird zweckmässig mit der in Fig. 51 dargestellten Reibahle bearbeitet. Das Ausbohren des Loches kann mittelst eines gewöhnlichen Spiralbohrers vorgenommen werden, der, wenn er das Material durchbohren kann, nur noch wenig für die Maschinenreibahle und fast nichts mehr für die Handreibahle zu thun übrig lässt.

Die Maschinenreibahle nimmt man ungefähr um $^1/_{10}$ mm kleiner als die Handreibahle und bildet sie etwas konisch aus, d. h. man macht den Schaft der Reibahle am vorderen Ende ungefähr um $^1/_{20}$ mm kleiner als am hinteren Ende. Bei Eisen- oder Stahlarbeiten brauchen die einzelnen Zähne nicht in ihrer

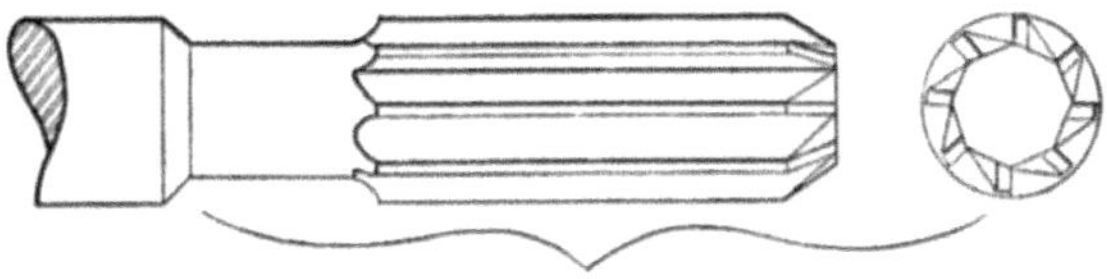

Fig. 51.

ganzen Länge hinterdreht zu sein, wie dies bei der Handreibahle nothwendig ist, da die Reibahle, wie auch aus der Zeichnung ersichtlich, nur vorn an der abgeschrägten Stelle zu schneiden hat. Bei Messingarbeiten hingegen müssen die Zähne in der ganzen Länge hinterdreht sein, um ein Festsetzen der Spähne zu vermeiden.

Abgesetzte konische Reibahlen.

Konische Löcher lassen sich in der Weise am genauesten herstellen, dass sie zuerst mit einer sogenannten Stufenreibahle, wie sie in Fig. 52 dargestellt ist, vorgerieben werden. Die Kanten *A*, *B*, *C* liegen alle in einer Geraden *D*—*D*, deren Schräge zur Mittelaxe den Winkel des betreffenden Konus

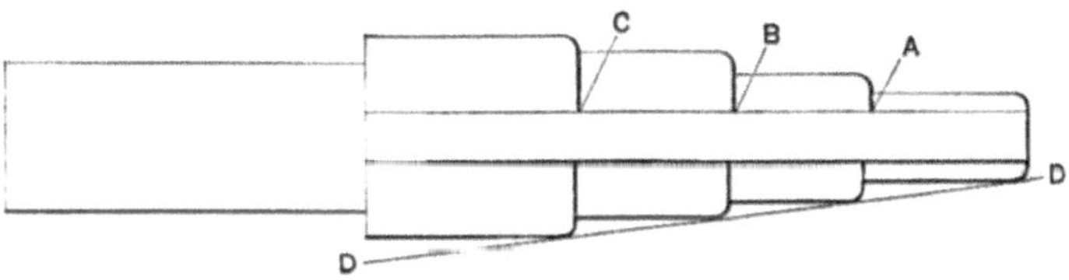

Fig. 52.

wiedergiebt. Die Durchmesser der Abstufungen müssen selbstverständlich um einen geringen Betrag kleiner gehalten werden, als es der Durchmesser des fertig geriebenen Loches erfordern würde. Das Aufreiben auf genaues Maass erfolgt mittelst einer gewöhnlichen Handreibahle. Die die Schneidkanten bildenden Nuthen können entweder gerade oder auch spiralförmig ausgebildet werden. Bei sehr flachen Konen ist es vortheilhaft, um ein zu tiefes Einschneiden zu vermeiden, die Nuthen entgegengesetzt der Drehungsrichtung anzuordnen, während im andern Falle die gewöhnliche Anordnung der Nuthen vorzuziehen ist.

Axiales Aufreiben.

Ist es nothwendig, zwei Löcher, die in einem gewissen Zwischenraum von einander stehen, genau mit einer Axe übereinstimmend aufzureiben, wie dies bei Maschinenlagern gefordert wird, so bedient man sich einer Vorrichtung, die in Fig. 53 dargestellt ist, und die sich gerade für diesen Zweck besonders eignet. Die Löcher werden zuerst einzeln, ungefähr auf die gewünschte Bohrung vor- und dann mittelst dieser Reibahle aufgerieben. Jedes Loch dient zur Führung für

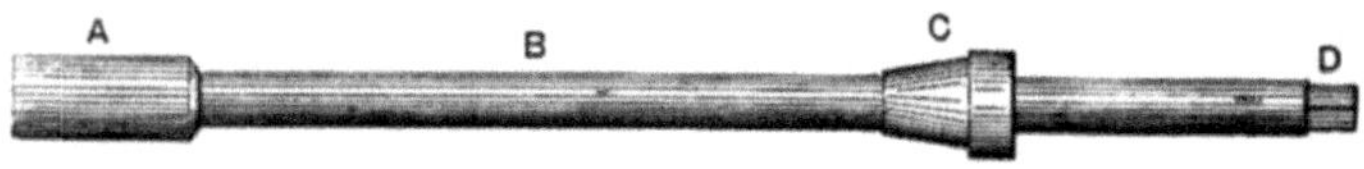

Fig. 53.

die Reibahle im andern Loch. Die Reibahle wird hier an Stelle des gewöhnlichen Durchdrückens durch die betreffenden Löcher gezogen. Es ist *A* der schneidende Theil der Reibahle, *B* der Schaft, *D* das Vierkant für das Wendeeisen. *C* zeigt eine konisch ausgebildete Büchse, deren kleinerer Durchmesser gleich dem der unbearbeiteten und deren grösserer Durchmesser gleich dem des bearbeiteten Loches ist. Die Entfernung von *C* und *A* entspricht der der beiden Lagerstellen.

Genaues Aufreiben konischer Löcher.

Während das Aufreiben gerader Bohrungen eine verhältnissmässig leichte Sache ist, so gehört hingegen das Aufreiben einer konischen Bohrung, insbesondere wenn der Durchmesser und der Winkel der Bohrung absolut genau sein müssen, zu den schwierigsten Arbeiten im Maschinenbau. Wird die Reibahle nicht sorgfältig benutzt, so kann man finden, dass sich, abgesehen von der Gefahr des Abbrechens derselben, die Schneidkanten der einzelnen Zähne an den Stellen, wo sie aufgehört haben zu schneiden, durch einen mehr oder weniger starken Riss markirt haben.

Für Arbeitsstücke, die eine möglichst genaue Herstellung der Konen erfordern, sind Reibahlen in Gebrauch, deren wenige Zähne so ausgebildet sind, dass der Querschnitt der Reibahle einem Sägeblatte ähnlich sieht. Die Reibahle ist so genuthet, dass bei den einzelnen Zähnen keinerlei Rücken stehen bleibt.

Erst nach dem Härten entsteht in Folge des Abschleifens auf der Schleifmaschine ein Rücken von ungefähr 0,4 mm. Das Freischneiden wird durch Abziehen mit einem Oelstein gewährleistet. Es wird eine möglichst kleine und, der besseren Führung wegen, ungerade Anzahl der Zähne angenommen.

Die Nuthen sind parallel mit der Axe angeordnet. Die Arbeit der Reibahle ist eine äusserst feine, da sie nur in einem ganz feinen Schaben besteht.

Nachstellbare Reibahle.

Eine nachstellbare Reibahle für Bohrungen kleineren Durchmessers ist in Fig. 54 dargestellt. Die Verstellung der an der unteren Fläche keilförmig ausgebildeten Messer geschieht

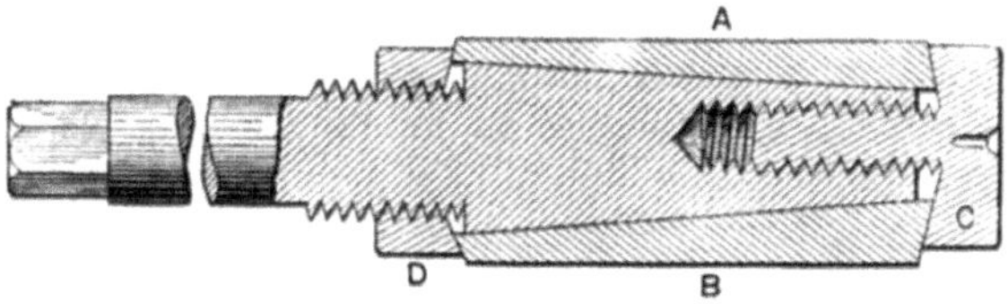

Fig. 54.

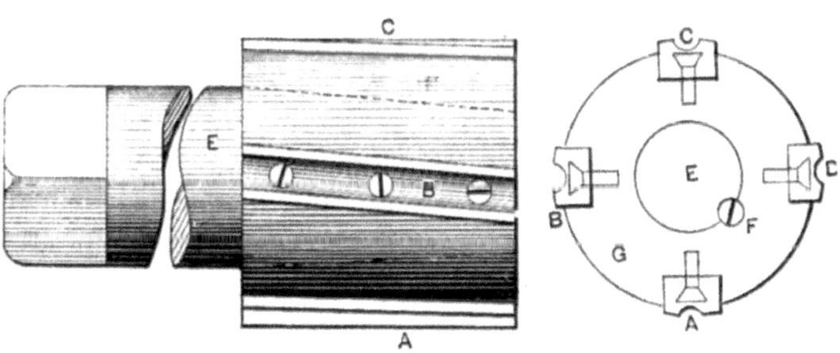

Fig. 55.

mittelst der Schraube *C* und der Mutter *D*. Bei Arbeiten grösseren Durchmessers, von 75 mm an, hat sich die in Fig. 55 angegebene Reibahle sehr bewährt. Jedes der Messer *A, B, C, D*, erhält zwei Schnittkanten und wird auf dem Hauptkörper *G* mittelst Schrauben in einer zur Reibahlenaxe schrägen Lage befestigt. Bei einer Abnutzung werden die Messer mittelst einer Unterlage von Papier oder dünnem Metall nachgestellt. Selbstverständlich hat bei einem jedesmaligen Nachstellen ein genaues Nachschleifen zu erfolgen.

Vergleich zwischen der gewöhnlichen und nachstellbaren Reibahle.

In vielen Werkstätten sind verstellbare Reibahlen in Gebrauch, die die Bearbeitung einzelner Löcher verschiedenen Durchmessers erlauben. Bei der Pratt & Withney Co. hat man jedoch herausgefunden, dass gewöhnliche Reibahlen, die aus bestem Werkzeugstahl hergestellt, auf das Beste hinterdreht und sorgfältig gehärtet waren, bei ihrer Benutzung für den allgemeinen Maschinenbau die nachstellbaren Reibahlen, die für dieselben Zwecke Verwendung fanden, weit überlebten. In dieser Werkstätte wurden z. B. mit einer gewöhnlichen Reibahle 14000 Löcher, 50 mm tief, in Gusseisen aufgerieben, ohne dass sich eine besondere Formveränderung an der Reibahle bemerkbar gemacht hätte.

Aufreiben von Messingtheilen.

Die zur Bearbeitung von Messing verwandten Reibahlen sind nicht nur schärfer zu halten, sondern sind auch mit einem grösseren Schnittwinkel zu versehen als diejenigen, die bei Eisen oder Stahl Verwendung finden. Viele Werkstätten besitzen nur einen Satz Reibahlen zur Bearbeitung aller Metallarten. In solchen Fällen sind die gewöhnlichen Reibahlen nicht am Platze, sondern nachstellbare weit vorzuziehen. Gleichzeitig mit den Reibahlen ist auch ein Satz von Caliberringen und -Dornen anzuschaffen, mittelst deren einerseits die Reibahle eingestellt, und andererseits die fertige Arbeit auf ihre Genauigkeit geprüft werden kann. Diese Lehren können ebenfalls zu anderen Arbeiten, wie z. B. für Dreharbeiten Verwendung finden.

Fig. 56 zeigt eine nachstellbare Reibahle, in deren Körper drei gleichmässig vertheilte Schlitze eingefrässt resp. gehobelt sind. In diesen Schlitzen werden mittelst Schrauben rechteckige Stahlstücke befestigt, die nach ihrer Aufnahme

Fig. 56.

auf dem Körper übergedreht werden, wobei man nur das zum Härten und Schleifen nöthige Material vorstehen lässt. Hierauf werden die Zähne ausgefräst und dann nach dem Härten auf $^1/_{20}$ mm des zu erzielenden Durchmessers abgeschliffen. Die Schneidkanten werden mit einem Oelstein abgezogen, wobei man mit demselben wie mit einer Schlichtfeile über den Zahnrücken hin und her fährt. Die Schneidkanten müssen selbstverständlich am meisten vorstehen bleiben. Diese Reibahle kann bei einer Abnutzung durch Unterlegen von dünnem Papier wieder nachgestellt werden. Reibahlen dieser Art können jedoch nur in einer Stärke von 20 mm aufwärts hergestellt werden, da sie sonst wegen der Schwächung des Schaftes durch die Schlitze nicht widerstandsfähig genug sein würden.

Genaues Aufreiben von Löchern.

Ein Loch von bestimmtem Durchmesser genau auf ein gegebenes Maass aufzureiben, ist eine äusserst schwierige Arbeit. Eine Reibahle, die ein genaues Aufreiben bis auf $^1/_{40}$ mm gestattet, sei im Folgenden erwähnt. Diese Reibahle besitzt ausser den gewöhnlichen Zähnen noch einen konisch ausgefrästen Schlitz, in welchem ein gleichfalls konisch ausgebildetes Messer genau auf die gewünschte Höhe eingestellt werden kann. Dieses Werkzeug gestattet einen ausserordentlich feinen Schnitt, bei welchem die übrigen Zähne der Reibahle nur als Führung dienen.

Bezeichnen von Reibahlen, Caliberdornen etc.

In Fig. 57 ist eine Vorrichtung wiedergegeben, bei deren Benutzung ein Anzeichnen von Rundkörpern wesentlich erleichtert wird. Das zu bezeichnende Werkzeug wird in die Bohrung des innern Körpers eingesteckt. Dieser Aufnahmekörper kann um seine Achse gedreht werden, ist jedoch an einer seitlichen Verschiebung durch das Eingreifen der Stellschraube *A* in eine in dem Schnitt zu sehende Nuthe verhindert. Die Oeffnung *b* dient zur Führung des mit dem betr.

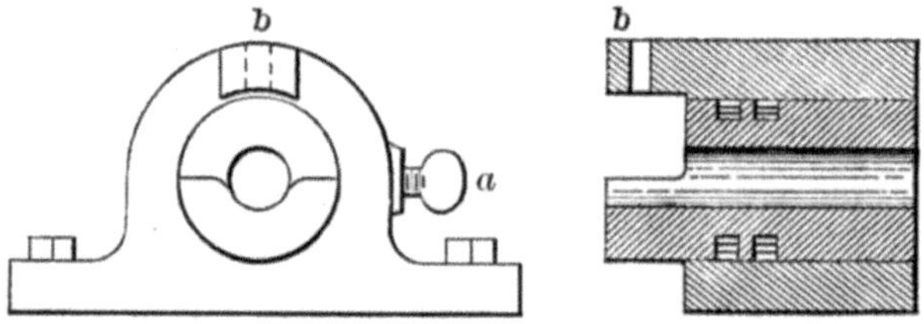

Fig. 57.

Buchstaben versehenen Stempels. Nachdem der erste Buchstabe eingeschlagen worden ist, wird der Aufnahmekörper um ein bestimmtes Maass gedreht, sodass der zweite Buchstabe eingeschlagen werden kann. Wird das Arbeitsstück auf diese Weise gezeichnet, so hat man die Sicherheit, dass sämmtliche Buchstaben genau in einer Linie rund um den Werkzeugschaft stehen. Sind zwei Reihen Buchstaben aufzuschlagen, so hat man nur die Stellschraube auf den nächstfolgenden Schlitz einzustellen und die Buchstaben in der bekannten Weise einzuschlagen.

Kühlhalten der Schneidwerkzeuge.

An Stelle des zur Kühlung von Drehstählen gewöhnlich verwandten Seifenwassers sollte man Fischthran versuchen. Weit bessere Resultate giebt jedoch die Benutzung eines guten und in reichlichen Maasse zugeführten Rüböles. Nach dem jedesmaligen Gebrauch reinigt man das Oel zweckmässiger Weise von den Spähnen dadurch, dass man es durch einen Filter gehen lässt. In den Werkstätten, wo eine grosse Menge Oel gebraucht wird, bedient man sich zur Reinigung desselben mit Vorteil einer Centrifuge; bei kleineren Quantitäten genügt die Verwendung eines Filters.

Ausrichten der Drehbankspindeln.

In den Werken von D. W. Pond Co. bedient man sich zum Ausrichten der Drehbankspindeln einer Vorrichtung, die im Folgenden näher beschrieben werden soll. Auf der Planscheibe sind möglichst nahe dem Umfange zwei Scheiben aufgeschraubt; an Stelle der Körnerspitze im Reitstock ist ein Bolzen eingesteckt, auf dem ein Arm drehbar angeordnet ist, der wiederum eine Reissnadel trägt. Die Reissnadel ist rechtwinklig gebogen und kann entweder in Richtung der Spindel oder auch senkrecht dazu benutzt werden. Man stellt die Nadel so ein, dass sie eine der auf der Planscheibe befestigten Scheiben an der höchsten Stelle der Peripherieebene berührt, hierauf dreht man den Tasterarm um 180^0 und sieht nach, ob die Nadel die zweite Scheibe an eben derselben Stelle berührt. Ist dies der Fall, so ist die genaue Höhenstellung der Reitstockspindel gewährleistet. In gleicher Weise bestimmt man bei einer horizontalen Lage der beiden Scheiben die horizontale Richtung der Reitstockspindel. Will man die richtige Lage der Spindelstockspindel feststellen, so dreht man die Nadel um und stellt deren Spitze so ein, dass sie die Stirnfläche einer der Scheiben eben berührt. Durch Drehung der Planscheibe um 180^0 lässt sich die Lage der Spindel genau feststellen und im gegebenen Fall verbessern.

Einstellen von Parallelarbeiten.

Es ist häufig schwierig, eine Drehbank, an der man konische Arbeiten gefertigt hat, schnell für den Gebrauch paralleler Arbeiten herzurichten, insbesondere ist dies der Fall, wenn der Reitstock nicht auf Prismen ruht. Ist das Arbeitsstück, welches parallel gedreht werden soll, schon vorher abgeschrubbt, so lässt sich das Einstellen des Reitstockes dadurch erleichtern, dass man einen Stahl am Arbeitsstück entlang führt und den Reitstock auf diese Weise einstellt. Ist hingegen das Stück vorher nicht bearbeitet, so muss man einen bearbeiteten Dorn zwischen die Spitzen nehmen und den Reitstock nach diesem ausrichten.

Ausbalanciren von Kurbelaxen.

Eine Kurbelaxe lässt sich nur dann genau abdrehen, wenn sie auf der Drehbank auf das Beste ausbalancirt worden ist. Ist die Kurbelaxe auf der Drehbank bereits eingespannt, so wird man sie wohl selten genau ausbalanciren können, da man hierbei die Reibung der Drehbank zu berücksichtigen hätte. Die Axe lässt sich vielmehr nur dann mit Erfolg ausrichten, wenn sie zwischen den Körnerspitzen frei läuft. Die Gegengewichte müssen in einer solchen Lage zu den Axenschenkeln angebracht werden, dass die Axe in jeder beliebigen Lage verweilen kann. Nach dem Ausbalanciren wird die Axe in herkömmlicher Weise in dem Spannfutter aufgenommen.

Die hier angegebene Methode eignet sich sowohl für Axen mit einer, als auch für solche mit mehreren Kurbeln.

Ausrichten einer Welle auf der Drehbank.

Das Ausrichten einer Welle, die gut centrirt ist, bietet wohl kaum irgend welche Schwierigkeit. Am Drehbankbett wird eine Ausrichtvorrichtung, bestehend aus einer Druckschraube und zwei V förmigen Auflagestücken, die sowohl seitlich, als auch in der Höhenlage verstellt werden können, angebracht. Ist die Durchbiegung der Welle gross, so werden die Böcke entsprechend weit auseinander gestellt, während sie bei kurzen Durchbiegungen näher zusammenstehen müssen. Das Verfahren beim Ausrichten ist das allgemein bekannte. Man lässt die Welle schnell laufen, hält zum Anzeichnen der schlagenden Stellen ein Stück Kreide an die Welle, stellt dann nach dem Anhalten der Bank die Auflageböcke in richtiger Entfernung und Höhenlage ein und drückt die Welle mittelst der Druckschraube durch. Ist die Welle ausgerichtet, so sollten die Stirnflächen mit einem Seitenstahle gerade gestochen, sowie die Welle aufs Neue angebohrt werden.

Antrieb von Arbeitsstücken, die in ihren Lagern laufen.

In manchen Fällen, wie z. B. bei der Bearbeitung von Schwungrädern und deren Wellen, nimmt man das Arbeitsstück nicht zwischen die Drehbankspitzen, sondern lässt es in den betr. Lagern selbst „laufen". Hierdurch erreicht man, dass das Rad, wenngleich es nicht genau ausbalancirt wird, dennoch mit der Welle „läuft".

Zum Antrieb dieser Wellen bedient man sich einer Vorrichtung, die aus einer auf der Arbeitsspindel aufgesteckten, gebogenen Mitnehmerscheibe besteht, deren Ende zur Aufnahme des auf der anzutreibenden Welle befestigten Mitnehmers mit Vierkant versehen ist. Bei dieser Anordnung kommt es nicht genau darauf an, ob die Spitzenmitte mit der Mitte der anzutreibenden Welle übereinstimmt.

Drehen langer Arbeitsstücke.

Das Drehen langer Wellen, welche stets mehr oder weniger federn, geschieht am besten unter Benutzung einer mitgehenden Brille, die auf der Drehbank selbst ausgebohrt ist, und dadurch die genaue Lage der Bohrung sicher stellt. Die Bohrung wird aussergewöhnlich gross genommen und in der Mitte zur Aufnahme eines Ringes ausgedreht. Der Ring besitzt an seiner innern Seite Vorsprünge, mittelst welcher das Arbeitsstück festgehalten wird, sodass also der Ring mit dem Arbeitsstück in der Brille rotirt. Um den Reibungswiderstand zwischen Ring und Welle auf ein Minimum zu bringen, bildet man die Brille als Kugellager aus.

Drehen von Wellen.

Das Drehen und die Bearbeitung langer Wellen wird von dem Maschinenbauer heutzutage nur in den allerseltensten Fällen vorgenommen, da man die Wellen in Specialfabriken viel besser und billiger kaufen kann, als sie im Einzelnen herzustellen sind.

Es seien drei Gründe angegeben, weshalb das Abdrehen von Schmiedeisen- oder Stahl-Wellen auf das geringste zu beschränken ist:

1. kostet es mehr, einen starken Schnitt zu nehmen als einen leichten,
2. tritt bei dem Abdrehen einer stärkeren Schicht ein grösserer Materialverlust ein,

3. ist zu berücksichtigen, was jedoch in den meisten Fällen nicht gethan wird, dass, je mehr man von der Aussenfläche des Materials abdreht, dasselbe ein um so schlechteres wird.

Gerade letzter Grund ist sowohl für Gussstücke, Schmiedestücke, als auch für gezogenes Material massgebend.

Mit dem zu starken Abdrehen der Wellen wachsen die Unvollkommenheiten im Durchmesser und an der Oberfläche der Welle. Könnte man sowohl im Schnitt als im Durchmesser genau gezogenes Material erhalten, so würde jede weitere Bearbeitung nicht nur überflüssig werden, sondern eine Verschwendung an Zeit und Geld bedeuten, da ja letztere nur aufgewandt würden, das Material zu verschlechtern.

Sind jedoch Wellen aus irgend einem Grunde abzudrehen, so hat man zunächst darauf zu achten, dass man die Bearbeitung mit einem in jeder Beziehung tadellosen und gut schneidenden Stahl beginnt, der im Stande ist, die ganze Länge ohne bemerkenswerthe Abnutzung fertig zu stellen.

Die Abnutzung des Stahles spielt insofern eine Rolle, als sie sich am Durchmesser der Welle in doppeltem Maassstabe bemerkbar macht, sodass bei einer Abnutzung des Stahles von $^1/_4$ mm die Welle selbst um $^1/_2$ mm an dem einen Ende stärker wird als an dem anderen, eine Ungenauigkeit, die den Werth der Welle in keiner Weise vergrössert.

Ferner, je schärfer der Stahl ist, desto besser wird er schneiden und desto weniger wird er das Bestreben zeigen, in das Material einzudringen. Letzteres Bestreben lässt sich bei Drehstählen niemals ganz vermeiden, aus welchem Grunde wirklich genaue Arbeiten nach dem Abdrehen mittelst Schmirgelscheiben geschliffen werden müssen. Man sollte daher stets darauf achten, dass alle die Theile, die eine genaue Bearbeitung beanspruchen, stets nach dem Drehen geschliffen werden.

Machen besondere Umstände es nöthig, eine Reihe von langen Wellen bearbeiten zu müssen, so lässt sich die Arbeit dadurch ausserordentlich vereinfachen und erleichtern, dass man an Stelle der gewöhnlichen Brille, die ja im eigentlichen Sinne keinerlei effektive Arbeit verrichtet, einen Innenfräser verwendet, der wie jeder Fräser genuthet, gehärtet und auf das erforderliche Maass geschliffen wird und zum Vorschrubben des Arbeitsstückes dient.

Abschrubben langer und dünner Wellen.

Bei dem Abschrubben langer und dünner Arbeitsstücke muss man sich, um das Ausweichen des Arbeitsstückes zu verhindern, einer mitgehenden Führung, Lünette, bedienen. In den Fällen, wo das betreffende Arbeitsstück in seiner ganzen Länge abgeschrubbt werden soll, kann man mit Vortheil eine Platte aus hartem Stahl benutzen, die mit einem rechtwinkligen Ausschnitt versehen ist. Man befestigt diese Platte so auf dem Support, dass sie das Arbeitsstück an der dem Arbeitsstahl gegenüber liegenden Seite umfasst und so ein Ausbiegen des Arbeitsstückes verhindert. Bei Benutzung dieser Anordnung kann das Arbeitsstück in einem Schnitt abgeschrubbt werden. Die Schenkel des winkelförmigen Ausschnittes stehen entweder geneigt zum Stahl, oder sind theils vertikal, theils horizontal angeordnet; in jedem Fall aber beträgt der Winkel des Ausschnittes 90^0.

Drehen von Kuben auf der Drehbank.

Streng betrachtet, sollte die Drehbank, als ein Werkzeug für Rundarbeiten, auch nur als solches Benutzung finden. Gleichwohl lassen sich auf derselben eine grosse Anzahl beliebig geformter Körper bearbeiten, indem man entweder das Arbeitsstück in einer der zu erzielenden Form eigenthümlichen Weise aufspannt, oder aber den Stahl in entsprechender Weise an das Arbeitsstück heranführt oder von demselben entfernt.

Im Folgenden soll die Herstellung eines Kubus aus einem Cylinder besprochen werden.

Hierzu eignet sich am besten ein cylindrischer Körper, dessen Durchmesser gleich seiner Höhe ist. Man reisst auf der einen Stirnfläche des Cylinders ein Viereck auf, dessen Grössenverhältnisse mit dem des Kubus übereinstimmen. Hierauf spannt man den Cylinder so auf der Planscheibe auf, dass eine der Viereckseiten parallel mit der Planscheibe zu stehen kommt. Es wird nun die dem Drehstahl zunächst stehende Längsseite des Cylinders genau bis auf den Seitenriss des Viereckes plan übergedreht. In derselben Weise werden auch die übrigen Seiten nach entsprechendem Umschalten bearbeitet und so der ganze Würfel fertig gestellt.

Um einen Kubus von gegebener Grösse aus einem Cylinder zu erhalten, muss der Durchmesser des Cylinders mindestens gleich der Diagonale einer der vier Kubusseiten sein. Will man hingegen einen Kubus aus einer Kugel ausdrehen, so muss der Durchmesser der Kugel gleich der grössten Diagonale des Kubus sein. So z. B. ist der Durchmesser der Kugel, aus der man einen Kubus von 25 mm herstellen will, ca. 42 mm, während hingegen der Durchmesser des gleichwerthigen Cylinders nur ca. 37 mm zu sein braucht.

Hinterdrehen von Fräsern.

Das Hinterdrehen von Fräsern ist bei Benutzung der in einer mittleren Maschinenbauwerkstätte gebräuchlichen Vorrichtungen eine ebenso zeitraubende als nothwendige Operation. Eine Vorrichtung, die diese Arbeit gut und ohne grössere Anstrengung gestattet, ist so konstruirt, dass es nur nothwendig ist, den Fräser in der gewöhnlichen Art und Weise zwischen die Spitzen zu nehmen, einen Mitnehmer für den Dorn aufzustecken, die Drehbank einzurücken und den Vorschub des Stahles, wie bei einer gewöhnlichen Dreharbeit, vermittelst der Querschlittenspindel zu bewirken.

Aus der Fig. 58 ist zu ersehen, dass der Profilstahl in der gewöhnlichen Weise im Stahlhalter gehalten wird. Der Fräser wird auf einer Büchse befestigt, welche sich auf dem vorerwähnten Dorne befindet.

Der Dorn selbst ist excentrisch zwischen die Spitzen genommen, sodass hierdurch eine excentrische Bewegung, welche der Hinterdrehung des Fräsers entspricht, erzielt wird.

Der Dorn A dreht sich frei in der Büchse B, auf welcher der Fräser befestigt ist, der, während der Dorn zwischen den Spitzen läuft, direkt durch den Mitnehmer in Bewegung gesetzt wird. Die Büchse wird mittelst Sperrrades M und Sperrklinke O, die ihrerseits wieder durch einen Excenter N in Bewegung gesetzt werden, umgeschaltet. Der

Arm *a* dient dem Zwecke, an dem Sperrrade *M* eine gewisse Reibung zu erzeugen, um so ein fortwährendes Drehen der Büchse mit der Umdrehung der Drehbank zu verhindern. Die Grösse der Reibung wird durch eine Mutter *b* regulirt. Um einer übermässigen Abnutzung vorzubeugen, sind zwischen Mutter *b* und Arm *a* zwei Fiberringe eingelegt.

Der Ausschlag des Excenters, welcher dem Sperrrade seine Bewegung übermittelt, kann mittelst eines Hebels (in der Figur nicht ersichtlich) je nach der Zähnezahl des zu

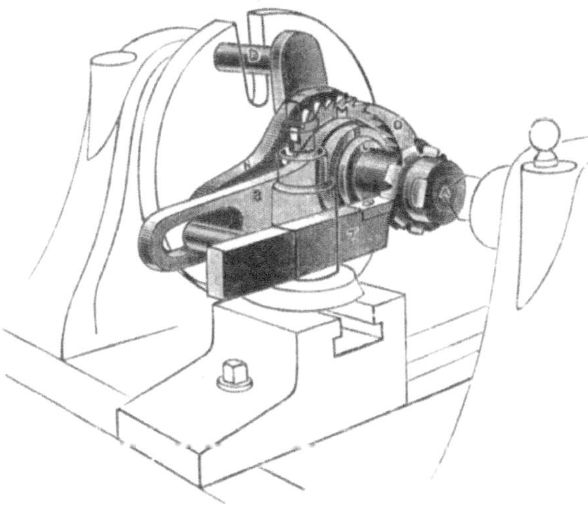

Fig. 58.

hinterdrehenden Fräsers eingestellt werden. Die Reihenfolge der Operationen an dieser Vorrichtung ergibt sich wie folgt.

Der Stahl wird an der Schnittkante eines Fräserzahnes eingestellt, der Fräser langsam in Umdrehung gesetzt und demselben gleichzeitig durch den excentrischen Dorn eine hin- und hergehende Bewegung ertheilt, um so die erforderliche Hinterdrehung zu erzielen. Sobald der Stahl bis zur Einfräsung den Fräser hinterdreht hat, erfolgt die Rückbewegung des Fräsers so lange, bis der Stahl an der nächsten Schnittkante des Fräsers wieder in Thätigkeit tritt.

Die Drehbank selbst läuft fortwährend, und macht in derselben Zeit, in welcher sich der Fräser einmal dreht, gerade so viel Umdrehungen, als Zähne in dem Fräser vorhanden sind. Diese Vorrichtung gestattet das Hinterdrehen von Fräsern mit 9, 12, 18, 36 Zähnen, indem man die Sperrklinke so einstellt, dass sie 1, 2, 3 oder 4 Zähne des Sperrrades bei einer Umdrehung weiterschaltet. Das Einstellen der Sperrklinke erfolgt durch die Lösung einer Mutter an der linken Seite des Stahles und durch ein Verstellen der Sperrklinke zur oder von der Drehbankspitze.

Abschneiden von Draht und dünnen Stangenmaterial auf der Drehbank.

Wie zu den verschiedenartigsten anderen Zwecken, so lässt sich die Drehbank auch zum Abschneiden von Drähten und ähnlichen Materialien benutzen.

Um diese Arbeit zu verrichten, spannt man auf der Planscheibe der Drehbank eine gehärtete Stahlplatte so auf, dass eine der Kanten den Radius der Planscheibe unter einem gegebenen Winkel schneidet. An Stelle des Stahlhalters schraubt man einen Bock auf, der eine der betreffenden Materialstärke entsprechende Bohrung besitzt, und stellt denselben so ein, dass die als Messer benutzte Stahlplatte diesen Führungsbock eben streift. Dieser Materialführungsbock ist fernerhin so zu befestigen, dass seine Bohrung rechtwinklig zur Planscheibe zu stehen kommt.

Bei der jedesmaligen Umdrehung der Planscheibe wird von dem betreffenden Material (unter der Voraussetzung, dass das Material stetig vorgeschoben wird) ein eben so grosses Stück abgeschnitten, als die Entfernung der Schnittkante des Stahles von der Planscheibe beträgt.

Handelt es sich darum, kürzere Stücke abzuschneiden, so kann man sich, ohne die Stärke des Schnittstahles zu ändern, damit helfen, dass man auf der Planscheibe für den betreffenden Materialvorschub einen Anschlag anschraubt, der die Länge des abzuschneidenden Stückes in gewünschter Grösse bestimmt.

Feststehende und mitgehende Brille für Arbeitsstücke beliebiger Form.

In Fig. 59 ist eine feststehende Brille dargestellt, die wegen ihrer mannigfachen Verwendung bei den verschiedensten

Arbeitsstücken wohl der Betrachtung werth ist. So z. B. wurde diese Vorrichtung in den „Freeland"-Werkstätten zur Unterstützung viereckiger, verjüngter Arbeitsstücke benutzt, aus denen Billardqueues hergestellt wurden.

Die Vorrichtung besteht aus dem gewöhnlichen Brillenhalter und einem hierin eingepassten Ring *A*. An diesen sind vier Vorsprünge *B* angegossen, in welchen die Spannklauen *C*

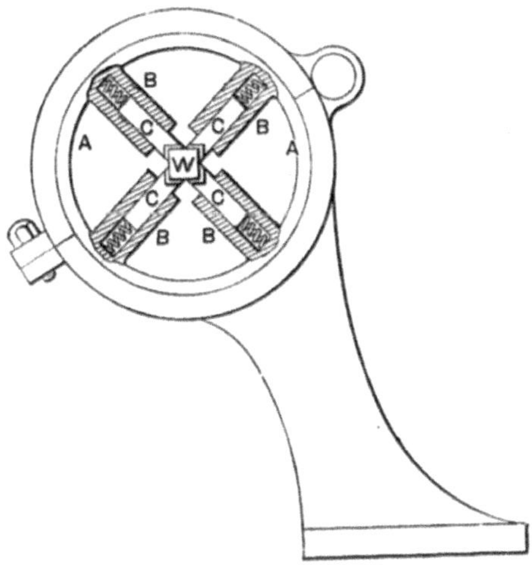

Fig. 59.

leicht aber genau passen. Durch entsprechend starke Federn werden die Klauen an das Arbeitsstück angedrückt. Diese Anordnung hat den Vortheil, dass die Klauen an jedem beliebigen Punkte spannen und centriren. Ferner braucht eine mitgehende Brille dieser Konstruktion dem Stahl nicht zu folgen, sondern kann vorangehen, so dass das Arbeitsstück zu beiden Seiten des Stahles geführt werden kann.

Bearbeitung von Hartgusswalzen.

Diejenigen, welche mit dem Abdrehen von Hartgusswalzen zu thun haben, werden wohl selten in den ersten Fällen mit dem Resultat ihrer Arbeit zufrieden gewesen sein. Eine Fabrik, die gute Erfolge bei der Bearbeitung dieser Theile erzielte und die namentlich das Schleifen von Hartgusswalzen für die Papierfabrikation vervollkommnete, ist

J. Morton Poole & Co. Es ist selbstverständlich, dass, bevor man das Schleifen einer Walze beginnen kann, dieselbe auf der Drehbank möglichst genau abgedreht sein muss. Hierbei besteht nun die Schwierigkeit, dass sich die meisten Werkzeuge für diese Bearbeitung nur sehr wenig eignen und in Folge dessen weder gute noch genügende Arbeit zu leisten im Stande sind.

Ein Werkzeug, welches sich für diese Arbeit ausserordentlich bewährt hat, ist in Fig. 60 dargestellt. Die erzielte Arbeit lässt bei Benutzung dieses Werkzeuges weder an Qualität noch an Quantität zu wünschen übrig.

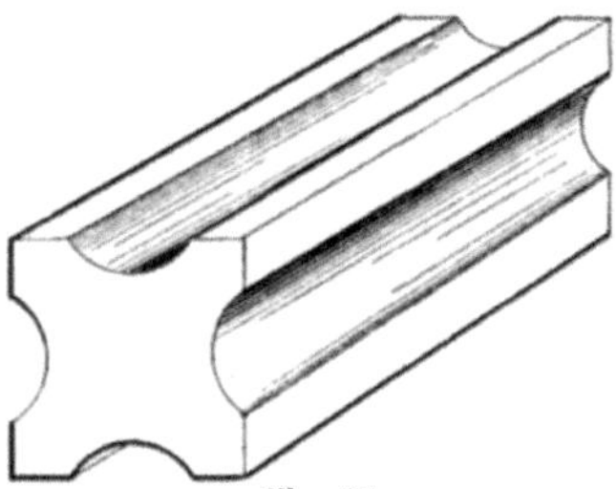

Fig. 60.

Von einer Stange des besten Werkzeugstahles, etwa 30 mm stark, wird ein ungefähr 100 mm langes Stück abgestochen. In dieses Stück werden an jeder Seite halbrunde Nuthen von ungefähr 10 mm Radius eingefräst und hierauf alle vier Seiten genau geschliffen, sodass jeder der vier Winkel genau 90^0 beträgt. Hiermit ist der Stahl zum Gebrauch fertig und kann nunmehr in den Stahlhalter festgespannt werden. Mit diesem Stahl werden keine zusammenhängenden Spähne erzielt; die Spähne haben vielmehr die Grösse und Form der Fichtennadeln. Dadurch aber, dass das Werkzeug eine Reihe kleiner Spähne nimmt, und in Folge dessen eine übermässige Erwärmung verhindert wird, ist seine Leistungsfähigkeit eine ausserordentlich grosse. Sobald der 100 mm breite Streifen fertig gedreht ist, wird der Werkzeughalter um 100 mm seitlich verschoben und kann dann der zweite Streifen in Angriff genommen werden.

Abrichten von Gummirollen.

Gummirollen, wie sie zu den verschiedenartigsten Zwecken im Maschinenbetriebe, z. B. bei Lederspaltmaschinen, Verwendung finden, müssen von Zeit zu Zeit wieder abgerichtet werden. Es geschieht dies am besten durch Abschleifen auf einer ziemlich groben Schmirgelscheibe, deren Oberfläche fortgesetzt mit Kreide zu versehen ist, um hierdurch gerade so wie bei dem Feilen das Festsetzen der Spähne, hier das Festsetzen der Gummitheilchen zu verhindern.

Abdrehen von Fiber- und Papierringen.

Häufig wird von Personen, die mit der Bearbeitung von Fiber- oder Papierkörpern zu thun haben, die Frage aufgeworfen, ob es nicht ein Werkzeug gibt, das sich für diesen Zweck besonders eignet. Dies ist nun keineswegs der Fall, sondern ein jedes Werkzeug, welches scharf ist und dessen Schnittwinkel klein sind, kann zu diesem Zweck Verwendung finden. Der Schnittwinkel muss möglichst klein gehalten werden, da sonst der Stahl das Bestreben zeigt, in das betreffende Material einzudringen, dem von Seiten des Materials keinerlei Widerstand entgegengesetzt werden kann.

Ein Hauptfehler bei der Bearbeitung dieser Materialien wird darin gemacht, dass man die Papiermasse in Bezug auf ihre Bearbeitung mit Holz vergleichen zu dürfen glaubt, und in Folge dessen versucht, Papier mit einem für die Holzbearbeitung passenden Werkzeug und der für Holz nothwendigen Geschwindigkeit zu bearbeiten. Würde man hingegen die mit gewöhnlichen Dreh- oder Bohrstählen ausgestattete Drehbank oder Bohrmaschine mit einer nur um ein Geringes grösseren Geschwindigkeit, als für Gusseisen passend ist, laufen lassen, so würde man zweifellos gute Resultate erzielen.

Herstellung von Keilnuthen auf der Drehbank.

Keilnuthen lassen sich auf der Drehbank in verschiedener Weise herstellen. Eine Anordnung besteht darin, dass man die betreffende Welle zwischen den Drehbankspitzen festspannt und dann den Arbeitsstahl, ähnlich wie auf der Hobelbank, mittelst des Längsschlittens an der Welle entlang führt.

Weit bessere Resultate liefert eine Vorrichtung, die auf dem Querschlitten der Drehbank aufgespannt wird und folgendermassen zur Wirkung kommt.

Auf einer vertikal angeordneten Welle ist ein Fräser befestigt, der durch Schnecke und Schneckenrad in Umdrehung versetzt wird, wobei er gleichzeitig durch den Transport des

Längsschlittens an der Welle entlang geführt wird. Der Antrieb der Schnecke erfolgt mittelst Schnurscheibe und runden Riemens von dem Deckenvorgelege der Bank aus.

Eine dritte Anordnung ergiebt sich aus der Anwendung eines Stirnfräsers, der in geeigneter Weise in dem Stichelhaus seine Führung erhält, und dessen Antrieb in ähnlicher Weise wie oben beschrieben mittelst Schnurscheibe vom Deckenvorgelege aus erfolgt.

Abschlichten von Messingkugeln.

Hat man Messingkugeln, die vorher abgeschrubbt sind, nachzuschlichten, so kann man dieses mit Vortheil mittelst eines Werkzeuges vornehmen, welches aus einem kurzen Stahlrohr besteht, das sauber ausgedreht und dessen Stirnfläche so geschliffen ist, dass die innere Rohrkante als Schnittkante dienen kann. Das Stahlrohr ist mit einem hölzernen Griffe versehen, mit dem man es an die abzuschlichtende Fläche anhält. Das Arbeitsstück, die Messingkugel, wird in einem mit Holz ausgekleideten Futter gehalten, welches die Kugel nur um $^2/_5$ der Fläche bedeckt.

Bohren von Löchern auf der Drehbank.

Auf einer Drehbank sollte niemals ein Loch gebohrt werden, bevor das betreffende Stück an seiner Oberfläche bearbeitet ist. Hierfür lassen sich zwei Gründe angeben: die Bohrung würde erstens, wenn die Stirnflächenbearbeitung bis zuletzt verschoben wird, ungenau werden, und zweitens würde die harte Kruste der Oberfläche den Bohrstahl unverhältnissmässig abstumpfen.

Gewindeschneiden auf Rohren auf der Drehbank.

Hat man eine grössere Anzahl von Rohren mit Gewinde zu versehen, so kann man diese Arbeit in Ermangelung einer Specialmaschine mit Leichtigkeit in folgender Weise auf der Drehbank verrichten: man nimmt die Kluppe in ein Spannfutter des Spindelkastens, entfernt den Reitstock von der Bank, spannt das Arbeitsstück auf den Längsschlitten fest und führt denselben dann der Kluppe zu.

Geringe Geschwindigkeiten und hinreichende Schmierung sind für das Gelingen der Arbeit erforderlich.

Einstechen von Materialien.

Um von einem grösseren Stück Stangenmaterial ein Stück von bestimmter Länge abzubrechen oder abzuschlagen, ist es nothwendig, das Stück an der betreffenden Stelle einzustechen. Dies geschieht am besten mittelst eines spitzen Stahles, indem dann der Bruch auf der Mitte der Einstechrille erfolgt, während sich die Bruchstelle bei Benutzung von rund oder rechteckig ausgebildeten Stählen, mit denen, neben bei gesagt, das Einstechen viel tiefer zu erfolgen hat, entweder direkt am abgebrochenen Stück oder an der Materialstange selbst befindet.

Konische Bohrungen.

Zur Bestimmung des Winkels, unter welchem der Kreuzsupport der Drehbank eingestellt werden muss, um ein

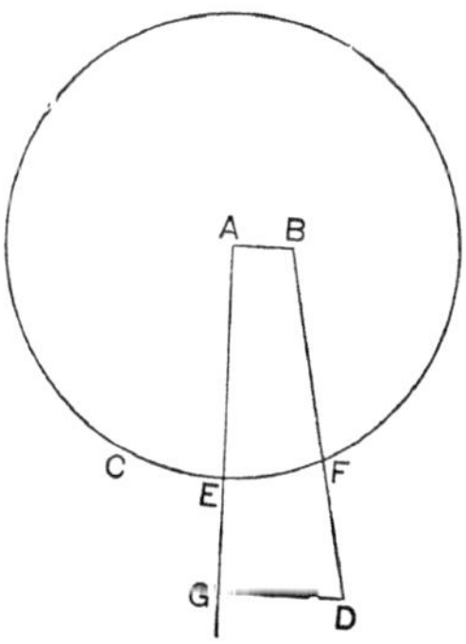

Fig. 61.

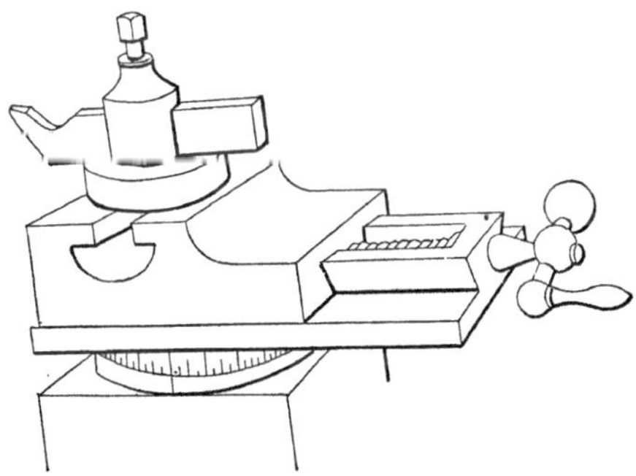
Fig. 62.

Arbeitsstück von bestimmtem Konus auszubohren, wende man folgendes Verfahren an:

Man bestimme den Durchmesser des drehbaren, mit Skala versehenen Theiles des Oberschlittens, und reisse dann auf einer geeigneten Platte diesen Durchmesser auf; hierauf ziehe man von dem Mittelpunkte A aus einen beliebigen Radius, trage darauf das Stück $A—B$, Fig. 61, gleich dem kleinsten Durchmesser des zu bohrenden Konus auf, ziehe die Linie *A—G* rechtwinklig zu *AB* und mache dieselbe gleich der Länge der Bohrung. In dem Punkte *G* ziehe man parallel zu *AB* die Linie *G—D*, deren Länge gleich dem grössten Durchmesser der Bohrung zu machen ist. Durch die Linie *DB* resp. deren Schnittpunkt *F* mit dem Kreise ist der Betrag *EF*, um welchen der Support gedreht werden muss, gegeben. Bei einer Eintheilung des Kreises nach Graden wird die Uebertragung der gefundenen Grösse auf den Drehsupport, der in gleicher Weise mit Graduirung versehen ist, Fig. 62, wesentlich vereinfacht.

II. Bohr-Arbeiten.

Anschnittbohrer.

Bei vielen Arbeiten, insbesondere in Messing, ist es vortheilhaft, sich vor dem eigentlichen Ausbohren des Loches eines in Fig. 63 dargestellten Werkzeuges zum Anbohren zu bedienen. Man spannt diesen Stahl in das Stichelhaus ein und senkt das Loch bis zum bestimmten Lochdurchmesser aus. Hierdurch wird ein Verlaufen des nachfolgenden Stahles vermieden.

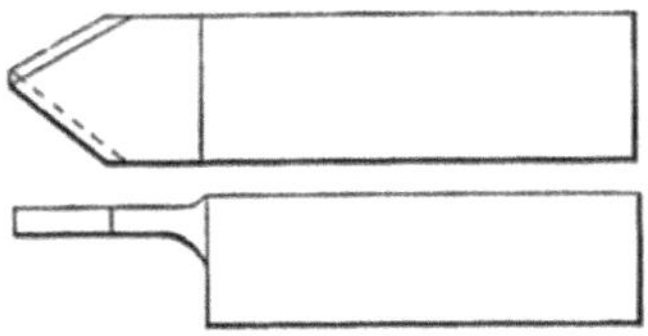

Fig. 63.

Centrirbohrer.

In den Atlantic-Werken, Philadelphia, ist seit einiger Zeit ein Centrirbohrer in Gebrauch genommen, der, wie aus Fig. 64 ersichtlich, aus einem Stück Rundstahl besteht, das

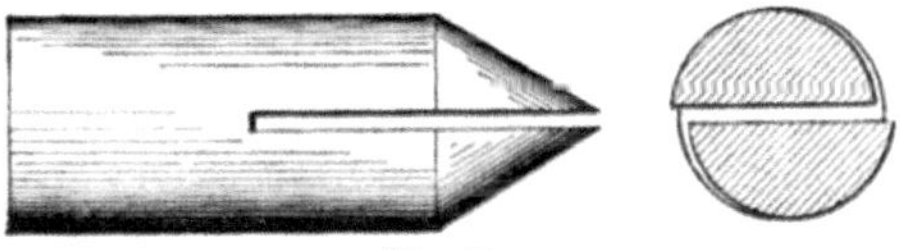

Fig. 64.

zu einer Spitze angeschliffen und dann axial aufgeschlitzt ist. Das Werkzeug wird auf die Drehbank genommen und mit einem Spitzenschleifapparat übergeschliffen. Durch das Federn der Spitze und den Druck der Schleifscheibe wird das Schleifen an den verschiedenen Stellen verschiedenartig ausfallen. An Stelle eines runden Körpers wird man den im Schnitt dargestellten Querschnitt erhalten. Lässt man das Werkzeug in derselben Richtung arbeiten, in welcher es geschliffen wurde, so wird es mittelst der zwei vorstehenden Schneidkanten einen äusserst glatten Schnitt geben. Wird der Vorschub für den Bohrer zu gross genommen, so werden die beiden Spitzenhälften zusammengedrückt und so ausser Wirkung gesetzt. Die Vortheile dieses Bohrers liegen darin, dass er sich nicht „frisst“ und vor allen Dingen ohne jede Formveränderung nachgeschliffen werden kann.

Aufsteckbohrer.

Muss ein Loch gebohrt werden, dessen Tiefe 5—20 mal so gross ist, als die gewöhnliche Länge des Bohrers beträgt, so nehme man eine Rundstange von Schmiedeisen oder weichem Stahl von ungefähr der doppelten Stärke des Bohrerschaftes, bohre in diese Stange ein Loch von entsprechender Stärke genau axial in eine Tiefe von vier Bohrerdurchmessern ein und stecke dann nach dem Anwärmen der ausgebohrten Stange den Bohrer in diese ein. Auf diese Weise erhält man eine Verbindung, die allen praktischen Anforderungen genügt.

Spiralbohrer für Messingbleche.

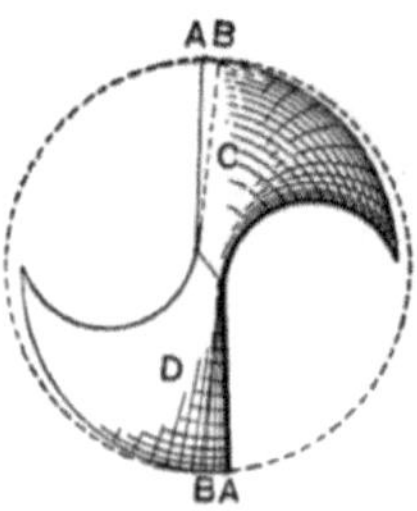

Fig. 65.

Spiralbohrer, die zum Durchbohren von Messingblechen dienen, lassen auf der Rückseite der Platte einen mehr oder weniger starken Grat stehen. Ein besseres Ausschneiden der Spiralbohrer mit weniger Gratbildung wird dadurch erzielt, dass man, wie aus Fig. 65 zu ersehen ist, die Schnittkante *A* etwa bis *B* hinterschleift und dadurch den Endflächen *C D* einen grösseren Schnittwinkel giebt, als er für Schmied- oder Gusseisen gebräuchlich ist.

Bohrer für die Bearbeitung von hartem Stahl.

Man kann häufig die Beobachtung machen, dass Hartgussstücke sich nur äusserst schwierig bohren lassen. In manchen

Fällen lässt sich die Bearbeitung dadurch erleichtern, dass man an Stelle des sonst gebräuchlichen Seifenwassers oder Oeles zum Kühlhalten des Werkzeuges Terpentinöl verwendet. Vor allem aber achte man darauf, das Werkzeug möglichst hart zu erhalten. Oft ist hierbei ein Härten des Werkzeuges in Quecksilber von grossem Nutzen. Gute Erfolge sind unter Umständen auch durch Benutzung von Wolfram-Stahl zu erzielen; ein Stahl, der sich im kalten Zustande in keiner Weise mittelst der Feile oder des Meissels bearbeiten, der sich jedoch, ohne seine Härte zu verlieren, am Schleifstein in jede Form bringen lässt. Geglüht kann er äusserst leicht geschmiedet werden; man darf ihn allerdings nicht zwecks Abschreckens in Wasser oder eine andere Flüssigkeit eintauchen, sondern man muss ihn nach der Bearbeitung langsam in der Luft abkühlen lassen.

Beim Schmieden muss man ihn langsam, aber durch und durch bis zu hellrother Färbung anwärmen und vor allen Dingen gleichmässig warm halten, sodass zum Ausschmieden mehrere Hitzen erforderlich sind. Zu kalt darf er nicht geschmiedet werden, weshalb darauf zu achten ist, dass er nicht dunkelroth wird.

Bohrer für harte Materialien.

Der gewöhnliche Spiralbohrer ist für das Bohren harter Materialien keineswegs ein passendes Werkzeug. Einen Bohrer, der sich für diese Zwecke sehr gut eignet, erhält man dadurch, dass man die Schnittkante eines Spiralbohrers möglichst nach Form eines Flachbohrers schleift. Der beste Bohrer für derartige Arbeiten ist aber zweifellos der gewöhnliche Flachbohrer.

Bohren in Glas.

Bei der Yale & Towne Manufacturing Co. werden Löcher von 10 mm Durchmesser in 3 mm starke Glasplatten mit einem Werkzeug, das aus ziemlich grobem Schmirgel besteht, eingebohrt. Zwecks Kühlhaltens des Bohrers wird an Stelle von Oel oder Terpentin Wasser benutzt. Ein Arbeiter ist im Stande, mit dem ungefähr 2000 Touren pro Minute laufenden Werkzeug 30—40 Löcher in der Stunde zu bohren. Das röhrenförmig ausgebildete Werkzeug erleidet bei dem Ausbohren von 40 Löchern eine Abnutzung von ca. 25 mm.

Freischneiden der Spiralbohrer.

Sobald der Schnittwinkel eines Spiralbohrers nicht gross genug ist, kann der Bohrer nicht schneiden und wird bei Anwendung von Gewalt abgebrochen; der beste Schnittwinkel für Spiralbohrer ist ungefähr 59°.

Bohrgeschwindigkeiten.

Für die Wirkungsweise der Spiralbohrer ist vor Allem die Bohrgeschwindigkeit massgebend. Man kann häufig Klagen über die Leistungsfähigkeit der Spiralbohrer hören, die jedoch meistentheils unbegründet sind, da die schlechten Resultate nicht durch die minderwerthige Beschaffenheit des Bohrers, sondern durch die falschen Schnittgeschwindigkeiten bedingt sind.

Die Cleveland Twist Drill Co. giebt im Folgenden Angaben über die Schnittgeschwindigkeiten der Spiralbohrer; dieselben hängen selbstverständlich von der Beschaffenheit der zu bohrenden Materialien ab.

Für Stahl sind die Geschwindigkeiten um die Hälfte niedriger resp. für Messing höher zu nehmen als für Gusseisen; ferner ist bei dem Bohren von Stahl, Schmiedeisen und schmiedbarem Guss für hinreichende Schmierung mittelst Oels oder Seifenwassers zu sorgen.

Die Geschwindigkeiten sind im Mittel für Gusseisen:

1750	Touren	für	1,5	mm	Bohrer,
220	„	„	12	„	„
90	„	„	25	„	„
55	„	„	38	„	„
45	„	„	50	„	„
30	„	„	75	„	„

für Rothguss:

2000	Touren	für	1,5	mm	Bohrer,
375	„	„	12	„	„
145	„	„	25	„	„
100	„	„	38	„	„
55	„	„	50	„	„
35	„	„	75	„	„

für Stahl:

1150	Touren	für	1,5	mm	Bohrer,
145	„	„	12	„	„
60	„	„	25	„	„
45	„	„	38	„	„
30	„	„	50	„	„
20	„	„	75	„	„

Die Geschwindigkeiten für dazwischenliegende Bohrergrössen können im Verhältniss zu den betreffenden Werthen angenommen werden.

Bohrerregal.

Eine grosse Annehmlichkeit bei Radialbohrmaschinen bietet das Vorhandensein eines Regales, wohin man die nicht im Gebrauch befindlichen Bohrer ablegen kann. Ein derartiges Regal lässt sich mit Leichtigkeit an jeder Säule in einer für den Arbeiter handlichen Lage anbringen. Der Vortheil dieser nur mit geringen Kosten verbundenen Anordnung tritt bald zu Tage, indem die Bohrer, abgesehen von einem Abhandenkommen, in einem weit besseren Zustande erhalten werden.

Genaues Bohren.

Hat ein Arbeiter in einer mittleren Maschinenbauwerkstätte ein Loch zu bohren, so zeichnet er sich die Lochmitte auf der vorher mit Kreide bestrichenen Arbeitsfläche mittelst zweier Risse an, körnt den Mittelpunkt und schlägt um diesen einen mehr oder weniger genauen Kreis, dessen Umfang er durch vier Körnerschläge festzulegen sucht. Dann bohrt er das Loch so ein, dass die betreffenden Körner weggeschnitten werden. Bei diesem Verfahren wird er in den meisten Fällen kein genau centrisch stehendes Loch erhalten. Eine bessere Methode ist die, den Kreis etwas grösser als die betreffende Bohrung und zwar so tief anzureissen, dass der Riss nicht durch die Spähne verwischt wird. Hierbei wird derselbe durch keinerlei Körner festgestellt, der Arbeiter hat vielmehr so zu bohren, dass das Loch innerhalb dieses Risses bleibt. Bei diesem Verfahren, das ein genaueres Bohren ermöglicht, ist, da der Riss stehen bleibt, die Lage des Loches mit Leichtigkeit festzustellen.

Ausbohren tiefer Löcher.

Bei dem Ausbohren unverhältnissmässig tiefer Löcher stellt es sich häufig heraus, dass nach dem Anbohren und der Entfernung der Spähne der Bohrer in Folge der Zusammenziehung des Bohrloches nicht mehr in dasselbe hineingehen will. Durch Absetzen des Bohrerschaftes und beständige Zuführung von Wasser lässt sich dieses einigermassen vermeiden. Am besten ist es jedoch, einen Spiralbohrer von gewöhnlicher Länge an eine Stahlstange von etwas kleinerem Durchmesser anzuschmieden und nicht mehr Kühlmaterial zuzuführen, als durchaus nöthig ist. Dieses Trockenbohren gestattet ein bequemes Herausschaffen der Spähne.

Oelleitung für lange Bohrer.

Oft ist es nothwendig, ein tiefes Loch von ziemlich kleinem Durchmesser zu bohren. Bei dieser Arbeit stösst man nicht nur bei der Entfernung der Spähne, sondern auch bei der Zuführung des Kühlmaterials auf Schwierigkeiten. Bei Pratt & Withney ist dieses dadurch beseitigt, dass man längs des Bohrers eine Nuthe oder Kanal einbohrt, der je nach der Beschaffenheit des Bohrers gerade oder in Spiralwindungen läuft, und in diese Aussparung ein dünnes Messingrohr einlöthet, welches als Zuleitung für das betreffende Kühlmaterial, in diesem Fall Oel, dient. Das Oel wird unter Druck eingeführt und bewirkt so gleichzeitig mit dem Abkühlen auch die Entfernung der Spähne. Die Herstellung eines derartigen Werkzeuges ist nicht gerade billig; es ist aber jedenfalls vortheilhafter, dieses Werkzeug zu benutzen, als einen Bohrer, der nach kurzem Anschneiden abbricht.

Herstellung von tiefen Bodenlöchern.

Bei tiefen Bohrungen, die wegen ihres Bodens die Benutzung der gewöhnlichen Bohrstange ausschliessen, bedient man sich einer Bohrstange, wie sie in den Fig. 66 u. 67 dargestellt ist. Bei dieser ist in entgegengesetzter Richtung zum Stahl eine Stellschraube eingeschraubt, die in der Bohrung, an der dem Stahl gegenüber liegenden Seite, zur Anlage kommt. In gleicher Weise benutzt man eine zweite Stellschraube, die genau rechtwinklig zur ersteren in der Mitte zwischen Bohrstahl und Stellschraube zu stehen kommt, wodurch eine sichere Führung der Bohrstange an drei Punkten

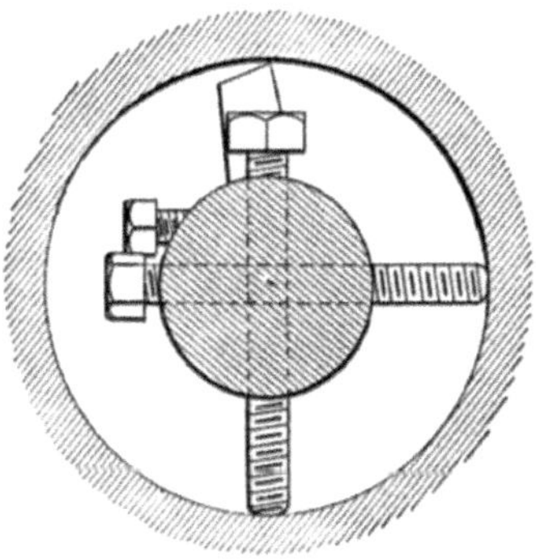

Fig. 66.

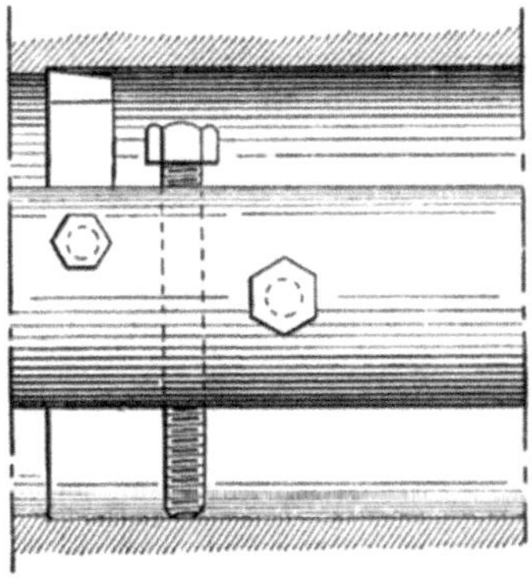

Fig. 67.

gewährleistet ist. Bei Benutzung dieser Vorrichtung zu Vertikalbohrungen entstehen bei Herausbringen der Bohrspähne keinerlei Schwierigkeiten, während man beim Horizontalbohren den Stahl, wie Fig. 66 darstellt, schräg stellen muss.

Ausbohren von Cylindern.

Bei der Herstellung von Cylinderbohrungen sollte man sich wenigstens zweier, wenn nicht dreier Stähle bedienen, da bei der Verwendung nur eines Stahles die Bohrstange, besonders in der Mittelstellung, das Bestreben zeigt, mehr oder weniger seitwärts auszubiegen. Die Folge hiervon ist, dass die Bohrung des Arbeitsstückes in der Mitte sowohl kleiner wird, als auch bedeutend schlechter und ungenauer bearbeitet ist, als an den beiden Enden.

Ausbohren von Kernlöchern in grossen Gussstücken.

Gussstücke mit Kernlöchern genau auf Maass auszubohren ist bei grossen Bohrungen immer mit Schwierigkeiten verknüpft. Ein Verfahren, das in den Werkstätten von T. R. Almond, Brooklyn, vortheilhafte Verwendung findet, ist in den Fig. 68 u. 69 dargestellt.

Das Arbeitsstück, eine Führungsbüchse, ist in ein Dreiklauenfutter gespannt, wobei, um einer Verletzung des Gussstückes vorzubeugen, Holzstücke zwischen Klauen und Gussstück gelegt sind. Eine Führungsbüchse, die mit einer dem Durchmesser des Werkzeugs entsprechenden Bohrung versehen ist, wird auf das Arbeitsstück aufgeschoben und dort so lange festgehalten, bis das Werkzeug ca. 2 mm angeschnitten hat, um auf diese Weise als Führung für Werkzeug und Arbeitsstück zu dienen.

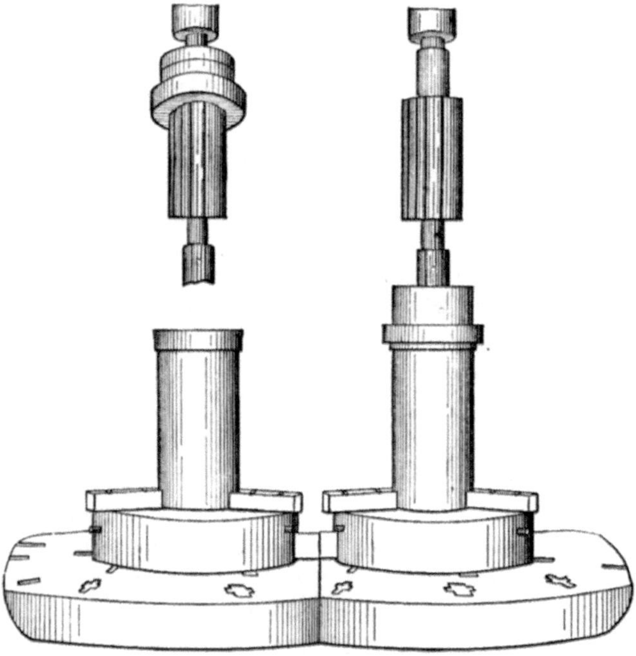

Fig. 68. Fig. 69.

Die Bohrung im Führungsstück ist ungefähr $^1/_{40}$ mm grösser als der Durchmesser des Werkzeuges. Das ausgebohrte Loch wird gerade so gross sein, wie die Bohrung der Führungsbüchse, da sich das betreffende Werkzeug innerhalb der Führungsbüchse nach allen Seiten hin frei bewegen muss. Nach dem Anschneiden des Werkzeuges wird, wie aus der zweiten Ansicht zu ersehen ist, das Führungsstück vom Arbeitsstück abgehoben und mittelst eines kleinen Stiftes von dem grösseren Werkzeug mitgenommen. Die zwei Bohrlöcher werden nunmehr in einem Schnitt fertig gestellt, in Folge dessen die Axen der beiden Bohrungen genau übereinstimmen. Die Bodenfläche wird bei grösseren Bohrungen zweckmässig auf einer Drehbank vorgedreht, um dadurch das Bohrwerkzeug weniger zu beanspruchen. Die Kosten, die hierfür extra aufgewandt werden müssen, machen sich durch die längere Arbeitsdauer des Werkzeuges bezahlt.

Bohren und Aufreiben von Löchern in verschiedenen Metallen.

Es ist äusserst schwierig, ein Loch in ein Arbeitsstück genau zu bohren, welches aus verschiedenen Metallen so zusammengestellt ist, dass die Peripherie des zu bohrenden Loches in verschiedenen Metallen liegt. Besonders ist dies der Fall, wenn das Loch genau in der Mitte der beiden Metalle zu bohren ist. Der Bohrer wird sich stets nach dem weicheren Metall hin verlaufen, sodass der Durchmesser im weichen Metall grösser wird als im härteren. Dieser Uebelstand kann bei Verwendung des in Fig. 70 abgebildeten Werkzeuges vermieden werden.

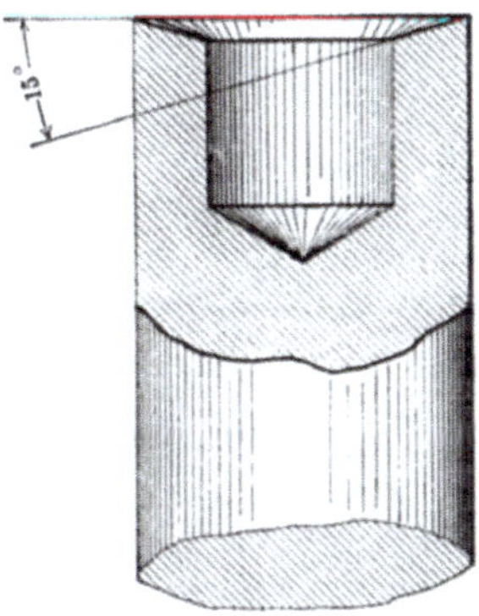

Fig. 70.

Dasselbe ist zur Erzielung einer Schneidkante in einem Winkel von 10—15^0 konisch ausgedreht und erhält eine ungerade Anzahl von Zähnen, in diesem Falle sieben, eingefräst. Man bohrt das betreffende Loch in gewöhnlicher Weise so ein, dass der Durchmesser in dem weicheren Metall ungefähr gleich dem geforderten wird; sodann schrägt man mittelst einer Feile die Lochkante in härterem Metall auf den gewünschten Durchmesser ab und bohrt hierauf das Loch mit Hülfe des oben erwähnten Werkzeuges bei reichlicher Verwendung von Oel nochmals aus.

Aufreiben von Löchern in Eisenplatten.

Das Aufreiben von Löchern in Eisenplatten für Kessel, Brücken u. s. w. kann vortheilhaft mittelst der in Fig. 71 dargestellten Reibahle, deren Schaft mit Spiralnuthen versehen ist, vorgenommen werden. In gleicher Weise eignet sich auch

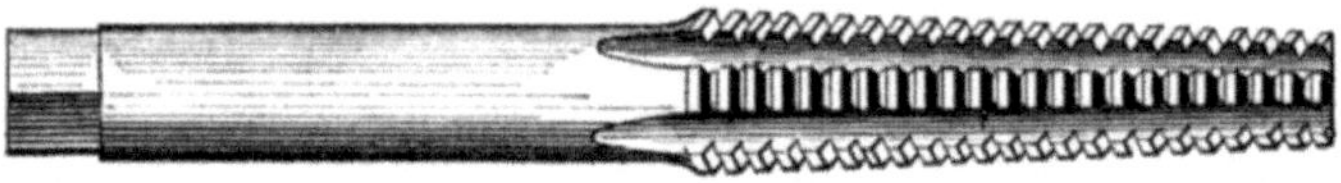

Fig. 71.

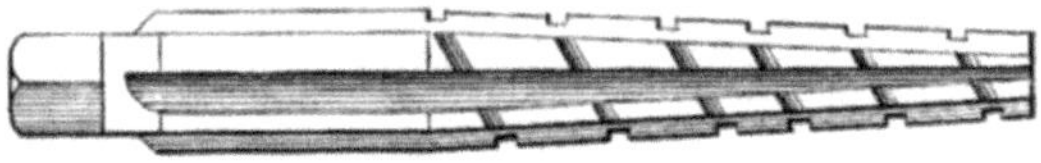

Fig. 72.

die Reibahle, Fig. 72, für diesen Zweck. Durch die Spiralnuthen werden einerseits die Spähne zerkleinert und andererseits der Vorschub der Reibahle erleichtert.

Bohrstangen.

In den Atlantic-Werken, Philadelphia, ist eine eigenartige, in Fig. 73 dargestellte Bohrstange in Gebrauch.

In einem nahtlosen Stahlrohr, welches an der einen Seite zwecks Aufnahme in der Maschinenspindel konisch ausgebildet und auf der anderen Seite für einer Sechskantschraube mit Innengewinde versehen ist, sind eine Anzahl rechteckiger Löcher

Fig. 73.

zur Führung der Stähle eingestossen. Zwischen den einzelnen Löchern sind in der ganzen Länge der Bohrstange eine Reihe kurzer, runder Stahlstücke eingelegt. Die einzelnen rechteckig ausgebildeten Schneidstähle werden durch Einschrauben der Sechskantschraube festgestellt. Bei dieser Anordnung ist ein Ausbrechen der Stähle, wie dies bei konisch ausgebildeten Werkzeugen häufig der Fall ist, vermieden. Mit einem Rohr von 22 mm Durchmesser lässt sich eine 25 mm starke Bohrung ausführen.

Bohrstangenabmessungen.

Es ist vortheilhaft, bei der Benutzung von Bohrstangen bestimmte Dimensionsverhältnisse für die einzelnen Theile einzuführen. Im Folgenden seien einige Abmessungen angegeben, die für verschiedene Werkstätten massgebend und als richtig befunden worden sind.

Stahlschlitzbreite = $^3/_{16}$ des Stangendurchmessers.

Stahlschlitzlänge = Stangendurchmesser.

Stahlhöhe = $^{13}/_{16}$ des Stangendurchmessers.

Stärke des Keiles am schwächeren Ende = $^3/_{16}$ des Stangendurchmessers.

Konicität des Keiles = 1 : 12.

Keillänge = Stangendurchmesser.

Es würde demnach für eine 32 mm starke Stange der Schlitz für die Bohrmesser 6 mm breit und 32 mm lang werden, während die Messer 6 mm breit und 26 mm hoch würden.

Führungsbüchse für Bohrstangen.

Eine Führungsbüchse für Bohrstangen verschiedenen Durchmessers ist aus Fig. 74 ersichtlich. Dieselbe besteht aus zwei in einander greifenden Büchsen, die in einem Aussenkörper *F* gehalten werden. Die äussere Führungsbüchse ist mittelst der Stellschraube *G* festgestellt. Innerhalb derselben werden die mit verschiedenen Bohrungen versehenen Führungsbüchsen so eingesetzt, dass sie mit ihrem Flansch auf die äussere Büchse zu liegen kommen und durch eine Stellschraube *H*, die in eine Nuthe eingreift, an einer Vertikalbewegung verhindert werden.

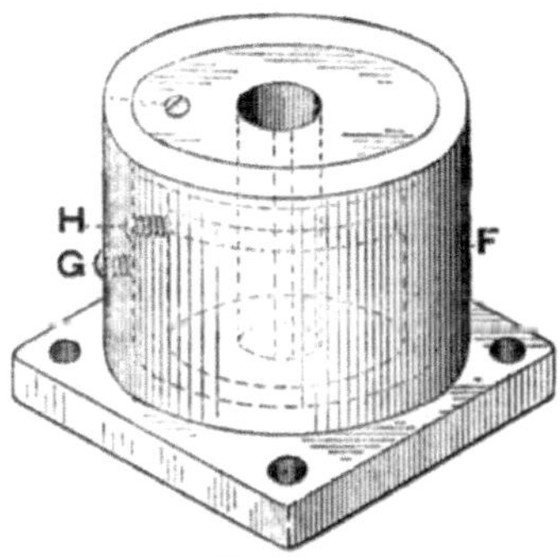

Fig. 74.

Bohrfutter.

Die gewöhnlichen Bohrfutter erfordern zum Fest- und Losschrauben der betr. Spindel ausserordentlich viel Zeit und Mühe. Ein Weg, diesen Uebelstand zu verbessern, besteht darin, dass man das Gewinde auf dem Dorn sowohl wie im Spannfutter selbst in vier Theile theilt und dann von zwei gegenüberstehenden Vierteln das Gewinde wegschneidet. Hierdurch wird es ermöglicht, das Futter in einer Vierteldrehung auf- resp. abzuschrauben.

Elektrisch angetriebene Bohrer in der Kesselschmiede.

Die althergebrachte Methode, die Löcher in die Kesselbleche einzuknarren, arbeitet ausserordentlich langsam und ist in Folge dessen kostspielig. Mit einer Vorrichtung zum elektrischen Antrieb der Bohrer kann ein Arbeiter in acht Stunden ebenso viele und bedeutend bessere Löcher bohren, als mit der Hand in zehn. An der Längsseite des Kessels wird ein kleiner Schienenstrang gelegt, auf welchem der Elektromotor, der zum Antrieb des Bohrers benutzt wird, beliebig verschoben werden kann. Der Antrieb des Bohrers erfolgt unter Benutzung von Räderübersetzungen von einer nach allen Seiten hin frei beweglichen Welle. Der Gegendruck beim Bohren wird durch eine entsprechende Verbindung zwischen Kessel- und Motorgestell aufgenommen. Der Arbeiter steckt den Bohrer in die Spindel, schaltet den Motor ein und kann hierauf mit seiner Arbeit beginnen. Die Anordnung des Motors gestattet das Bohren einer grössern Anzahl Löcher, ohne dass man nöthig hätte, den Motor in der Längsrichtung des Kessels zu verschieben. Wird letzteres nothwendig, so braucht man nur die Verbindung zwischen Kessel und Motorgestell zu lösen, um so den Motor an einer beliebigen Stelle wieder in Betrieb setzen zu können. In der „Baldwin“ Lokomotivfabrik, wo fast alle Arbeiten mittelst elektrischen Antriebes verrichtet werden, hat sich diese Anordnung vorzüglich bewährt, da man die Löcher nicht allein besser, sondern auch schneller zu bohren im Stande ist.

Verwendung komprimirter Luft in der Kesselschmiede.

In einer der grössten Lokomotivfabriken Amerikas bedient man sich zum Aufreiben und Gewindeschneiden der Stehbolzenlöcher in den Feuerbüchsen eines mittelst komprimirter Luft betriebenen Apparates. An beiden Seiten der Kesselschmiede befindet sich eine Rohrleitung, die in entsprechenden Anschlussrohren die zum Antreiben der Werkzeuge dienende Luft, auf ungefähr $5^1/_2$ Atm. komprimirt, den betreffenden

Motoren zuführt. Der Arbeiter regulirt den Antrieb der Motoren durch einen Hahn. Das Ausreiben resp. das Gewindeschneiden geschieht mit derselben Geschwindigkeit wie das Bohren in Holz. Ein Mann ist im Stande 150 Stück 22 mm starke Löcher in Stahlplatten von 20 mm Stärke in einer Stunde aufzureiben resp. 40 Löcher dieser Grösse in ebenso starken Platten mit Gewinde zu versehen. Bei Handarbeit würde er höchstens 50 Löcher aufreiben und in etwa 20 Gewinde schneiden können.

Vorrichtung zum Andrehen grösserer Flächen auf der Bohrmaschine.

In Fig. 75 ist eine Vorrichtung gezeigt, die eine Flächenbearbeitung grösserer Arbeitsstücke auf der Bohrmaschine gestattet. Der Hauptkörper *A*, in welchem der Stahlschlitten *B*

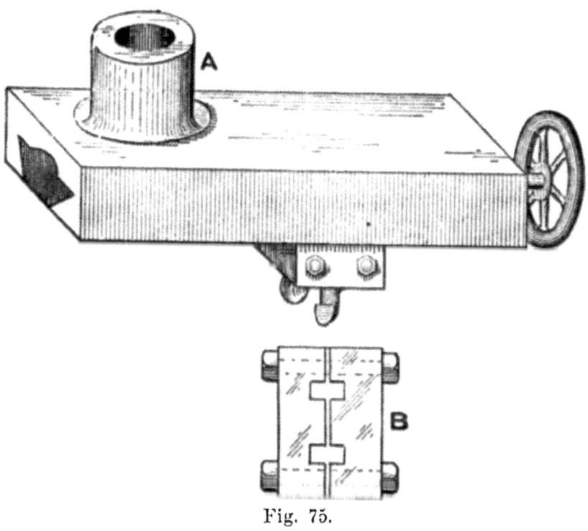

Fig. 75.

mittelst Handrades und Spindel zu verstellen ist, wird mit der nabenförmigen Ausbildung auf der Bohrspindel befestigt. Die Befestigung der Drehstähle in dem Stahlhalter ist aus der Figur bei *B* ersichtlich.

Bohrvorrichtung für Kugelkurbeln.

Kugelförmige Kurbeln, wie sie an Drehbanksupporten sowie Fräsmaschinen Verwendung finden, lassen sich ausserordentlich schlecht bohren. Es wird sich deshalb, namentlich bei Vorhandensein einer grössern Anzahl von Arbeitsstücken, die Anschaffung einer geeigneten Bohrvorrichtung lohnen. In einen Bügel *A*, Fig. 76, dessen Grösse sich aus der Länge der zu bohrenden Kurbeln bestimmt, sind zwei zur Aufnahme der Kurbeln dienende Spitzen eingeschraubt. Oberhalb der Kugel *d* befindet sich eine aussen mit Gewinde versehene Bohrbüchse *e*, deren trichterförmige Ausbildung eine gute Anlage auf *d* gestattet. Die Bohrung der Büchse entspricht dem in *d* zu bohrenden Loche. Durch Einstellen der Spitzen

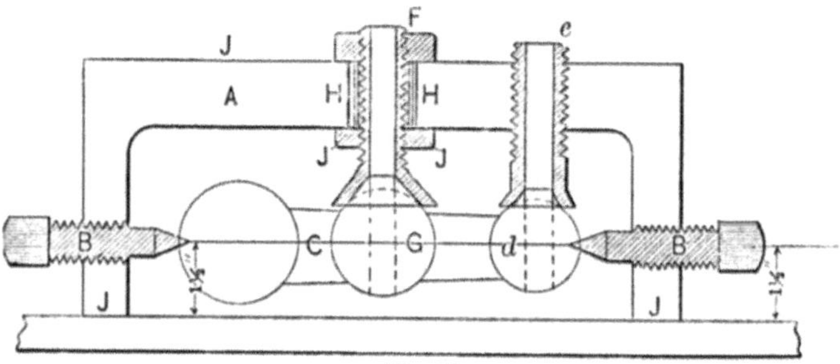

Fig. 76.

B hat man es in der Hand, die Kurbel *d* genau unter der Bohrbüchsenmitte festzustellen. Oberhalb der Kurbelmitte befindet sich eine zweite, in gleicher Weise ausgebildete Bohrbüchse *F*, die jedoch hier mittelst Ringmutter in der Höhenlage sowohl, wie auch in der Längsrichtung des Körpers *A* eingestellt werden kann. Um ein seitliches Einstellen zu ermöglichen, ist die Bohrung *H* des Körpers *A* etwas grösser als der Bohrbüchsendurchmesser angenommen. Der Bügel *A* ist an seinen Flächen *J* genau gerade gehobelt, damit ein genaues Ausbohren der Kurbeln ermöglicht wird.

Bohrmaschinenköpfe.

Das Feststellen des Bohrkopfes an Bohrmaschinen wird dadurch wesentlich erleichtert und vereinfacht, dass man sich an Stelle der gewöhnlichen Vier- oder Sechskantschrauben eines excentrisch angeordneten Hebels bedient, mittelst dessen ein in dem *T*-Schlitz des Gestelles befindlicher Bolzen angezogen wird.

Vergrösserung der Ausladung einer Bohrmaschine.

Man kommt häufig in die Lage, Arbeitsstücke von ungewöhnlich grosser Ausladung bohren zu müssen. Nicht immer ist eine für derartige Arbeiten geeignete Bohrmaschine vorhanden; man muss vielmehr auf Mittel und Wege sinnen, die Ausladung der vorhandenen Maschine zu vergrössern. Bei der Anordnung in Fig. 77 ist der Hauptkörper *C* auf die Vorschubspindel der Bohrmaschine aufgeschoben und mittelst Stellschraube festgestellt, während das Rad *D* auf der Bohrspindel selbst mit einer Stellschraube befestigt wird. Mit Hülfe der Uebersetzungsräder wird die Spindel *E*, die in dem Hauptkörper *C* ihre Führung findet und durch eine Stellschraube in ihrer Höhenrichtung gehalten wird, in Umdrehung versetzt. Auf diese Weise tritt eine Vergrösserung der Ausladung um den Betrag der Räderradien ein. Bei der Benutzung dieser Vorrichtung hat man darauf zu achten, dass man entweder die Riemen kreuzt, oder aber linksschneidende Messer verwendet.

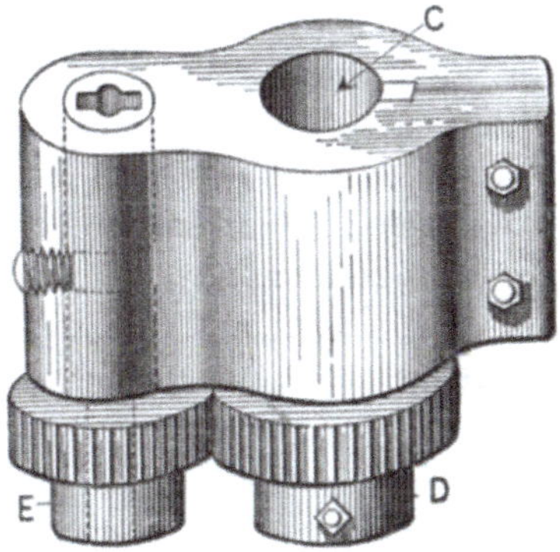

Fig. 77.

Ausbohren von Mannlöchern.

Das gewöhnlich angewandte Verfahren bei der Herstellung von Mannlöchern, das Aufzeichnen einer mehr oder weniger gut ausfallenden Ellipse, das Ausbohren von 50—70 Löchern auf den Umfang derselben, sowie das Aushauen und Ausfeilen der Bohrlöcher ist ebenso kostspielig wie zeitraubend. Dasselbe Resultat kann man weit scheller und billiger erhalten, wenn man die Spindel der zur Verfügung stehenden Bohrmaschine zur Aufnahme eines Drehstahles schlitzt, den Stahl für einen Kreis von ca. 75 mm Durchmesser einstellt und hiermit zwei etwa 125 mm von einander entfernt stehende Löcher ausbohrt. Die Verbindungslinie der beiden Mittellinien stellt dann die längere Axe der Ellipse dar. Nachdem man nunmehr die Stellung des Stahles soweit geändert hat, dass er ein Loch von 125 mm Durchmesser auszubohren im Stande ist, stellt man den Stahl auf die Mitte der vorerwähnten Axe ein und dreht ein drittes Loch von 125 mm Durchmesser aus. Von den beiden Endkreisen aus zieht man Tangenten an den Mittelkreis und entfernt alsdann mittelst eines Meissels das stehen gebliebene Metall bis zu den betreffenden Rissen. Das auf diese Weise hergestellte Mannloch wird sowohl in Bezug auf die Form, als auch auf die Ausführung allen praktischen Anforderungen genügen. Ein ähnliches Verfahren kann beim Anreissen der betreffenden Deckelplatte Verwendung finden, gleichgültig, ob die Platte in das Loch eingreift und durch eine Spannklaue gehalten, oder aber mittelst Stehbolzen befestigt wird.

Zu harter Gewindebohrerstahl.

Stellt sich bei der Herstellung von Gewindebohrern heraus, dass der Stahl in Folge mangelhaften Ausglühens, wegen nicht genügenden Bekanntseins mit der Stahlart, der Temperatur, oder anderer Eigenschaften, für die Bearbeitung zu hart ist, so ist es weit besser, denselben nochmals auszuglühen, als bei dem Versuche, auf dem harten Material Gewinde zu schneiden, das Gewinde sowohl, als auch das Werkzeug zu verderben. Häufig ist es gut, den Stahl nach dem ersten Ausglühen überzudrehen und ihn dann nochmals auszuglühen.

Ausbrechen von Gewindebohrern.

Der Grund für das Ausbrechen der Gewindebohrer liegt häufig darin, dass die Nuthen einen rechteckigen Querschnitt erhalten; Nuthen von halbkreisförmigem Querschnitt sind für Gewindebohrer jedem andern Nuthenquerschnitt vorzuziehen.

Verstellbare Gewindebohrer.

Verstellbare Gewindebohrer besitzen den Vortheil, dass sie sich aus dem betreffenden Gewindeloch ohne jedes Zurückdrehen herausnehmen lassen und in Folge dessen einer geringeren Abnutzung unterworfen sind. Die Fig. 78 und 79 zeigen eine Anordnung eines verstellbaren Gewindebohrers, der zum Gewindeschneiden an einer vertikalen Maschine Verwendung findet. Der die Gewindebacken tragende Körper *B* wird unter Vermittelung des Stiftes *H* von dem in die Maschine eingesetzten Mitnehmer *A* in Umdrehung versetzt. Die drei Gewindebacken *C* finden in schwalbenschwanzförmigen, konisch angeordneten Nuthen *D* ihre Führung. Mittelst der Nasen *E* werden sie in einer Aussparung des Mitnehmers festgehalten, sodass bei einer Aufwärtsbewegung des Körpers *B* die Spann-

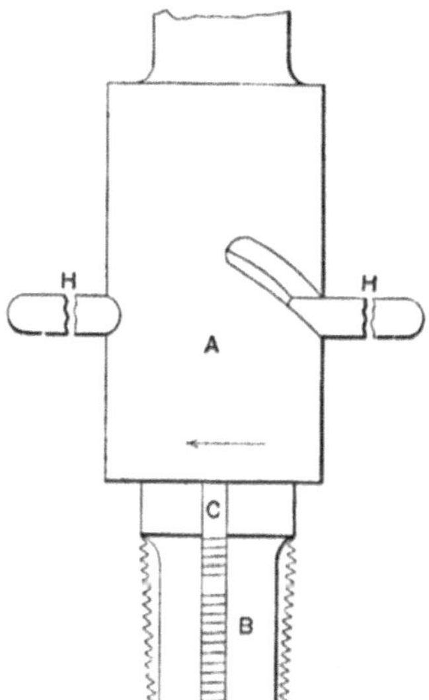

Fig. 78.

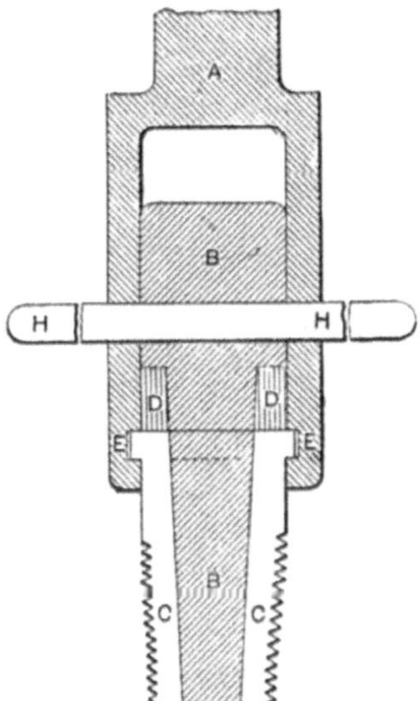

Fig. 79.

backen, da sie sich in der Höhenlage nicht verschieben können, gezwungen sind, nach der Mitte zusammen zu gehen.

In gleicher Weise werden bei einer Abwärtsbewegung des Körpers *B* die Gewindebacken nach aussen getrieben. Tritt der Bohrer in Thätigkeit, so erfolgt seine Bewegung in Richtung des angedeuteten Pfeiles, wobei der Mitnehmerstift *H* in seiner Endstellung steht. Ist hingegen das Loch mit Gewinde versehen, so wird durch eine Drehung des Stiftes *H* in Richtung des Pfeiles eine Aufwärtsbewegung desselben und somit ein Zusammengehen der Gewindebacken *B* bewirkt. Die Gewindegänge der Backen resp. des Loches kommen ausser

Eingriff, wodurch ein Herausziehen des Bohrers ermöglicht wird.

In Fig. 80 ist die Abbildung eines verstellbaren Gewindebohrers für Löcher mit Boden gegeben. In dem äusseren Gehäuse *A* sind drei Schneidbacken *B*, bei *C* drehbar, angeordnet. Die Schneidbacken sind bei *D* konisch ausgebildet, während sie bei *E* eine Nase besitzen. Der innere Körper *F* ist zur Aufnahme der Nase *E* auf den grössten Theil seiner Länge abgesetzt. Die linke Seite dieser Innenführung ist bei *G* mit Konus versehen, während bei *H* eine ringförmige Mutter aufgeschraubt ist, gegen welche eine Spiralfeder drückt, die an dem Aussengehäuse *A* ihr Gegenlager findet. Die Ringmutter *H* ist an ihrer Endfläche abgeschrägt, um so in eine Einfräsung des Hebels *I* zu passen. In der inneren Hülse *F*

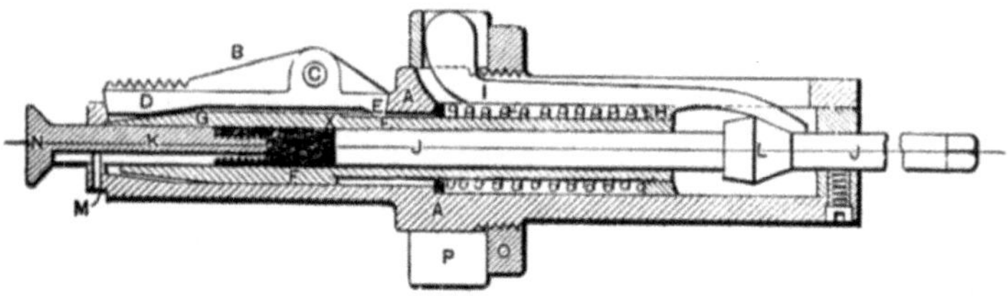

Fig. 80.

erhält der Schaft *J*, in welchem das Taststück *K* mit dem trichterförmigen Ansatz *N* angeschraubt ist, seine Führung. Die Theile *K* und *N* werden durch eine Ausfräsung, in welche der Stift eingreift, am Verdrehen verhindert. In der Lage, in welcher sich die einzelnen Theile in der Zeichnung befinden, ist die innere Hülse *F* nach aussen gedrückt, sodass das konische Ende *G* die Schneidbacken vollständig geöffnet hat. Die Stellung der Schneidbacken wird durch den Absatz an *F* und der Nase *E* begrenzt. Stösst nun beim Gewindeschneiden der Ansatz *N* auf den Boden der Bohrung auf, so findet eine Verschiebung des Schaftes *H* in dem Aussengehäuse *A* so lange statt, bis der Hebel *I* durch den Konus *L* so weit angehoben wird, dass die Ringmutter *H* frei wird und die Spiralfeder in Thätigkeit treten kann. Die Nase *E* der Backen wird auf den Ansatz *C* der Hülse *F* gehoben, und somit die Schnittkanten der Backen nach innen bewegt.

Hinterdrehte Gewindebohrer.

Um die Reibung der Gewindebohrer möglichst klein zu erhalten, müssen die Bohrer nach dem Drehen gefeilt resp. hinterdreht werden.

Hinterdrehte Gewindebohrer können, da sie frei schneiden, bedeutend besser ausgenutzt werden, als die in bekannter Weise gedrehten.

Ausrichten von Gewindebohrern.

Sehr häufig verziehen sich die Bohrer beim Härten und werden dadurch unbrauchbar. Diesen Uebelstand kann man dadurch abhelfen, dass man den Bohrer sauber abwischt, um die Farbe bei seinem Anwärmen und damit auch die ungefähre Temperatur zu bestimmen, ihn dann wieder auf die bestimmte Temperatur ausglüht und hierauf ausrichtet.

Anzahl der Schneidkanten an Gewindebohrern.

Schon seit langer Zeit herrscht in Fachkreisen eine Meinungsverschiedenheit darüber, ob die Gewindebohrer, besonders die für Gasgewinde, mit drei oder vier Schneidkanten zu versehen seien. Mehr und mehr scheint sich die Ansicht zu verbreiten, dass die Gewindebohrer mit drei Schneidkanten eine bessere Arbeit liefern, als die mit vier, selbst da, wo nur sehr dünnes Material vorhanden ist und ein geringer Druck angewandt werden darf. Was sich auf die Gewindebohrer und Reibahlen bezieht, ist selbstverständlich auch für die Herstellung von den Schneideeisen massgebend. Wird z. B. eine der vier Schneidbacken stumpf, so kommt auf die gegenüberliegende Schneidkante der doppelte Druck, wodurch einerseits eine Ungenauigkeit im Arbeitsstück veranlasst, und andererseits die Abnutzung dieser Schneidkante bedeutend beschleunigt wird.

Gleich ungünstig arbeiten die Gewindebohrer mit vier Schneidkanten dann, wenn das Loch nicht genau rund gebohrt ist, indem hierbei die Ungenauigkeit der Bohrung ganz, bei den Bohrern mit drei Schnittkanten dagegen nur zum Theil zur Geltung kommt.

III. Hobel- und Fräs-Arbeiten.

Hobelmaschinen mit schnellem Rücklauf.

Das Bestreben des Maschinenbauers der heutigen Zeit ist vor Allem darauf gerichtet, ein gegebenes Stück Arbeit in einer möglichst kurzen Zeit fertigzustellen, um so bei hohem Arbeitslohne dennoch die Kosten für das Arbeitsstück auf ein Minimum zu bringen. In dieser Beziehung lässt sich am meisten bei den Arbeitsmaschinen dadurch erreichen, dass man den Einfluss des für die Arbeitsleistung in keiner Weise in Betracht kommenden Rück- resp. Leerlaufes der betreffenden Maschine möglichst beschränkt, d. h. mit andern Worten, den Rück- oder Leerlauf möglichst beschleunigt. Der Vortheil des beschleunigten Rücklaufs tritt bei der Hobelmaschine mehr als bei einer jeden andern Maschine zu Tage. Bei den ersten Hobelmaschinen hielt man schon ein Verhältniss des Rücklaufes zum Arbeitsgange von 2 : 1 für eine ansehnliche Leistung. Allmählich vergrösserte man dieses Verhältniss und geht heutzutage so weit, dass man den Rücklauf der Hobelmaschine 5—6 Mal so gross nimmt als den Arbeitsgang. In den einzelnen Werkstätten ist bei Maschinen, die nur zur Bearbeitung leichterer Teile dienen, das Verhältniss des Rücklaufs zum Arbeitsgang sogar 7 : 1.

Einpilaster-Hobelmaschine.

Einpilaster Hobel- und Fräsmaschinen haben in letzter Zeit eine ausserordentlich weitgehende Verbreitung gefunden. Der Grund hierfür ist darin zu suchen, dass sich auf denselben die Bearbeitung der in einer Dimension äusserst stark ausgebildeten Arbeitsstücke mit grösster Leichtigkeit vornehmen lässt. Die Nachfrage nach diesen Maschinen würde zweifellos eine bedeutend grössere sein, wenn die Stabilität der Maschinen durch eine ohne Gewichtsvermehrung verbesserte Konstruktion erhöht würde. Viele Maschinen würden sich vielleicht für bestimmte Arbeitsstücke noch besser eignen, wenn zwei Arbeitstische vorgesehen würden, sodass man auf dem einen Tisch ein Arbeitsstück aufspannen und ausrichten könnte, während das andere Stück auf dem zweiten Tisch bearbeitet würde.

Ueberlauf der Hobelmaschinentische.

Das Ueberlaufen der Hobelmaschinentische lässt sich auf die einfachste Weise dadurch verhindern, dass man an beiden Seiten der Vorschubspindel resp. Zahnstange mehrere Gänge resp. Zähne wegschneidet.

Gegendruckaufnahme an Drehbänken und Hobelmaschinen.

In letzter Zeit bedient man sich vielfach zur Aufnahme des Gegendruckes der Haupt- oder Arbeitsspindel bei Drehbänken sowohl, als auch bei Hobelmaschinen der Kugellager. Die Anordnung bei diesen Lagern ist meistens so getroffen, dass die Kugeln zwischen zwei gehärteten und geschliffenen Stahlringen laufen und so die Reibungsarbeit, die bei grossen Bänken eine ganz bedeutende wird, wesentlich verringern.

Spannen von Arbeitsstücken auf der Hobelmaschine.

Allgemeine Regeln zum Spannen der Arbeitsstucke auf den Hobelmaschinen lassen sich nicht aufstellen, da fast ein jedes Arbeitsstück seiner besonderen Form wegen ein besonderes Aufspannen erfordert. Sind viele Arbeitsstücke gleicher Art anzufertigen, so empfiehlt es sich, hierfür Spannvorrichtungen zu verwenden.

Im Folgenden sei eine Anordnung zum Spannen schmaler und dünner Arbeitsstücke beschrieben: Die Stirnseite dieser Arbeitsstücke lässt man gegen einen in einem der Tischlöcher eingesteckten Anschlag anliegen. Zu beiden Seiten des Arbeitsstückes befestigt man auf dem Hobeltische Hülfsspannstücke, die zur Aufnahme von Spannbolzen in einem unter 30° zur Tischfläche geneigten Winkel gebohrt und mit Gewinde versehen sind. Die vorerwähnten Bolzen, die unter einem Winkel von 30° zur Tischfläche in einer zu derselben parallelen Ebene liegen, sind an ihrer Stirnfläche mit einem Centrirbohrer gebohrt und ausgesenkt. Kleine Stahlstücke, die an beiden Seiten konisch angedreht sind, greifen nun einerseits in das Arbeitsstück und andererseits in die Aussenkung der Bolzenköpfe ein und übermitteln auf diese Weise bei einem Anziehen der eigentlichen Spannbolzen das Festspannen des Arbeitsstückes. Die Axen von Bolzen und Spannstücken müssen, um ein Ausspringen der Spannstücke zu vermeiden, in einer Geraden liegen. Während also der Endanschlag ein Verschieben des Arbeitsstückes in der Längsrichtung verhindert, lassen die Spannstücke weder ein seitliches Ausbiegen, noch ein Abheben vom Spanntische zu.

Anschlagstücke für Hobelmaschinen.

In vielen Werkstätten vermeidet man, wenn irgend möglich, die Benutzung von Schraubstöcken für Hobelarbeiten. Weit lieber setzt man das Arbeitsstück direkt auf den Arbeitstisch auf und bringt es gegen ein Anschlagstück zur Anlage.

Eine gute Ausführung eines derartigen Anschlagstückes

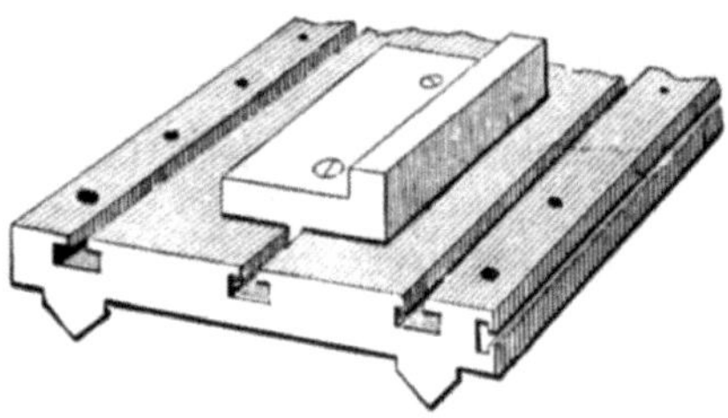

Fig. 81.

ist aus Fig. 81 ersichtlich. Bei den Dimensionen von 300 mm Breite und 450 mm Länge, können je nach der Grösse der betreffenden Arbeitsstücke eines oder mehrere gespannt werden.

Ferner ist eine Seite stärker gehalten, sodass es auch möglich ist, Arbeitsstücke verschiedener Höhe festzuspannen. Die

Schraubenköpfe sind versenkt angeordnet und mit Schlitzen versehen, in Folge dessen sie mittelst eines Schraubenziehers in die in dem *T*-Schlitze befindlichen Muttern eingeschraubt werden können.

Bei einer grossen Mannigfaltigkeit von Arbeitsstücken mittlerer Grösse hat sich das in Fig. 82 dargestellte Spann-

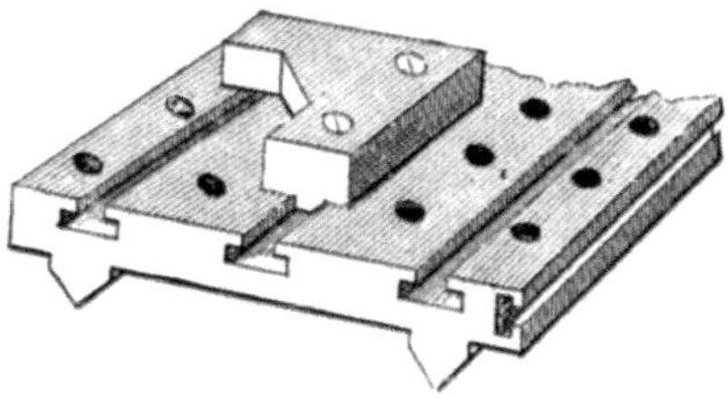

Fig. 82.

stück sehr bewährt, indem hier entweder eine Seite oder zwei Winkelseiten als Anlageflächen zu benutzen sind.

Wo aus irgendwelchen Gründen Spannbolzen gewöhnlicher Art keine Verwendung finden können, hat sich die Anordnung Fig. 83 als zweckmässig herausgestellt. Die Spann-

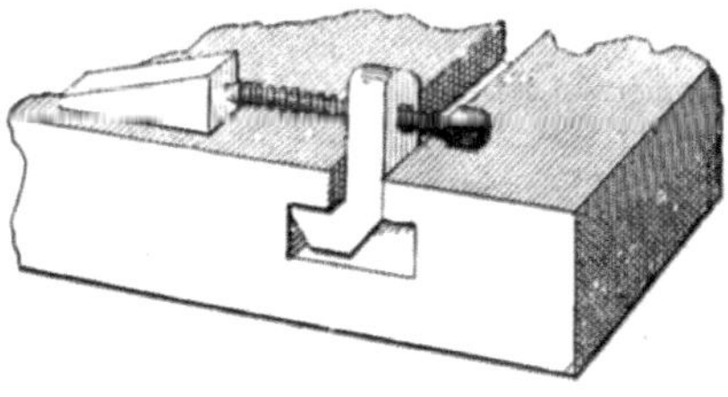

Fig. 83.

schraube wird in einem hakenförmigen Stahlstück aufgenommen, das mit Leichtigkeit an jeder beliebigen Stelle in einem der *T*-Schlitze des Hobeltisches eingestellt werden kann.

Ausrichten von Arbeitsstücken an der Hobelmaschine.

An Stelle der Benutzung der gewöhnlich gebräuchlichen Unterlagstücke zum Ausrichten der Arbeitsstücke auf dem Hobeltische kann man sich mit Vortheil der in Fig. 84 dargestellten Anordnung bedienen.

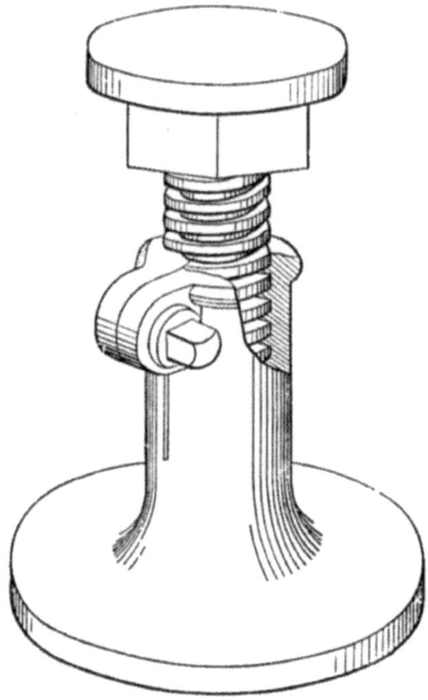

Fig. 84.

Die eigentliche Stellschraube wird in einem beliebig geformten Körper, der vertikal ausgebohrt und mit Gewinde versehen ist, aufgenommen. Vermittelst der in dem seitlichen Anguss befindlichen Klemmschraube wird jeder todte Gang in der Schraube beseitigt. Eine derartige Vorrichtung gestattet sowohl ein Feststellen des Arbeitsstückes in jeder beliebigen Höhe vom Arbeitstisch aus, wie auch vermittelst derselben eine gleichmässige Höhenstellung in verschiedenen Lagen gesichert ist.

Ausrichten eines Maschinengestelles auf der Hobelmaschine.

Die meisten Maschinenuntergestelle müssen, bevor irgend eine weitere Bearbeitung erfolgen kann, an ihrer unteren Fläche übergehobelt werden. Erst dann können die anderen Flächen, ohne ein Werfen des Gestelles befürchten zu müssen, bearbeitet werden.

Das Aufspannen des Gestelles auf den Tisch der Hobelmaschine erfolgt je nach der Beschaffenheit des Gusskörpers in verschiedener Art und Weise. Ein Verfahren, welches das Aufspannen wesentlich vereinfacht und erleichtert, ist in folgender Methode, Fig. 85, angegeben. Auf der untern Seite

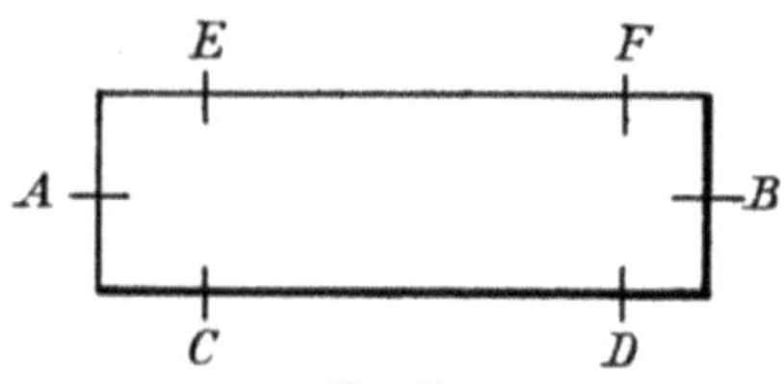

Fig. 85.

des zu bearbeitenden Gestelles wähle man sechs Punkte so, dass sich zwei, *A*, *B* (in der Gestellmitte liegend), unterhalb der beiden Stirnflächen, und die vier andern, *C, D, E, F,* unterhalb der Seitenflächen befinden. Mittelst zweier Metallkeile hebt man zunächst das Gestell unter den Punkten *A* und *B* an, richtet das Bett durch eine Wasserwaage möglichst genau aus und zeichnet dann mit Hülfe einer Reissnadel auf beiden Keilen an, wie weit dieselben unter das Gestell eingeschoben sind. Hierauf stellt man auch an den Punkten *C*, *D*, *E*, *F* nach einem Ausrichten, Keile unter das Gestell und bezeichnet deren Stellung durch entsprechende Risse. Nunmehr treibt man die Keile *C* und *E* stärker ein, sodass das Bett von *A* abgehoben wird, schiebt den Keil bei *A* mit der Hand nach und bezeichnet dann die nunmehrige Stellung des Keiles *A* sowohl, als auch die der Keile *C* und *F* durch eine zweite Linie. In gleicher Weise verfahre man mit den Keilen bei *B*, *D* und *F*. Hierauf zeichnet man mit einer dritten Linie auf sämmtlichen Keilen die Mittelstellung an und treibt dann dieselben bis zu dieser Mittellinie unter das Gestell ein. Auf diese Weise ist ein sicheres und gleichmässiges Aufliegen des ganzen Gestelles gewährleistet.

Verstellbare Parallelstücke.

Keile und ähnliche Unterlagstücke erweisen sich manchmal bei dem Ausrichten von Arbeitsstücken als äusserst unhandlich. An ihrer Stelle lassen sich in vielen Fällen nachstellbare Parallelstücke mit Vortheil verwenden. Eine gute Form von Parallelstücken, mittelst deren ein genaues Ausrichten ermöglicht wird, ist in den Fig. 86 und 87 dargestellt.

Die zwei Keilstücke *A* und *B* greifen schwalbenschwanzförmig in einander; während jedoch das untere eine halbrunde Ausfräsung zur Aufnahme einer Stellschraube *C* aufweist, ist das kürzere Stück *B* mit entsprechendem Gewinde versehen. Ist die Steigung der Stellschraube *C*, sowie der Winkel der beiden Keile *A* und *B* bekannt, so ist es leicht festzustellen, um wie viel die obere Fläche des Keiles *B* bei einer Umdrehung der Stellschraube *C* vorrückt. Eine diesbezügliche Graduirung an dem untern Teil *A* ermöglicht das direkte Ablesen der betr. Höhenlage vom Tisch aus. Nachstellbare Parallelstücke sind keineswegs neu, sondern wurden

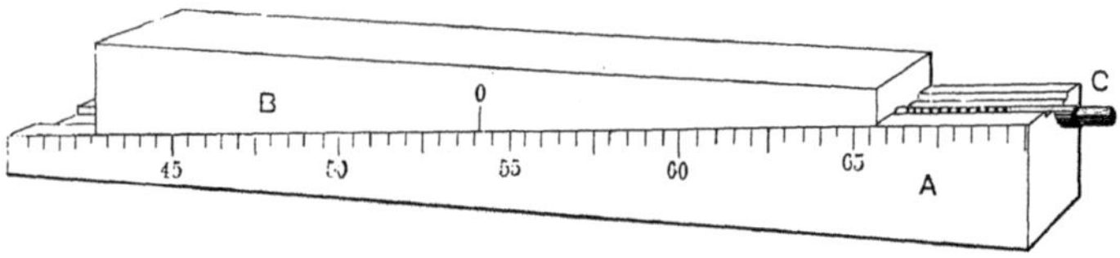

Fig. 86.

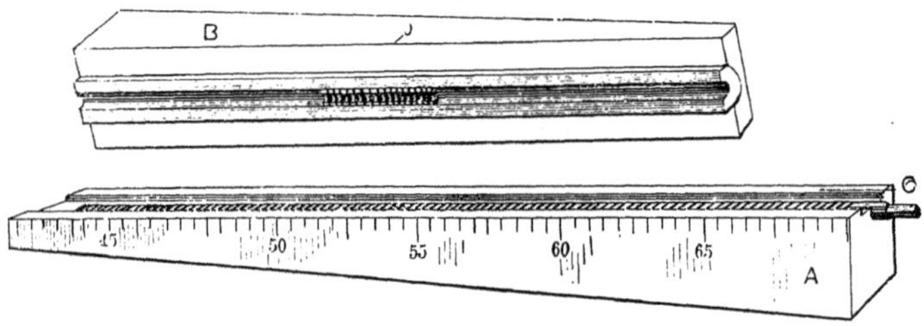

Fig 87.

schon von James Watt benutzt. Allerdings war in der ersten Ausführung keine Stellschraube vorhanden, sondern nur eine Reihe von Kerben vorgesehen, in welche Sperrklinken eingriffen.

Schraubstöcke für Hobelmaschinen.

Will man Arbeitsstücke auf der Hobelmaschine in Schraubstöcke spannen und dabei möglichst genaue Arbeiten erzielen, so hat man vor Allem darauf zu achten, dass die Grundfläche des Schraubstockes genau gerade, und für eine möglichst gute Führung in den *T*-Schlitzen Fürsorge getroffen ist.

Hülfsspannplatten.

Hülfsspannplatten finden dann Verwendung, wenn ein zu häufiges Umspannen der Arbeitsstücke vermieden werden muss, oder Arbeitsstücke, die man ihrer Grösse wegen nicht auf dem Tisch befestigen kann, aufgespannt werden sollen.

Die mit *T*-Schlitzen und Bolzenlöchern versehenen Hülfsspannplatten werden mittelst Schrauben und Prisonstiften befestigt oder aber unter Zuhülfenahme von Angüssen, die entweder über den Hobeltisch übergreifen oder in die *T*-Schlitze des Tisches eingeschoben werden.

Die Hülfsspannplatten lassen sich in zwei Klassen eintheilen: in einfache und zusammengesetzte Spannplatten. Beide Arten werden entweder rund, rechteckig oder achteckig ausgebildet.

Drehbare Hülfsspannplatten.

Die drehbaren Hülfsspannplatten finden namentlich bei der Bearbeitung von Hebeln, Kurbeln u. s. w. Anwendung. Man kann zwei Anordnungen unterscheiden; die eine, bei welcher der Drehzapfen in einem der *T*-Schlitze des Hobeltisches befestigt ist, während sich das Drehzapfenloch in der Spannplatte befindet, und die andere, bei welcher der Drehzapfen in der Spannplatte eingeschraubt wird, während sich das Loch in dem Hobeltisch befindet. Erstere Anordnung verdient vor der zweiten deshalb den Vorzug, weil man die Spannplatte an jede Stelle in der Längsrichtung des Tisches verschieben kann.

Genau- und Geradehobeln.

Ebensowenig wie man auf einer Drehbank genau gerade drehen kann, so kann man auch auf der Hobelmaschine genau gerade hobeln. Bei Arbeitsstücken, die, wie Richtplatten, eine absolut genaue und gerade Fläche erfordern, muss man auf ein Nacharbeiten der gehobelten Flächen mittelst Schabens oder Schleifens zurückgreifen.

Hobeln grosser, gusseiserner Platten.

Die Bearbeitung von grossen und verhältnissmässig schwachen gusseisernen Platten an der Hobelmaschine erfordert, sofern man eine einigermassen gerade Oberfläche erhalten will, die grösste Aufmerksamkeit und Sorgfalt bei dem Aufspannen sowohl, als auch bei dem Hobeln. So waren z. B. in einer Werkstätte 38 mm starke, gusseiserne Platten zu hobeln, deren Länge 1800 mm und deren Breite 1200 mm betrug. Nachdem man dieselben um etwa 1,5 mm abgehobelt und sorgfältigst übergeschabt hatte, wunderte man sich sehr, dass dieselben keineswegs gerade waren. Bei dieser Arbeitsmethode gerade Flächen zu erzielen, ist geradezu eine Unmöglichkeit;

da nämlich das Arbeitsstück nur an einer Fläche übergehobelt ist, hat dasselbe stetig das Bestreben, sich zu verziehen, ein Vorgang, der durch keinerlei Feilen oder Schaben gemildert oder gar beseitigt werden kann. Um eine wirklich genaue Fläche zu erzielen, hat man die Bearbeitung in folgender Weise vorzunehmen. Man hat zunächst die Platte an der Fläche, die späterhin hauptsächlich Verwendung finden soll, um 1—2 mm abzuhobeln, dreht dann die Platte um, und nimmt auch von der Rückseite einen leichten Spahn. Nunmehr kann man annehmen, dass sich die Spannungen in der Platte nach dem Abhobeln der Krusten ausgeglichen haben, und es erübrigt jetzt nur noch, die erste Fläche mit einem leichten Schlichtstahl überzuhobeln. Dem Schaber bleibt es bei dieser Bearbeitung vorbehalten, einzelne härtere Stellen im Metall, die dem Hobelstahle widerstanden haben, wegzunehmen.

Es ist ersichtlich, dass bei diesem Verfahren viel Geld und Zeit gespart wird, indem durch die richtige Ausnutzung der Hobelmaschine eine weit bessere Arbeit erzielt wird, als sie dem geschicktesten Schaber mit dem grössten Aufwand von Mühe und Fleiss herzustellen möglich ist. Bei einer derartigen schrittweisen Bearbeitung lassen sich Platten grösster Dimensionen, sofern sie in sachgemässer Weise auf dem Hobeltisch aufgespannt sind, mit grösster Genauigkeit herstellen.

Es ist allerdings zweckmässig, die Platten, sobald sie von der Hobelmaschine kommen, vor dem Schaben mit einer gebogenen Schlichtfeile abzuziehen. Bei der Schabearbeit muss man sich vor allen Dingen einer genau gearbeiteten Richtplatte bedienen, die wieder von einer dritten, nur zu Kontrollzwecken verwandten richtig gestellt wird.

Lehrstücke für Hobelarbeiten.

Ein guter Weg zur Bestimmung der genauen Höhe der Hobelstellen an einem Arbeitsstücke liegt in der Benutzung einer Reihe kleiner Gussstücke, die auf genaues Maass gehobelt, geschliffen und mit entsprechender Angabe ihrer Stärke versehen sind. In einer Reihe von Fällen haben sich derartige Messstücke durchaus bewährt, besonders da, wo die Anwendung gewöhnlicher Messwerkzeuge ausgeschlossen war.

Messstücke in Einheiten von $^1/_{32}$, $^1/_{16}$, $^3/_{32}$, $^1/_8$, $^5/_{16}$, und $^5/_8$ geben alle Dimensionen bis zu $1^1/_4$ mit $^1/_{32}$ Differenz an. Messstücke in Einheiten von $^5/_{100}$, $^1/_{10}$, $^2/_{10}$, $^3/_{10}$, $^4/_{10}$ geben alle Maasse in Zehnteln und halben Zehnteln bis zu 1 an. Bei grössern Stücken kann selbstverständlich jedes Messstück mehrere Dimensionen darbieten.

Hobeln von Pleuelstangen.

Es ist nicht Jedermanns Sache, die zu hobelnde Pleuelstange nach den Seitenflächen hin genau auszurichten. Hierzu bedient man sich am besten eines Lineals, welches etwas länger ist als die ganze Pleuelstangenlänge, legt dasselbe auf eine der Seitenflächen des stärkeren Pleuelstangenendes und stellt auf diese Weise den Höhenunterschied zwischen der Seitenfläche des stärkeren und des schwächeren Endes fest. Dasselbe hat man mit der andern Seitenfläche zu thun, um daraus zu ersehen, ob die Lage der beiden Pleuelstangenenden zu einander richtig ist, oder nicht. Sind nämlich die Entfernungen ungleich, so muss das eine der beiden Pleuelstangenenden aus der Mitte stehen. In derselben Weise überzeugt man sich durch Anhalten des Lineals an die betreffenden Flächen, ob auch die zweite Stellung der Kopfenden zur Pleuelstangenmitte richtig ist. Auch hierbei müssen die sich ergebenden Höhenmaasse gleich sein. Es erübrigt jetzt nur noch festzustellen, ob auch die Seitenflächen der Kopfenden in parallelen Ebenen liegen, was sich am leichtesten mittelst zweier Winkel, die man auf den Hobeltisch setzt und gegen die Seitenflächen anhält, vornehmen lässt.

Konkaves Aushobeln.

Ab und zu tritt der Fall ein, ein Arbeitsstück, wie z. B. eine Lokomotivpleuelstange, konkav auszuhobeln. Hierbei sei weniger an ein Queraushobeln gedacht, bei welchem die Kurve rechtwinklig zur Arbeitsrichtung des Stahles steht, als vielmehr darauf Rücksicht genommen, das Arbeitsstück in seiner Längsrichtung so auszuarbeiten, dass es in der Mitte schwächer wird als an den beiden Enden, indem die Schnitttiefe nach den beiden Enden zu allmählich und gleichmässig abnimmt. Am einfachsten nimmt man die Arbeit in der Weise vor, dass man dem Arbeitsstück durch Unterlegen von Keilen in der Mitte eine höhere Stellung giebt, als an seinen beiden Enden, und dann gerade überhobelt. Wenn man das Stück losspannt, wird es wieder seine ursprüngliche Form erhalten, mit der Einschränkung, dass es um den Betrag des Anhebens vom Tische hohl ausgehobelt ist. Dieses Längsaushobeln des Arbeitsstückes kann, wenn es gewünscht wird, auch mit einem Queraushobeln verbunden werden, um so ein nach beiden Richtungen hin konkav ausgearbeitetes Stück zu erhalten.

Diese Arbeitsmethode ist selbstverständlich nur bei den Stücken anzuwenden, deren Länge im Verhältniss zur Stärke eine sehr grosse ist, da man sonst mit der Gefahr zu rechnen hat, dass das Arbeitsstück beim Ausrichten bricht.

Hobeln von Innenverzahnungen.

Innenverzahnungen lassen sich auf der Hobelmaschine dann herstellen, wenn eine Vorrichtung getroffen ist, dass man das Arbeitsstück auf dem Hobeltisch umschalten kann, und sich zur Bearbeitung eines seitwärts schneidenden, gekröpften Stahles bedient.

Bearbeitung von Zahnrädern auf der Stossmaschine.

Die Bearbeitung von Zahnrädern aussergewöhnlicher Grösse, Theilung oder Zahnform ist für eine Maschinenbauwerkstätte manchmal mit Schwierigkeiten verknüpft, da gewöhnlich nur Satzfräser für die gebräuchlichsten Zahnformen vorhanden sind. Häufig wiederum ist keine genügend grosse oder überhaupt keine Fräsmaschine zur Stelle, sodass man, auch wenn Fräser da wären, diese nicht verwenden könnte. Hierzu kommt noch, dass man die Kosten für die Anschaffung der Fräser, die vielleicht nur einmal benutzt würden, scheut, und sich in Folge dessen lieber nach einer anderen Bearbeitungsmethode umsieht. Für derartige Arbeiten eignet sich die Vertikal-Stossmaschine, die dann mit einem entsprechenden Stahl versehen wird, ganz ausgezeichnet. Das zu bearbeitende Rad resp. die Zahnstange wird zunächst, sofern an der Maschine keine Theilvorrichtung vorhanden ist, sorgfältig mit den entsprechenden Theilungen versehen. Das Arbeitsstück wird auf den Tisch der Maschine so aufgespannt, dass eine auf dem Tisch angerissene Mittellinie, die zugleich die Stellung des Arbeitsstahles bestimmt, mit der Theilungslinie des Arbeitsstückes übereinstimmt. Nachdem ein Zahn fertig gestossen ist, wird das Arbeitsstück um eine Theilung weiter geschaltet, der nächstfolgende Zahn eingestossen und auf diese Weise das ganze Arbeitsstück fertiggestellt. Es empfiehlt sich, die Arbeit nicht allein von einem Stahl verrichten zu lassen, sondern eine jede Zahnlücke erst vorzustossen und hierauf mit einem genau geformten Stahl fertigzustellen.

Für diese Arbeiten haben sich eingesetzte, gusseiserne Stähle sehr gut bewährt, indem sie bei einem guten Schnitt ihre Form lange Zeit behalten und in ihrer Herstellung weit billiger sind, als geschmiedete.

Fräsen im Gegensatz zum Hobeln.

Das allgemeine Bestreben bei der Maschinenarbeit geht dahin, eine drehende anstatt der hin- und hergehenden Bewegung eintreten zu lassen. So haben wir die Kreissäge an Stelle der gewöhnlichen Handsäge, die Schmirgelscheibe an Stelle der Handfeile, sowie für viele Arbeiten den rotirenden Hobelstahl an Stelle der Hobelmaschine mit hin- und hergehendem Tisch. Ja noch weiter, wir besitzen Fräsmaschinen, die durch ihre Special-Konstruktionen befähigt sind, selbst bei schweren, breiten Schnitten an Stelle der Hobelmaschine zu treten. So befindet sich z. B. in einer amerikanischen Fabrik eine Fräsmaschine, die bei einem Vorschub von 60 mm pro Minute einen Schnitt von 500 mm Breite bei 10 mm Tiefe zu nehmen im Stande ist.

Spiralfräsarbeiten.

Hat man gelegentlich an einer Fräsmaschine, die keinen drehbaren Tisch besitzt, eine Spirale zu fräsen, so ist es nur nothwendig, falls dieses die Tischbreite zulässt, die das Arbeitsstück zwischen den Spitzen tragende Vorrichtung in dem betr. Winkel festzustellen. Ist die Breite des Tisches hierzu nicht ausreichend, so nimmt man ein etwa 6 mm starkes Eisenblech, schneidet eine Seite desselben unter dem gegebenen Winkel der Spirale zur andern zu und schraubt dieses Blech so auf dem Fräsmaschinentisch, dass die unter dem Winkel geschnittene Seite parallel zu der gewünschten Axenrichtung steht. Hierauf befestigt man an irgend einem Punkte des Tisches einen Bolzen mit Rolle derartig, dass letztere gegen die Seite des Bleches zur Anlage kommt. Die Spindel zur Querbewegung des Schlittens entfernt man und hält durch ein entsprechendes Gewicht Blechkante und Rolle in steter Berührung. Bei einem Vorschieben des Frässchlittens in seiner Längsrichtung wird gleichzeitig durch die oben beschriebene Anordnung eine Querbewegung des Schlittens erzielt, in Folge dessen die Resultirende der beiden Bewegungen die betreffende Spirale ergiebt. Die Anordnung kann auch so getroffen werden, dass die Rolle mit Bolzen an dem Längsschlitten, und das Führungsblech am Gestell selbst befestigt wird.

Fräser mit eingesetzten Zähnen.

Bei der Brown & Sharpe Manufacturing Co. sind unter anderen Fräser mit eingesetzten Zähnen in Gebrauch, die sich für bestimmte Arbeiten sehr bewährt haben. Der Hauptkörper,

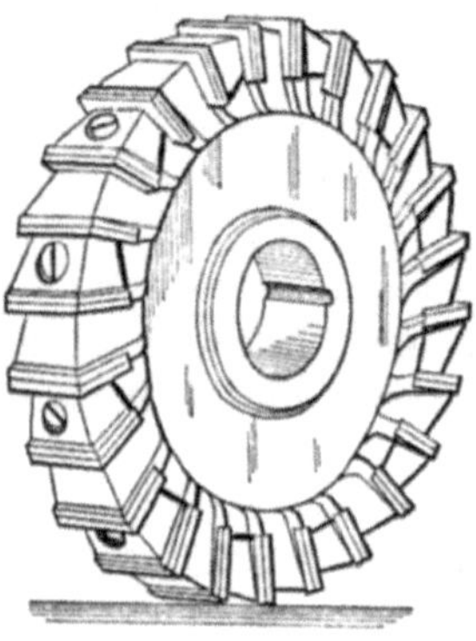

Fig. 88.

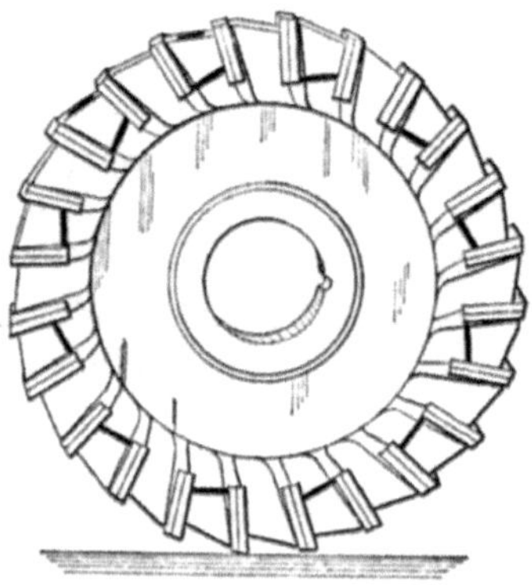

Fig. 89.

Fig. 88 u. 89, in welchem die Zähne eingesetzt sind, ist zwecks Aufnahme auf den Dorn mit Keilnuthe versehen und besitzt an seinem Umfange halb so viele, nach innen radial gehende

Schlitze, als Zähne eingesetzt werden sollen. Die Stirn- resp. Rückseiten dieser Ausschnitte werden radial übergefräst und sauber bearbeitet. Gegen diese Flächen werden dann die einzelnen Zähne angelegt, sodass also die Vorderseite des ersten Zahnes gegen die Rückseite der Aussparung, resp. die Rückseite des zweiten Zahnes gegen die Vorderseite der Aussparung zur Anlage kommt. Zwischen beiden bleibt ein keilförmiger Zwischenraum, in welchen ėin Gusseisenkeil von entsprechender Breite, der zur Aufnahme einer Befestigungsschraube gebohrt ist, eingesetzt wird. Durch das Anziehen der betr. Schraube wird der Keil in den Zwischenraum eingezwängt und bewirkt so ein Festklemmen der beiden Zähne. Das Vorstehen der

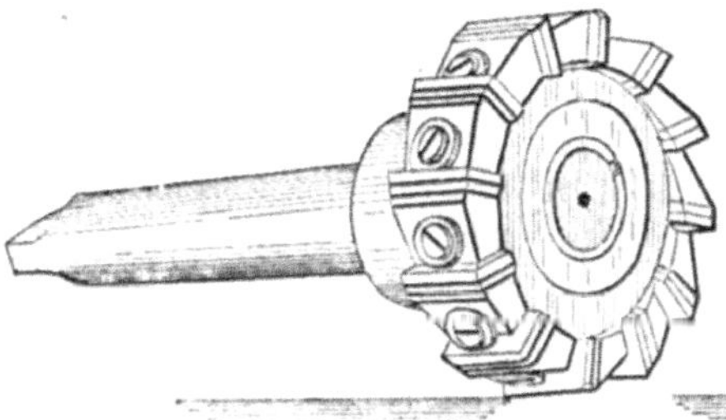

Fig. 90.

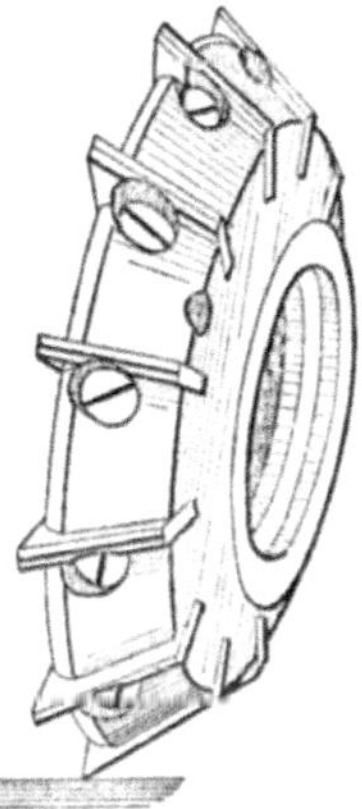

Fig. 91.

Zähne kann man durch Unterlagen von Papierstreifen einstellen, was z. B. nach dem Schleifen, oder aber, wenn man jedem Zahn eine besondere Schnitttiefe geben will, nöthig wird. Die Vortheile dieser Fräser bestehen darin, dass einmal ihre Herstellungskosten billiger sind, als die der gewöhnlichen Fräser, und dass das Profil der Fräser durch Einsetzen entsprechend geformter Zähne beliebig verändert werden kann. Ferner wird durch das Ausbrechen eines Zahnes nicht der ganze Fräser werthlos. Ein Nachschleifen der Fräser erfordert einerseits weniger Arbeit und Geschicklichkeit, und sind auch andererseits zu diesem Zweck einfachere Vorrichtungen als zum Schleifen der gewöhnlichen Fräser erforderlich.

Eine geringe Abweichung von diesem Princip zeigen die Fig. 90 u. 91, indem dort in jeder Aussparung nur ein Zahn gehalten, und derselbe durch radial angeordnete Schrauben, die in konischen Büchsen sitzen, gegen den Hauptkörper festgezogen wird. Bei beiden Arten wird der Hauptkörper mittelst Keiles auf dem Dorne festgehalten.

Die Fig. 92 und 93 zeigen eine dritte Anordnung des eingesetzten Zahnfräsers. Hierbei werden die einzelnen Zähne

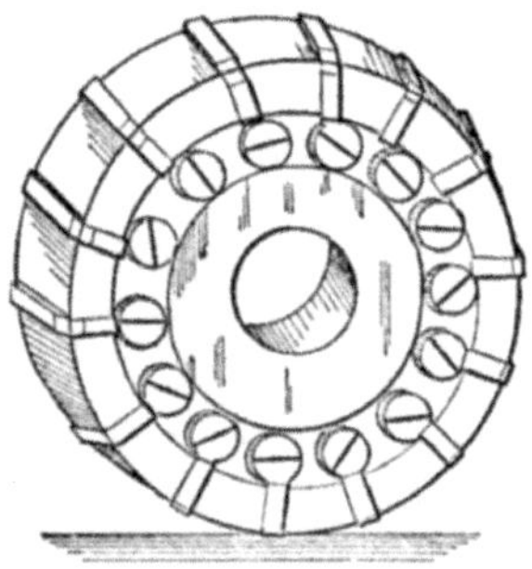

Fig. 92.

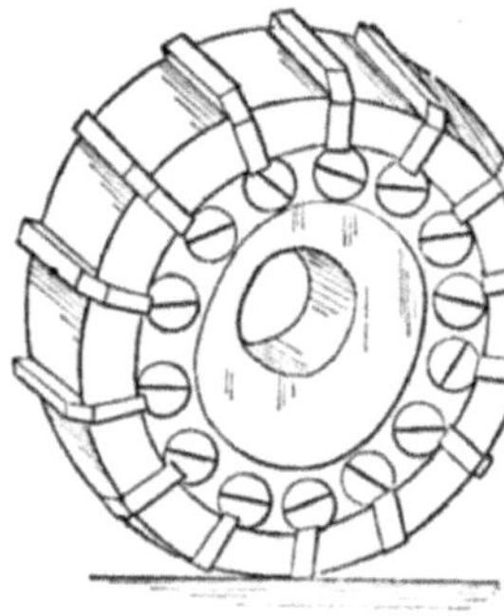

Fig. 93.

in radiale Schlitze mittelst seitlich angeordneter Schrauben eingesetzt.

Die Aufnahme des Fräsers auf den Dorn geschieht durch Feder und Nuthe. Der Hauptkörper ist zur Aufnahme der Befestigungsschraubenköpfe seitlich ausgespart, sodass auch der Fräser als Stirnfräser Verwendung finden kann.

Bei den Fräsern, die in Fig. 94 und 95 dargestellt sind, werden die einzelnen Zähne in entsprechende, radial angeord-

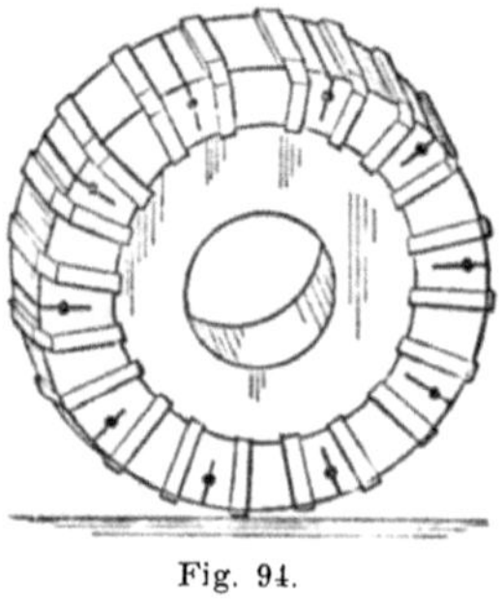

Fig. 94.

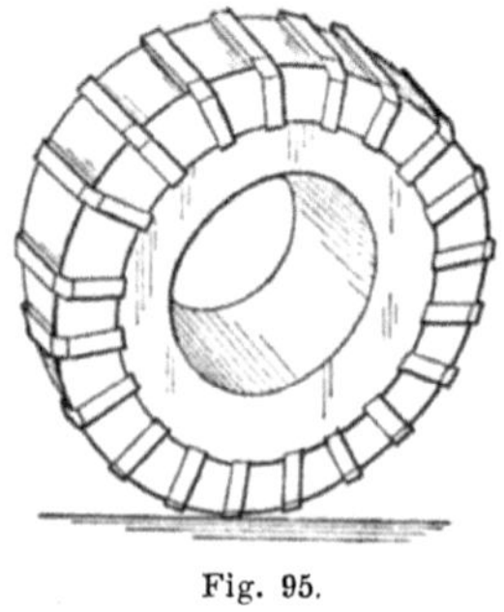

Fig. 95.

nete Schlitze des Hauptkörpers eingesetzt. Die Befestigung der Zähne erfolgt durch Eintreiben von konischen Stiften in die zwischen je zwei Zähne eingebohrten konischen Löcher.

Fräser für schwere Arbeiten.

Fräser für schwere Arbeitsstücke können, sofern sie keinerlei Profile erhalten sollen, äusserst billig und dauerhaft in folgender Weise hergestellt werden. In einen cylindrischen Körper, dessen äusserer Durchmesser ungefähr dem eines gewöhnlichen Fräsers entspricht, bohre man auf der ganzen Fläche rund um eine Reihe von gegenseitig versetzten Löchern von ungefähr 12 mm Durchmesser in einem gegenseitigen Abstand von 22 mm gleichmässig auf eine bestimmte Tiefe von etwa 50 mm ein. In diesen Löchern befestige man runde Stahlstücke von 12 mm Durchmesser und 60 mm Länge. Das Ende eines jeden Stahlstückes wird konisch angeschliffen, wobei sämmtliche Stücke denselben Konus, wie auch dieselbe Länge erhalten. Diese in den Hauptkörper eingesetzten Stahlstücke bilden die Zähne eines Fräsers, dessen Arbeit in einem fortlaufenden glatten Schnitt besteht. Um sicher zu sein, dass ein jedes dieser Messer zum Schnitt kommt, ist es vortheilhaft, den zusammengestellten Fräser mittelst einer Schleifscheibe leicht überzuschleifen. Dieser Fräser eignet sich besonders für schwere, tiefe Schnitte an grossen Arbeitsflächen, indem einerseits der entstehende Spahn bei seinem Anschneiden in einzelne Stücke zerlegt wird, und andererseits eine aussergewöhnliche Erwärmung der einzelnen Stähle ausgeschlossen ist. Ein anderer Vortheil besteht darin, dass man diese Schneidstähle in jede andere Nabe einsetzen kann und somit Fräser verschiedener Grösse und Breite zur Verfügung hat, ohne besondere Ausgaben für das Schneiden und Härten der grossen Fräser zu haben.

Fräser mit geringer Zähnezahl.

Häufig, besonders bei Messingarbeiten, ist die Benutzung von Fräsern mit geringer Zähnezahl wünschenswerth. Dieselben lassen sich ausserordentlich leicht schärfen, ohne hierbei an ihrer Härte irgendwelche Einbusse zu erleiden; wie auch jede einzelne Schnittkante besser für den betr. Schnitt ausgebildet werden kann. Ein Verbrennen des Materials, wie dies bei Verwendung von Fräsern mit grosser Zähnezahl sehr häufig eintritt, ist hier ausgeschlossen. Sodann sind noch die billigen Herstellungskosten derartiger Fräser zu berücksichtigen, wodurch deren Benutzung zu eiligen Arbeiten, die nur hier und da vorkommen, ermöglicht wird.

Fräser mit Spiralnuthen.

Rechtfertigt ein Fräser nicht die Erwartungen, die man bei seiner Anfertigung in Bezug auf seine Leistungsfähigkeit auf ihn setzt, so glaubt man gewöhnlich den Grund hierfür darin suchen zu müssen, dass das Material des Fräsers schlecht, oder aber das Härten desselben nicht mit genügender Vorsicht vorgenommen worden sei, während jedoch meistens die Schwierigkeit durch die Wahl der Zähnezahl und Form, wie auch durch die Anordnung der Nuthen entstanden ist. In der Fabrik von Newton fand man nach langen Versuchen mit

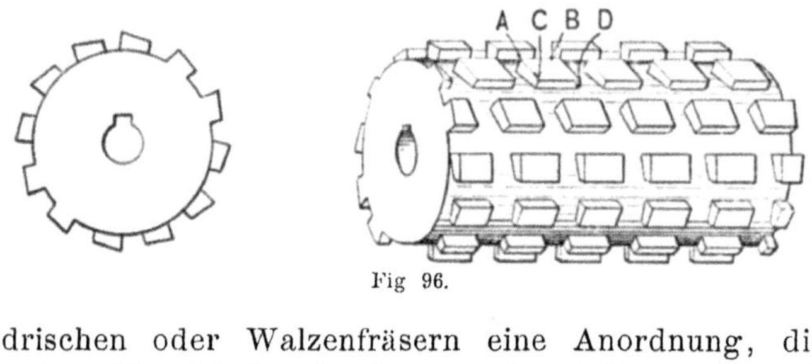

Fig 96.

cylindrischen oder Walzenfräsern eine Anordnung, die im Folgenden, Fig. 96, beschrieben werden soll und die sich besonders bei langen Schnitten in hartem Material bewährt hat. Der Fräser wurde mit parallel zur Axe gerichteten Nuthen hergestellt; die so entstandenen Längszähne wurden durch das Einschneiden von spiralgewundenen Nuthen auf den Fräserkörper in eine Reihe von Einzelzähnen getheilt. Diese Zähne waren 10 mm breit, während die Breite der Spiralnuthe 6 mm betrug. Die Breite der mit der Axe parallel laufenden Nuthen war ebenfalls 6 mm.

Es wurde vorausgesetzt, dass ein derartiger Fräser eine gerade Fläche ohne jeden Ansatz liefern würde, was sich aber als falsch herausstellte, indem der Fräser sehr bemerkenswerthe Rillen hinterliess, die zweifellos eine Folge der zu gleichmässigen Anordnung der Zähne waren. Eine andere Form wurde nunmehr unter Benutzung von eingesetztem Maschinenstahl versucht, Fig. 97. Bei dieser wurden zwar die zur Axe parallel laufenden Nuthen beibehalten, jedoch die Schneidkanten nicht durch eine regelmässige Spiralnuthe, sondern

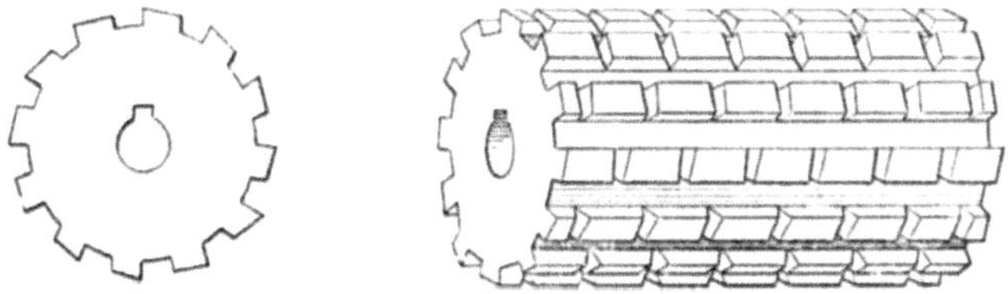

Fig. 97.

durch eine unregelmässig steigende Nuthe in die einzelnen Zähne getheilt.

Das Resultat war ein guter Schnitt ohne die vorher erwähnte Rillenbildung. Diese Erscheinung mag wohl mit den Erfahrungen übereinstimmen, die man mit den von Hand gehauenen Feilen gegenüber den mit der Maschine hergestellten gemacht hat, da erstere in Bezug auf die Arbeitsleistung den letzteren vorzuziehen sind, was wohl auf die unregelmässigen Einkerbungen zurückzuführen ist. Aehnlich verhält es sich auch mit der Leistungsfähigkeit der Gewindebohrer mit einer ungeraden Anzahl von Nuthen im Vergleich zu denen mit einer geraden Zahl.

Nachstellbare Nuthenfräser.

Es giebt viele Arbeiten, die die Anschaffung neuer Fräser nicht rechtfertigen, und die man deshalb auf der Hobelmaschine vornimmt. Gleichwohl besitzt man eine Anzahl von Fräsern, die zu verschiedenartigen Arbeiten Verwendung finden, oder wenigstens zu Arbeiten verschiedener Grösse benutzt werden können. In jeder Maschinenwerkstätte sind heutzutage zusammengesetzte Fräser mehr oder weniger bekannt und in Gebrauch, und weiss wohl ein Jeder, wie vielerlei Querschnitte bei Zusammensetzung dieser Fräser bearbeitet werden können.

Weniger bekannt dürfte hingegen der in Fig. 98 abgebildete Fräser sein, der bei Aenderung seiner Zwischenlage Nuthen verschiedener Breite zu fräsen im Stande ist. Die zwei Fräserhälften, die keineswegs gleich zu sein brauchen, besitzen eine Stirnfläche rechtwinklig zur Axe, während die andere unter einem gegebenen Winkel von etwa 10^0 geneigt ist. Der Fräser wird in der Weise zusammengestellt, dass die stärkere Seite der einen Hälfte mit der schwächeren Seite der andern Hälfte auf dem Dorne zusammengeschraubt wird, wobei zwischen beiden Hälften eine Zwischenlage aus Leder oder

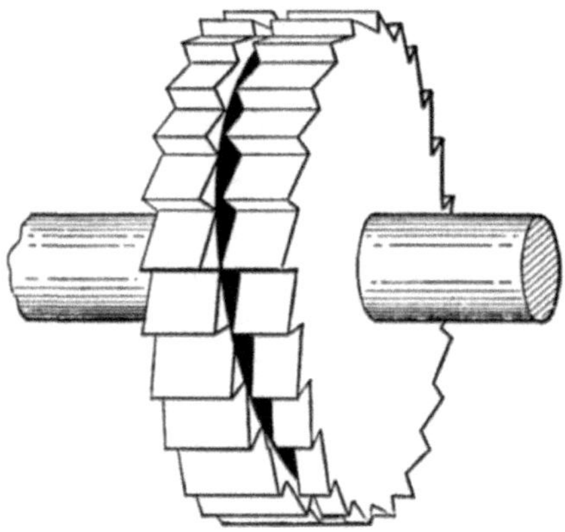

Fig. 98.

entsprechendem Material eingefügt wird. Der Fräser wird bei dieser Zusammenstellung eine Nuthe fräsen, deren Breite gleich der Summe der Breiten der stärkeren und dünneren Seite der Fräserhälften plus der Dicke der Zwischenlage sein wird. Die kleinste Nuthenbreite ist gleich der Summe der Stärken der beiden Fräserhälften, die hier ohne Zwischenlage zusammengesetzt werden, während hingegen die grösste Nuthenbreite gleich der kleinsten plus der ungefähren Differenz zwischen der grössten und kleinsten Seite des Fräsers ist; d. h. ein Fräser, der aus zwei gleichen Hälften besteht, deren grösste Seite 75 mm und deren kleinste Seite 25 mm breit ist, ist im Stande eine kleine Nuthe von 100 mm und eine grössere Nuthe von ungefähr 150 mm Breite zu fräsen. Alle zwischenliegenden Grössen können durch entsprechende Einlagen erreicht werden.

Fräser aus Maschinenstahl.

Eine ausserordentliche Ausgabe erfordert die Anschaffung und Instandhaltung von Fräsern. Beläuft sich doch der Werth an Fräsern für eine Maschinenwerkstätte mittlerer Grösse auf mehrere tausend Mark. Die Kosten stellen sich nicht allein wegen der Anschaffung der Fräser so hoch, sondern sind hauptsächlich von der mehr oder weniger guten Beschaffenheit des Stahles abhängig. Hier tritt an die Technik die Aufgabe heran, einen Fräser herzustellen, der bei geringstem Eigengewicht, in Folge dessen bei billigster Herstellung, die höchste Leistung in seiner Arbeit sowohl, als auch in Bezug auf Erhaltung seiner Form und Schärfe erreichen lässt.

Letzterer Punkt ist besonders wichtig, da Fräser, die aus schlechtem Material hergestellt sind, schon aus dem Grunde unökonomisch sein müssen, da sie zu ihrem Antrieb eine verhältnissmässig grosse Kraft erfordern und auch die Maschine, auf welcher sie arbeiten, zu lange besetzt halten. In den Werkstätten von Newton ist man in letzter Zeit allmählich von der Benutzung des Werkzeugstahles abgekommen, und ist mit Erfolg zum Gebrauch von eingesetztem Maschinenstahl, der bedeutend billiger ist als Gussstahl, übergegangen.

Theilungen für Zähne und Nuthen.

Nicht in jedem Fall ist eine gerade Theilung wünschenswerth, so z. B. beim Theilen der Zähne von Fräsern und der Nuthen von Gewindebohrern. Es kann häufig beobachtet werden, dass das Zittern des Werkzeuges in einer zu gleichmässigen Anordnung der Schnittkanten begründet ist. Diese Unannehmlichkeit lässt sich in praktischer Weise dadurch vermeiden, dass man die Zwischenräume der Zähne resp. Nuthen unregelmässig anordnet.

Spannfutter für Fräser.

Fräser mit cylindrischem Schaft werden am einfachsten und besten in ein Futter gespannt, das aus einem konischen, in die Spindelbohrung passenden Schaft besteht, der an seinem Ende zur Aufnahme des Fräsers entsprechend erweitert ist.

Dieses Aussenende ist geschlitzt und für eine Ringmutter mit Gewinde versehen. Bei dem Aufschrauben der Mutter wird der Fräserschaft festgespannt.

Schärfen von Fräsern.

Auf das Schärfen der Fräser wird nur in den allerseltensten Fällen genügende Sorgfalt verwandt. Es muss befremdlich erscheinen, dass ein Mann, der die Mühe auf sich nimmt, sein Rasirmesser vor dem jedesmaligen Rasiren zu schleifen, mit stumpfen Fräsern ruhig weiter arbeitet, ohne irgendwie Obacht darauf zu geben, ob der Fräser schneidet, oder nur mit Gewalt durch das Arbeitsstück hindurchgezwängt wird. Gerade durch das Scharfhalten des Fräsers ist seine Leistungsfähigkeit in erster Linie bedingt; man kann sich hiervon dadurch überzeugen, dass man eine Arbeit, die in grösserer Quantität vorliegt, mit einem scharfen Fräser beginnt und dabei feststellt, wie viele der Arbeitsstücke man am ersten Tage in so und soviel Stunden unter gewissen Umständen fertigstellt; dann beobachte man, wieviele Arbeitsstücke man am zweiten Tage unter den gleichen Umständen fertigstellen kann und fahre so lange fort, bis entweder alle Stücke fertiggestellt sind, oder aber der Fräser so stumpf geworden ist, dass man mit demselben überhaupt nicht mehr arbeiten kann. Auf diese Weise wird sich bald herausstellen, wie sich das häufigere Schärfen des Fräsers in Bezug auf die Herstellungskosten der Arbeitsstücke bezahlt macht. Es ist ferner noch in Berücksichtigung zu ziehen, dass bei der Verwendung von stumpfen Fräsern der Kraftverbrauch ein viel grösserer ist, dass die Riemen mehr beansprucht werden, und dass die Abnutzung der Maschine eine bedeutend stärkere wird. Diese Bemerkungen haben auf fast alle Werkzeuge, die im Maschinenbau Verwendung finden, mehr oder weniger Bezug.

Lehre für Mutternfräser.

Bei den Mutternfräsmaschinen, an welchen die zu fräsenden Muttern auf einen vertikalen Dorn aufgespannt und von zwei Fräsern gleichzeitig bearbeitet werden, ist auf die genaue Stellung resp. Höhenlage der einzelnen Fräserzähne, die in einem zur Fräseraxe parallelen Kreise stehen, insofern Acht zu geben, als alle Zähne gleich weit vorstehen müssen, damit jeder Zahn einen bestimmten Theil der Arbeit verrichtet, und hierdurch jede Kerbe resp. Rille in dem Arbeitsstück vermieden wird. Die gewöhnliche Methode, die Fräser genau auf Höhenlage einzustellen, besteht in der Benutzung einer Stahllehre, die, wie aus Fig. 99 zu ersehen, an ihrer Stirnfläche genau bearbeitet und mit einer Aussparung versehen ist, deren Breite und Tiefe dem betreffenden Breiten- und Höhenmaasse des zu messenden Zahnes entspricht. Sämmtliche Zähne werden zuerst so eingesetzt, dass sie etwas über

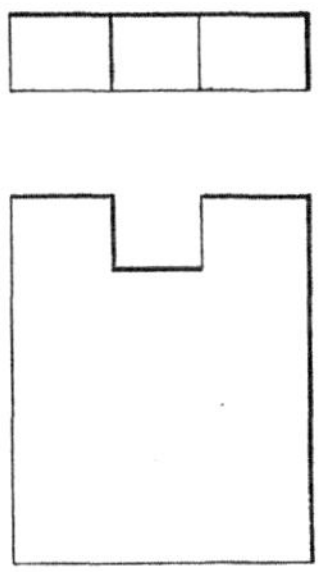

Fig. 99.

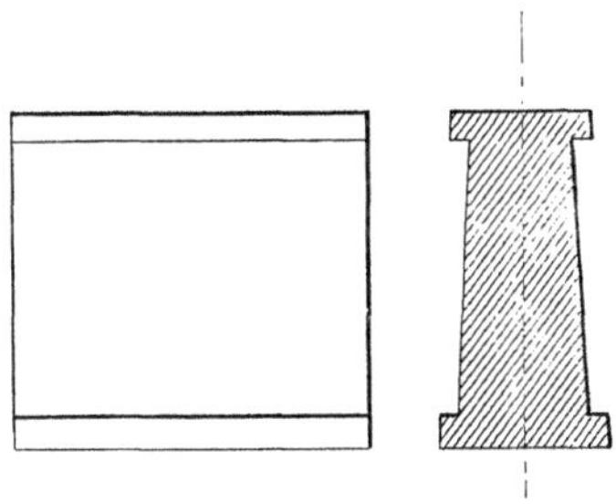

Fig. 100.

das gewünschte Maass vorstehen und werden hierauf mittelst der Lehre tiefer gestellt und festgeschraubt, eine Arbeit, die viel Zeit erfordert und die Möglichkeit, dass der eine oder andere Zahn übersprungen wird, keineswegs ausschliesst.

Eine für diesen Zweck besser geeignete Lehre stellt Fig. 100 dar. Die Lehre wird hier aus einem Stahlstück mit keilförmigem Querschnitt gebildet, dessen vertikale Seitenflächen parallel sind, während die Horizontalflächen unter demselben Winkel, unter welchem die Stirnseite des Zahnes zur Messerkopffläche steht, bearbeitet sind. Die zwei vertikalen, vorstehenden Seiten geben das Maass für das Vorstehen des betreffenden Schneidezahnes. Der Schnittwinkel der Zähne wird durch die zwei geneigten Horizontalflächen festgestellt.

Einfräsungen in einem Radkranz.

Ist in einem Radkranz eine Einfräsung so herzustellen, dass die Seiten derselben mit dem jeweiligen Radius den gleichen

Winkel bilden, so bedient man sich eines Fräsers, dessen Seite rechtwinklig zur Axe steht. Man spannt das Arbeitsstück so auf, dass die betreffende Radiuslinie den Fräserwinkel halbirt und führt dann das Arbeitsstück dem Fräser zu. Auf diese Weise erhält man eine Nuthe, die von beiden Seiten des betreffenden Radius aus gemessen, denselben Winkel zeigt.

Einfräsen von Zähnen in grosse Quadranten.

Fast in jeder Werkstätte giebt es ab und zu eine aussergewöhnliche Arbeit, zu welcher nicht immer die erforderlichen Werkzeuge vorhanden sind. Man hilft sich da am besten dadurch, dass man eine vorhandene Maschine mit entsprechender Vorrichtung ausrüstet. So sei im Folgenden, Fig. 101, eine Vorrichtung zum Fräsen von Zähnen in einen Quadranten von

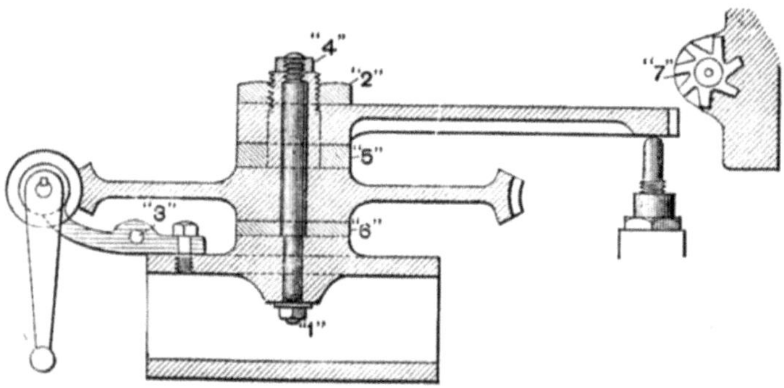

Fig. 101.

600 mm Radius angegeben. Eine gewöhnliche Fräsmaschine wurde für dieses Arbeitsstück, das ziemlich leicht gehalten war, ausgewählt. Auf dem Querschlitten der Fräsmaschine wurde ein ⊏förmig ausgebildeter Kasten befestigt, in welchem der Bolzen "1" seine Führung findet. Auf diesem Bolzen befindet sich ein Schneckenrad mit einer Zähnezahl, welche der des vollen Rades des zu fräsenden Quadranten entsprechen würde. Auf diesem Schneckenrad wird das Arbeitsstück mittelst Unterlagscheibe "5" und der Mutter "2" festgehalten. In dem Bock "3" findet die Schneckenwelle mit der Drehkurbel ihre Lagerung.

Eine Umdrehung der Kurbel bewirkt das Weiterschalten des Quadranten um eine Theilung. Durch einen Stift in dem

Führungsbock "3" wird die jedesmalige Umdrehung begrenzt. Die Mutter "4" wird, je nach dem ein Zahn gefräst, oder das Rad weiter geschaltet werden soll, angezogen oder gelöst; "6" ist ebenso wie "5" ein Unterlagring für das Schneckenrad, "7" ist der Fräser, der hier von Hand vorgeschoben wird, und dessen tiefste Stellung durch einen Anschlag am Querschlitten bestimmt ist.

Oelzuleitung an Fräsmaschinen.

Bei Fräs- und Hobelmaschinen mit hin- und hergehendem Tisch entstehen oft Schwierigkeiten bei der Zu- resp. Abführung des Schmiermaterials. Gummischläuche eignen sich für diesen Zweck nicht; ebensowenig sind für die Rückleitung steife Rohre zu verwenden. Biegsame Metallrohre hingegen können hierfür ganz besonders empfohlen werden. Mittelst dieser Rohre lässt sich das Oel sowohl dem betreffenden Stahle zuführen, wie auch von demselben nach der Oelpumpe wieder zurückleiten.

In Fig. 102 ist eine Anordnung dargestellt, bei welcher das Oel in feinen Strahlen über das ganze Arbeitsstück ver-

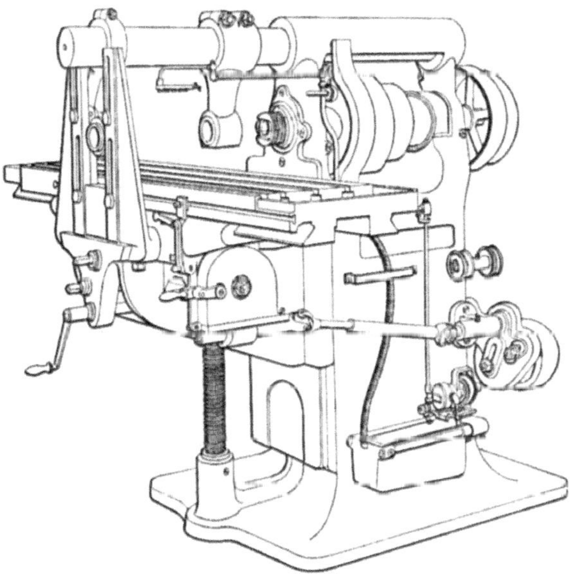

Fig. 102.

theilt wird. Die Oelzuführung geschieht hier mittelst steifer Rohrverbindungen, während die Rückleitung durch ein biegsames Rohr erfolgt. In ähnlicher Weise lässt sich eine Anordnung für die Revolverdrehbank treffen, indem man hier für die Oelzuführung an den Stahl des Revolverkopfes ein biegsames Rohr benutzt, die Rückleitung des verbrauchten Oeles hingegen von dem Bett aus mittelst steifer Rohre nach dem Oelreservoir bewirkt.

Schmiermaterial für Fräser.

Alle möglichen Zusammensetzungen werden als Schmier- resp. Kühlmaterial für Fräser benutzt. Eine Mischung, die sich sehr bewährt hat, besteht aus Folgendem:

Man nehme 10 Pfd. Walfischölseife, 15 Pfd. Soda und 8 Pfd. Schweinefett, schabe die Seife so, dass sie sich schnell auflöst, bringe Alles zusammen in ein 160 Liter haltendes Gefäss und fülle dasselbe mit Wasser an; wenn sich Alles genügend vermischt hat, ist es für den Gebrauch fertig.

Herstellung von Keilstücken auf der Fräsmaschine.

Eine gute Methode, Keilstücke, die in grösserer oder geringerer Anzahl erforderlich werden, herzustellen, besteht darin, dass man die einzelnen Stücke mittelst eines sägeblatt-

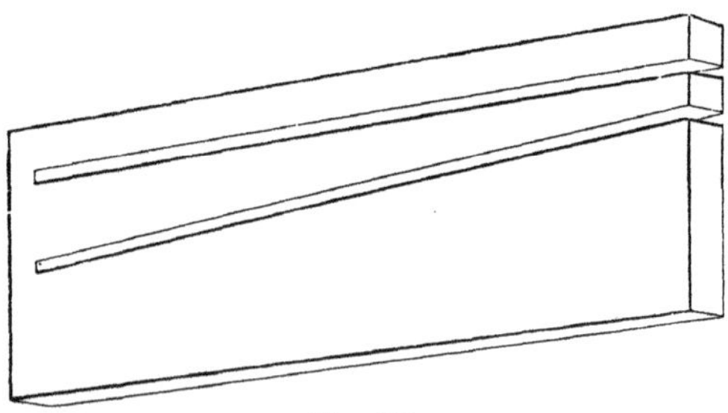

Fig. 103.

ähnlichen Fräsers aus einer Platte von geeigneten Dimensionen ausschneidet resp. fräst. Hierdurch wird einerseits der Keilwinkel bei allen Stücken gleich und andererseits werden die Keilflächen selbst, die später zur Arbeitsleistung herangezogen werden, vollständig gerade und glatt bearbeitet.

Der gewünschte Keilwinkel wird durch die Einstellung des Frässchlittens unter dem bestimmten Winkel erzielt. Aus einem Stück Flacheisen, welches zwei parallel bearbeitete Seiten hat, lassen sich auf diese Weise eine bestimmte Anzahl Keilstücke ausfräsen, wobei, wenn die Dimensionen des Flacheisens richtig gewählt sind, keinerlei Materialverlust eintritt. Fig. 103 zeigt eine derartige Platte mit zwei Fräseinschnitten für die Keilstücke.

Schraubstock mit Excenterbewegung.

Eine praktische Vorrichtung zum Einspannen bestimmter Arbeitsstücke ist in den Fig. 104 und 105 dargestellt. Dieselbe fand vielfache Benutzung bei der Bearbeitung der Seiten 1

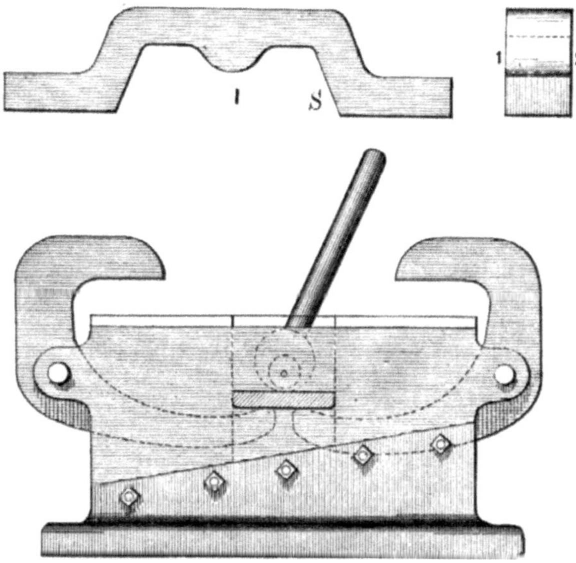

Fig. 104 u. 105.

und 2 des Stückes *S*. Die Vorrichtung lässt sich ebensogut auf einer Fräsmaschine als auf dem Querschlitten einer Drehbank aufstellen. Die Arbeitsstücke waren aus Rothguss und erforderten in Folge dessen eine hohe Umfangsgeschwindigkeit der Fräser.

Wie aus der Figur ersichtlich, ist der obere Theil der

Vorrichtung auf einer geneigten Fläche an dem Untertheil befestigt; hierdurch wird es ermöglicht, die Vorrichtung dem Durchmesser des Fräsers entsprechend in der Höhenlage einzustellen. Die Arbeitsstücke werden vermittelst der durch einen Excenterhebel bewirkten Bewegung der beiden Spannbacken in äusserst kurzer Zeit festgespannt. Bei einer grossen Anzahl von Arbeitsstücken kann man bei Benutzung dieser Vorrichtung ausserordentlich viel Zeit und Mühe sparen.

IV. Schleif-Arbeiten.

Schleifen im Vergleich zum Drehen.

Morton Poole, der als der Vater der modernen erstklassigen Schleifmaschinen gelten kann, war einer der ersten, der feststellte, dass ein Arbeitsstück keineswegs auf der Drehbank, wohl aber auf der Schleifmaschine annähernd rund hergestellt werden kann.

Die Gründe hierfür liegen einerseits in der Unmöglichkeit, die „laufende“ Spitze der Drehbank stets in genauer Lage zu erhalten, in Folge dessen das Arbeitsstück mehr oder weniger schlagen muss, und andererseits darin, dass man nicht drehen kann, ohne einen gewissen Druck gegen den Drehstahl auszuüben, was bei nicht vollständig gleicher Qualität des Arbeitsstückes für den Drehstahl eine verschiedene Arbeitsleistung bedingt.

Auf der Schleifmaschine hingegen dreht sich das Arbeitsstück zwischen todten Spitzen, und gleichgültig, ob das Material hart oder weich ist, bleibt die Entfernung der Schleifscheibe vom Arbeitsstück immer genau ein und dieselbe. Wenn man bedenkt, dass sämmtliche Lager in sinnreichster Weise gegen den Schmirgelstaub geschützt sind, dass die Arbeit an hartem, wie an weichem Material die gleiche ist, dass man ferner Materialien bearbeiten kann, an welchem der Drehstahl nicht angreift, so muss man zugeben, dass der Schleifmaschine in gewisser Hinsicht dieselbe Bedeutung wie der Drehbank beizumessen ist.

Schmirgelscheiben und Schleifsteine.

Schmirgel- und Korundumscheiben finden in letzter Zeit allmählig mehr und mehr Eingang in den Werkstätten und verdrängen hier die gewöhnlichen Schleifsteine. Es würde dies wohl noch schneller geschehen, wenn man den Schleifmaschinen auch nur einen Theil des Werthes beilegen würde, den sie wirklich besitzen, resp. vermeintliche Fehler derselben gewissenhafter zu verbessern suchte. Häufig wird über zu weiche Scheiben geklagt, dies aber mit Unrecht. Die bei Benutzung derselben eintretenden Schwierigkeiten sind gewöhnlich darauf zurückzuführen, dass der zu schleifende Stahl viel zu hart für die betreffende Schmirgelscheibe ist, sodass ein Eindringen des Stahles in die Scheibe ermöglicht wird. Oft wird eine Scheibe beim „Laufen" pfeifen, was meistens nur durch einige kleine Poren veranlasst wird, die in einem so porösen Material kaum zu vermeiden sind.

In Bezug auf die Benutzung der Schleifscheiben hat sich herausgestellt, dass man in einer gegebenen Zeit unverhältnissmässig viel Material von einem Werkzeuge abschleifen kann, ohne den Stahl so zu erhitzen, dass seine Härte verloren geht; eine Arbeitsleistung, die mit einem Schleifstein in keiner Weise zu erreichen ist.

Schleifsteine.

Der gewöhnliche, zum Schleifen der Werkzeuge dienende Schleifstein behauptet noch immer fast in jeder Werkstätte seinen Platz. Die Art und Weise jedoch, mit welcher derselbe behandelt wird, zeigt, wie wenig man denselben als Werkzeug achtet. Gewöhnlich ist der Trog nicht gross genug, sowie kein Schutzschirm für das herumspritzende Wasser vorgesehen, oder aber, falls ein solcher vorhanden ist, ist er so befestigt, dass der Stein nur von einer Seite benutzt werden kann. Gute Auflagen für den Stahl, die bei dem Abdrehen des Steines näher an denselben herangerückt werden können, sind ebenfalls nur in den allerseltensten Fällen angebracht. Bei den Lagern, die in der Regel viel zu kurz gehalten sind, ist weder Schmier- noch Schutzvorrichtung gegen das Eindringen des Schleifsteinstaubes zu finden. In vielen Fällen wiederum ist der Stein auf der Welle mittelst Holzkeile befestigt, die sich beim Nasswerden ausdehnen und dann gegen die Lagerungen streifen.

Ferner ist in manchen Werkstätten nur ein Stein zum Schleifen aller möglichen Stähle für Holz- sowohl, als auch für Eisenbearbeitung in Gebrauch. Bei einer kurzen Betrachtung lässt sich feststellen, dass es vortheilhafter ist, einen harten Stein für Hobel- und Drehstähle resp. für solche Werkzeuge, die für die Metallbearbeitung dienen, zu benutzen, während ein weicher für Holzbearbeitungswerkzeuge, insbesondere solche zu weichem Holz, wie es in der Modelltischlerei benutzt wird, zweckdienlicher ist. Dann wieder kann man beobachten, dass der Arbeiter an der auf-, statt an der ablaufenden Seite des Steines schleift. So lange der Stein sich noch in gutem Zustande befindet und rund läuft, kann man immerhin den Stahl gegen die ablaufende Seite des Steines halten, selbstverständlich unter der Voraussetzung, dass das betreffende Werkzeug entsprechend geneigt angehalten wird.

Herstellung von Schleifscheiben.

Das Ueberziehen einer Holzscheibe mit Schmirgel ist manchmal mit Schwierigkeiten verbunden. Man hat nun gefunden, dass es vortheilhaft ist, den Schmirgelstaub nicht direkt auf die Holzscheibe aufzubringen, sondern die Scheibe erst mit Filz oder dickem Tuch zu überziehen, den Stoff mit heissem Leim zu überstreichen und dann in angewärmtem Schmirgel zu rollen. Drei Lagen Schmirgel sollten auf jede Scheibe aufgetragen werden.

Abziehen des Schmirgelstaubes.

Benutzt man auf einer Drehbank zeitweilig eine Schleifscheibe, und hält man es für nothwendig, den Schmirgelstaub von der Scheibe abzuziehen, so kann dieses in Ermangelung eines Exhaustors mittelst eines einfachen Rohres geschehen, in welches man durch eine Düse Dampf einströmen lässt, indem hierin genügender Zug entsteht, den Schmirgelstaub wegzuziehen.

Schleifen von Kalibern.

Das Schleifen von Kaliberdornen und -Ringen ist bei Benutzung eines gewöhnlichen Schleifringes, dessen Bohrung durch die Einwirkung des Schmirgels mehr oder weniger oval wird, eine überaus schwierige Arbeit. Bei Pratt & Withney bedient man sich zum Innenschleifen eines konischen Dornes *A*, Fig. 106, der mit einer Nuthe *C* versehen ist. Das Füh-

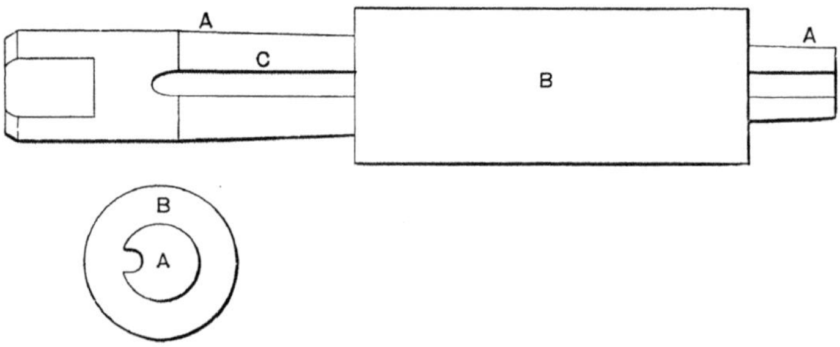

Fig. 106.

rungsstück *B*, aus Blei bestehend, ist auf demselben übergedreht. Durch Eintreiben des Dornes in den Gusskörper wird zwar der Durchmesser desselben vergrössert, seine cylindrische Form jedoch beibehalten.

Zum Kaliberdornschleifen wird der in Fig. 107 dargestellte Schleifring benutzt. Der Ringkörper *A* ist bei *B* theilweise und bei *C* vollständig geschlitzt; die Schraube *D* dient bei eintretender Abnutzung zum Nachstellen. Der Schlitz *B*, der ein genaues Anliegen des Ringes bewirkt, dient zur Aufnahme des Schmirgelstaubes.

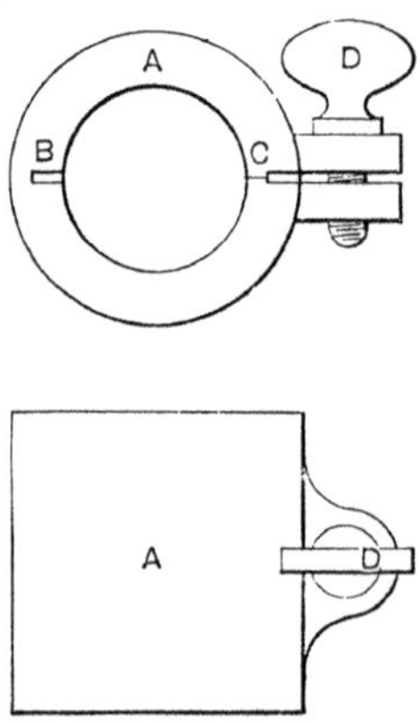

Fig. 107.

Zerspringen von Schmirgelscheiben.

Das Zerspringen der Schmirgelscheiben wird, abgesehen von Materialfehlern, in den meisten Fällen dadurch hervorgerufen, dass man die betreffende Scheibe in falscher Weise aufspannt. So kann man häufig beobachten, dass die

Schmirgelscheibe auf einen stark konischen Dorn aufgepresst wird, wodurch eine bedeutende Spannung in dem Material entstehen muss. Man wundert sich nun, dass eine derartig aufgezogene Scheibe in Stücke zerspringt, sobald sie in schnelle Umdrehung versetzt wird, wo die Centrifugalkraft das Bestreben des hier als Keil wirkenden Dornes, die Scheibe auseinander zu sprengen, noch unterstützt.

Nimmt man dagegen die Scheibe auf einen geraden Dorn von der Stärke der Scheibenbohrung und legt zwischen die Befestigungsringe und die Scheibe Streifen dicken Papieres, so lässt sich dieselbe in sachgemässer Weise befestigen. Würde sie bei dieser Befestigungsweise nicht genau gerade laufen, so kann diesem Uebelstand in kürzester Zeit unter Zuhülfenahme einer Diamantspitze abgeholfen werden. Läge wirklich ein Vortheil darin, die Scheibe auf einen konischen Dorn zu nehmen, so würden die Fabrikanten die Scheiben zweifellos mit konischen Bohrungen herstellen. Dadurch, dass alle Scheiben mit gerader Bohrung versehen sind, wird man von selbst darauf hingewiesen, dieselben auf einen geraden Dorn zu befestigen.

Polirzange.

Die in Fig. 108 dargestellte Polirzange verdient gegenüber der gewöhnlich in Benutzung genommenen Charnierzange insofern den Vorzug, als sie eine genauere Arbeit ermöglicht. Die zwei Schrauben *E* und *F* sind in der unteren Hälfte ein-

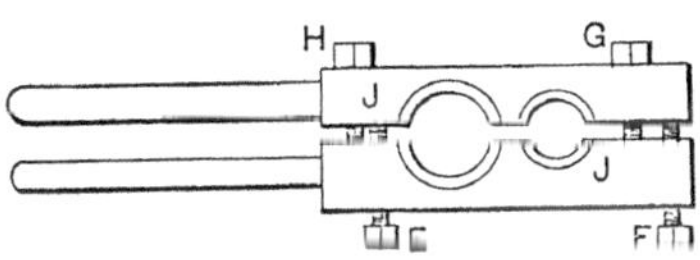

Fig. 108.

geschraubt und dienen zur Einstellung der beiden Hälften. Das Zusammenhalten der beiden Theile wird durch die Schrauben *G* und *H* bewirkt. Bei *J* sind aus Weissmetall hergestellte Büchsen eingesetzt. Dadurch, dass sich der Schmirgelstaub in das Metall einpresst, wird eine Erneuerung des Schmirgels nur von Zeit zu Zeit nothwendig.

Schleifvorrichtung für Wagenräder.

Bisweilen ist es wünschenswerth, für bestimmte Arbeiten eine Schleifvorrichtung an der Drehbank anbringen zu können.

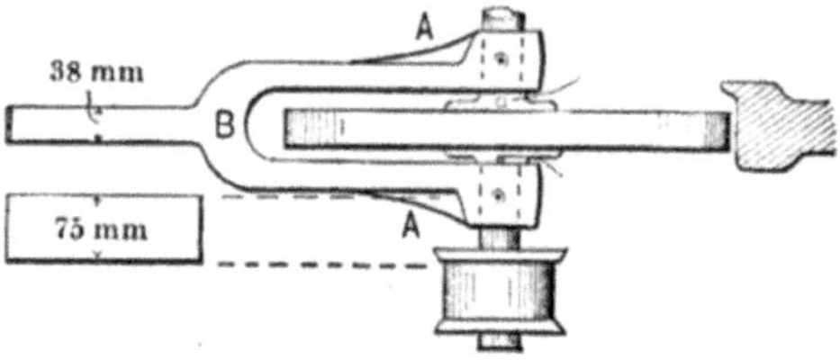

Fig. 109.

Eine einfache Vorrichtung zum Schleifen von Wagenrädern, die vor einiger Zeit im „American Machinist" angeführt wurde, ist aus Fig. 109, die weiter keiner Erklärung bedarf, ersichtlich.

Schleifen von Eisen- oder Stahlkugeln.

Das Schleifen von Eisen- oder Stahlkugeln wird am besten mittelst kugelförmig ausgebildeter Schmirgelscheiben bewirkt, deren innerer Durchmesser etwas kleiner als derjenige der zu erzielenden Kugel gehalten wird. Um sich gegen ein Zerspringen dieser Schmirgelkugeln zu schützen, ist es zweckmässig, dieselben mit starkem Papier zu umwickeln, oder aber sich zu diesem Zweck eines gusseisernen Halters zu bedienen, indem dadurch einer jeden Gefahr beim Zerspringen vorgebeugt wird.

Abschleifen von Walzen.

Der immer mehr wachsende Gebrauch der flachen und geriffelten Hartgusswalzen in den Walzwerken giebt häufig zu der Frage Veranlassung, in welcher Weise die unrund gewordenen Walzen nachzuschleifen seien. Eine allgemein zutreffende Antwort kann hierauf nicht ertheilt werden; man hat vielmehr von Fall zu Fall eine besondere Schleifmethode anzuwenden.

Wenn die Lagerstellen der Walzen gut geblieben sind, so wird die Walze zweckmässig entweder zwischen Spitzen, oder was noch besser ist, in ihren eigenen Lagern laufend, übergeschliffen. Sind jedoch die Lagerstellen unrund geworden, so sollte man sie gleichzeitig mit dem Cylinderkörper abschleifen, nicht aber abdrehen.

Lässt man die Walzen in ihren eigenen Lagern laufen, so kann man in jedem Fall, gleichgültig, ob die Lagerstellen rund oder unrund sind, den Walzenkörper abschleifen, indem nämlich die betreffenden Fehler in den Lagerstellen durch das Ueberschleifen beseitigt werden. Allerdings wird die Wahrscheinlichkeit, dass man zwei, auf diese Weise übergeschliffene Walzen in das Walzwerk so einsetzen kann, dass sie gut zusammen arbeiten, eine äusserst geringe sein. Man thut auf jeden Fall gut daran, auch die Lagerstellen überzuschleifen. Ein weiterer Grund für das Ueberschleifen der Lagerstellen liegt darin, dass einerseits die Lagerschalen länger aushalten, und andererseits der Kraftbedarf zum Antrieb der Walzen ein weit geringerer wird.

Rillenwalzen mögen allerdings selbst nach dem Nachschleifen noch etwas ungenau sein, da gewöhnlich weiche Stellen in dem Material vorhanden sind, die ein tieferes Einschneiden der Schmirgelscheibe veranlassen, wodurch an dieser Stelle eine Vertiefung entsteht.

Bei der Herstellung von Walzen ist darauf zu achten, dass die relativen Geschwindigkeiten zu einander durch Primzahlen bestimmt werden, d. h. dass bestimmte Stellen der Walzen nicht nach jeder Umdrehung, sondern erst nach einer grossen Anzahl von Umdrehungen wieder zusammen arbeiten. Dies wird gewöhnlich mittelst Räderübersetzung erreicht, indem man für die Zähnezahlen Primzahlen so annimmt, dass häufig erst nach hundert Umdrehungen zwei Zähne wieder zusammentreffen. Hierdurch wird neben der gleichmässigen Abnutzung ein bedeutend ruhigerer Gang erzielt.

Herstellung von genauen Kugeln.

Jemand, der es übernommen hat, genaue Kugeln auf einer Drehbank herzustellen, wird sich gar bald von der Nutzlosigkeit seiner Bemühungen überzeugt haben, da keine Drehbank im Stande ist, Kugeln wirklich genau zu drehen. Häufig kann man die Ungenauigkeit der auf einer guten Drehbank angefertigten Kugeln mit der Hand fühlen. Die Folge davon ist, dass die Kugeln nach dem Drehen geschliffen werden müssen, damit auf diese Weise die Unebenheiten der Dreharbeit weggebracht werden.

Schleifen von Blattfedern.

Beim Schleifen von Blattfedern muss darauf Acht gegeben werden, dass das Schleifen in der Längs-, nicht in der Querrichtung erfolgt, da ein jeder noch so leichte Querriss beim Härten ein Brechen veranlassen kann.

Schleifen von Flanschenverbindungen.

Das Schleifen von Flanschen erfordert einen hohen Druck auf die Flächen und muss in Folge dessen, wenn viele Flanschen vorhanden sind, den Arbeiter ausserordentlich ermüden. In diesem Falle liegt es sowohl im Interesse der Werkstätte, wie auch des Arbeiters, eine Vorrichtung zu treffen, mittelst deren es dem Arbeiter ermöglicht ist, das Arbeitsstück durch eine Fussbewegung gegen die Schleifscheibe anzudrücken.

V. Schlosserei- und Montage-Arbeiten.

Scheinbare Ersparniss beim Feileneinkauf.

Beim Einkauf von Feilen hat man darauf zu achten, ob der Preis, den man für dieselben zahlt, auch wirklich den Verhältnissen entspricht. Vor allem muss man sich davor hüten, eine bestimmte Sorte Feilen aus dem Grunde zu kaufen, weil sie vielleicht um einige Mark billiger sind, als wie die bisher im Gebrauch befindlichen.

Vergleicht man z. B. die billigeren Feilen mit denen, die, obgleich sie die gleiche Länge, Schnitt und Form zeigen, doch etwas theurer sind, so wird man sehr oft finden, dass die ersteren $^1/_3$ bis $^1/_4$ weniger Metall enthalten als die letzteren.

Bedenkt man ferner, dass man diese Feilen höchstens einmal aufhauen lassen kann, so wird man sich überzeugen, dass es weit vortheilhafter ist, die schwereren Feilen zu einem 5 %, ja 10 % höheren Preise als erstere zu kaufen.

Hierzu kommt noch, dass wohl ein jeder Arbeiter, der die Wahl zwischen den zwei Feilenarten hat, letztere wählen wird, da sie besser angreifen und weniger Kraftaufwand erfordern.

Es ist in der That ein guter Prüfstein für die Güte des Materials, das Werkzeug einem praktischen Arbeiter zur Benutzung in die Hand zu geben. Der Stahl, der ein allzuhäufiges Schärfen bei der Arbeit erfordert, wird wohl niemals vom Arbeiter bevorzugt werden, ebenso wie die Feile, die erst bei aussergewöhnlichem Kraftaufwand angreift, wohl nur im Nothfall benutzt werden wird.

Schärfen resp. Aufhauen der Feilen.

In Bezug auf das Schärfen resp. Aufhauen der Feilen erscheint es wunderlich, dass eine amerikanische Erfindung (Schärfen mittelst Sandstrahles) in England sowohl, als auch auf dem Kontinent grosse Verbreitung gefunden hat, dagegen in Amerika fast ganz ausser Acht gelassen wird. Bei der Betrachtung einer neuen Feile wird man finden, dass an den einzelnen Schneidkanten eine Reihe von kleineren hakenförmigen Einkerbungen vorhanden ist. Es ist wohl klar, dass letztere die Güte der Feilen in keiner Weise erhöhen. Vermieden können diese Ausbildungen jedoch weder bei dem Aufhauen von Hand noch durch die Maschine werden. Das Sandstrahlgebläse schärft hingegen die Feilen ohne diese Nebenerscheinungen, wie es auch alte Feilen besser, als es durch Handarbeit möglich ist, in Ordnung bringt. Viele englische Fabrikanten gehen sogar soweit, neu gefertigte Feilen vor dem Gebrauch mittelst Sandstrahles zu schärfen, um auf diese Weise bessere Schneidkanten zu erzielen.

Blatt-Feilen.

Wie schon an anderer Stelle erwähnt wurde, begeht man häufig den Fehler, zu leichte Feilen zu kaufen, sodass sie gewöhnlich nicht mehr als 3mal, nur in einzelnen Fällen, bei ganz schweren Feilen, bis zu 7mal, aufgehauen werden können.

Bei dem Aufhauen der Feilen ist zu beachten, dass ein Verlust von ungefähr 10—12 % durch Wegschleifen der alten Zähne herbeigeführt wird. Hieraus folgt, dass die gewöhnlichen Feilen, selbst schwere Sorten, pro Gewichtseinheit der Feile und pro Gewichtseinheit des abzufeilenden Materials mehr kosten, als sie eigentlich sollten. Im Folgenden sei eine Betrachtung darüber angestellt, wie sich die Kosten des Aufhauens und des jeweiligen Materialverlustes zu dem eigentlichen Wert der Feilen stellen.

Eine gewöhnliche Feile, 450 mm lang und ca. 48 mm breit, die ein sechs- bis siebenmaliges Aufhauen gestattet, wiegt ca. 3 kg; dieselbe kostet als Bastard- 2,40 Mark und als Schlichtfeile 3 Mark. Unter der Voraussetzung, dass die Feile

12 % ihres Gewichtes bei dem jedesmaligen Aufhauen verliert, und letzteres 40 Pf. für das Kilo der Bastard- und 60 Pf. für das Kilo der Schlichtfeile kostet, ergiebt sich folgende Berechnung:

	Gewicht	Preis in M. Bastard	Preis in M. Schlicht
Neue Feile	3 kg	2,40	3
I. Aufhauen	3 kg	—	—
II. „	2,640 „	—	—
III. „	2,324 „	—	—
IV. „	2,046 „	—	—
V. „	1,801 „	—	—
VI. „	1,585 „	—	—
VII. „	1,405 „	—	—
	14,801 × 40 =	5,92;	× 60 = 8,88
		M. 8,32	11,88

Preis für zwei Feilen (eine Bastard, eine Schlicht) incl. 7 maligem Aufhauen } M. 20,20.

In verschiedenen Werkstätten (insbesondere Eisenbahnwerkstätten) Deutschlands, sind sogenannte zusammengesetzte oder Blattfeilen in Benutzung, die aus dem eigentlichen schmiedeisernen Feilenkörper nebst Griff und zweien hierauf befestigten Feilenblättern bestehen. Ein jedes dieser Feilenblätter besitzt drei Metallschichten; die mittlere wird aus Schmiedeeisen hergestellt, während die beiden äusseren, aus bestem Stahl verfertigt, nach dem Einhauen der Zähne gehärtet werden. Ist die eine Seite des Feilenblattes abgenutzt, so wird die andere in Benutzung genommen.

Gewöhnlich hat der Arbeiter an einem Halter ein Bastard- und ein Schlichtfeilenblatt.

Die Befestigung des Blattes auf dem Halter geschieht mittelst zweier Stifte, von denen der untere zur Aufnahme des Befestigungskeiles mit einem Schlitze versehen ist. Die Feilenblätter besitzen, obgleich glashart, eine derartige Zähigkeit, dass man sie mehrere Meter tief fallen lassen kann, ohne ein Brechen derselben zu veranlassen, was mit einer gewöhnlichen Feile keineswegs versucht werden dürfte. Sind beide Seiten eines Feilenblattes stumpf geworden, so werden sie mittelst Sandstrahlgebläse geschärft; dies ist allerdings nur zweimal möglich.

Der Arbeiter zieht diese Art Feilen der gewöhnlichen Feile ihrer grösseren Härte und ihres besseren Schnittes wegen vor; hinzu kommt noch, dass die Feilen zwei- bis dreimal so lange halten als die gewöhnlichen.

Die Kosten für ein Paar dieser zusammengesetzten Feilen stellen sich bei der Annahme, dass nur ein zweimaliges Schärfen der Feilblätter möglich ist, dass ferner ein Halter 20 Paar Feilblätter überdauert, wie folgt:

2 Feilblätter (Bastard) à 1,60 M.	= 3,20 M.
2 Feilblätter (Schlicht) à 2,10 M.	= 4,20 M.
4 maliges Schärfen mittelst Sandstrahles à 0,50 M.	= 2,00 M.
Kosten für $^1/_{20}$ Feilhalter	= 0,15 M.
	9,55 M.

Die Kosten dieser zusammengesetzten Feile betragen somit 9,55 M. gegenüber 20,20 M. der gewöhnlichen Feilen, was gleichbedeutend ist mit einer Ersparniss von über 50 $^0/_0$. Bei der Benutzung dieser Feilen tritt nicht nur eine Kostenermässigung, sondern gleichzeitig auch eine Verringerung des Kraftaufwandes ein, da diese Feilen besser angreifen als die ersteren, was wiederum eine schnellere Arbeit zur Folge hat. Ferner ist die Handhabung bei diesen Feilen bedeutend erleichtert, wie auch des leichteren Gewichtes wegen eine Ersparniss an Fracht und Zoll eintritt.

Dieses System ist jedoch nur bei Feilen bestimmter Grösse anwendbar. Feilen unter 300 mm Länge lassen sich auf diese Weise nicht mehr vortheilhaft herstellen. Sodann eignet sich dieses System überhaupt nur für Flachfeilen, da Dreikantfeilen in dieser Ausführung nicht verfertigt werden können. Trotz aller Nachtheile hat dieses Feilensystem bei vielen staatlichen und auch Privatfabriken Deutschlands grossen Anklang gefunden; es finden sich dort Feilen von 300 mm aufwärts in allen Grössen in Gebrauch. Bemerkt sei noch, dass die Feilenblätter in einer Maschine aufgehauen werden, die, das Feilenblatt auf Zug beanspruchend, 4—32 Schnitte pro 1 cm Feilenlänge macht und jeden beliebigen Winkel zur Längsrichtung und Oberfläche einschneidet.

Heftzapfen der Feilen.

Die Heftzapfen der Feilen werden fast immer nach allen Seiten zu konisch ausgebildet. Diese Zapfenform muss jedoch als äusserst mangelhaft bezeichnet werden, da sie geradezu ein Aufspringen der Feilenhefte resp. ein Loswerden der Feile im Hefte bewirkt. Statt mit konischem, sollte man den Feilzapfen mit parallelem, rechteckigem Querschnitt ausführen, wobei natürlich ein plötzlicher Uebergang vom Feilzapfen zur Feile zu vermeiden ist.

Feilen von Kupfertheilen.

Sehr häufig hört man von Arbeitern, die mit dem Ausfeilen von Kupfertheilen beschäftigt sind, die Klage, dass sich die Feilen nach kurzem Gebrauch mit Kupferspähnen vollsetzen. Es giebt zwei Wege, dieses zu vermeiden. Einmal dadurch, dass man die Feile zum Abschlichten rückwärts hält, und das andere Mal, dass man dieselbe ab und zu mit Kreide bestreicht, um so ein Anhaften der Spähne am Stahl zu vermeiden.

Bei einer Specialarbeit, dem Abschlichten eines Kommutators, kann man die Feile überhaupt entbehren, indem man sich an ihrer Stelle des Sandpapieres bedient. Keineswegs darf man aber zu dieser Operation Schmirgelleinen benutzen, indem hierbei die einzelnen Segmente leicht mit einer Eisenoxydmasse leitend verbunden werden. Am Besten eignet sich zu dieser Arbeit ein Holzblock, aus dem man einen Halbkreis von dem Durchmesser des Kommutators ausgeschnitten, und den man mit Glaspapier ausgelegt hat. Hält man diesen gegen den schnelllaufenden Kommutator an, so wird derselbe vollständig glatt und gleichmässig abgeschlichtet.

Verderben der Feilen.

Wenn ein jeder Arbeiter die Rechnung für die Feilen, welche er verdirbt, zu bezahlen hätte, würde er auf jeden Fall mit denselben vorsichtiger umgehen. Keine Feile wird z. B. dadurch verbessert, dass man sie auf andere Feilen oder harte Stahlstücke wirft. Gleichwohl kann man fast jeden

Tag beobachten, wie auf diese Weise die Schneidkanten der Feilen verdorben, und somit zum Gebrauch an härteren Materialien ungeeignet werden. Abgesehen von dem hierdurch verursachten Stumpfwerden derselben, tritt noch der Uebelstand ein, dass die Schneidkanten an den Ecken ausbrechen, und die Feilen dadurch mehr oder weniger unbrauchbar werden. Ferner wird nicht genügend Obacht darauf gegeben, neue Feilen nur zu guten und genauen Arbeitsstücken zu verwenden. Eine neue Feile sollte niemals zum Putzen von Gussstücken oder zu Arbeiten, die keine grosse Genauigkeit beanspruchen, benutzt werden; vor Allem aber nicht an solchen Flächen, die ungewöhnlich hart sind und die in Folge dessen die Feile sofort unbrauchbar machen würden. Gerade auf diesen Punkt kann nicht oft genug aufmerksam gemacht werden, besonders in den Werkstätten, die mit einem Werkzeuglager ausgerüstet sind, wo also der Arbeiter stets mehr oder weniger die Sicherheit hat, die Feile, die durch sein Verschulden verdorben ist, indem er zu bequem war, sich eine für seine Arbeit passende Feile zu beschaffen, nicht wieder in seine Hände zu bekommen. Die Feilen werden ausserdem dadurch verdorben, dass man ein Festsetzen der Feilspähne gestattet. Durch den hierdurch bedingten grösseren Druck wird eine unregelmässige Abnutzung an denselben hervorgerufen, was eine schlechte Arbeitsfläche an dem Arbeitsstück zur Folge hat.

Feilkloben für schräge Flächen.

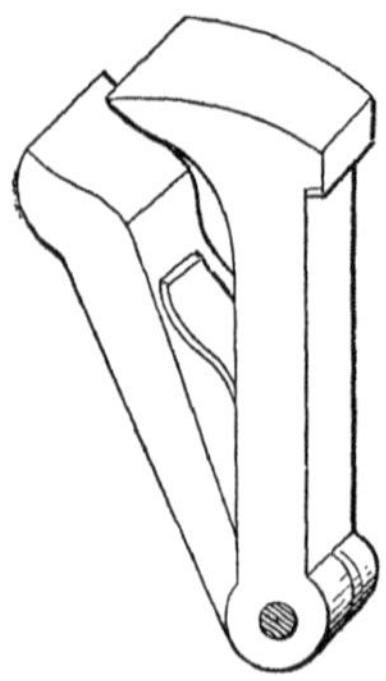

Fig. 110.

Ist eine grössere Anzahl dünner Arbeitsstücke unter einem bestimmten Winkel zu feilen, so lohnt es sich, einen Feilkloben, wie ihn Fig. 110 zeigt, anzuwenden.

Der Kloben, in bekannter Weise zwischen die Spannbacken des Schraubstockes gespannt, hält das Arbeitsstück unter dem Winkel fest, so dass bei einem horizontalen Ueberfeilen der gewünschte Winkel erzielt wird. Zum Spreizen der beiden Klobenbacken dient eine eingelegte Feder.

Schraubstockhöhe.

Bei der Besichtigung eines Fabrikraumes hat man Gelegenheit zu sehen, dass der eine oder der andere Schlosser ungünstig an seinem Schraubstock arbeitet. Sieht man genauer zu, so kann man bemerken, dass der Grund hierfür darin liegt, dass der Schraubstock für den betreffenden Arbeiter zu hoch angebracht ist. Die Oberkante des Schraubstockes ist höher als der Ellenbogen des vor ihm stehenden Arbeiters, in Folge dessen der Arbeiter beim Feilen gezwungen ist, den ganzen Arm mit der Schulter anzuheben. Dass bei dieser Arbeitsweise von einem wirklichen Geradefeilen nicht mehr die Rede sein kann, ist wohl einleuchtend. Würde man den Schraubstock um einige Centimeter tiefer stellen, so würde hierdurch der Arbeiter in den Stand gesetzt, viel mehr und bessere Arbeiten mit grösserer Bequemlichkeit auszuführen. Da die Ellenbogenhöhe eines Arbeiters im Mittel zwischen 1 m bis 1,2 m vom Erdboden aus anzunehmen ist, so kann man ungefähr 1,1 m als die mittlere Schraubstockhöhe betrachten. Feine, leichte Arbeiten werden selbstverständlich einen höheren Schraubstock bedingen, als grobe, schwere Arbeitsstücke. Diese Bemerkungen sollen auf die vielen Kleinigkeiten aufmerksam machen, die bei ihrer Berücksichtigung den Unterschied zwischen guter und mittelmässiger Arbeit festlegen.

Richtplatten.

Die Herstellung einer guten, wirklich zuverlässigen Richtplatte erfordert sowohl in konstruktiver Hinsicht, wie auch in der Ausführung selbst die allergrösste Sorgfalt. Eine Richtplatte, die selbst auf die beste und sorgsamste Weise unter Zuhülfenahme zweier anderen Platten hergestellt ist und bei ihrer Fertigstellung eine wirklich gerade Fläche zeigt, hat, sobald sie sich beim Gebrauch unter Einwirkung äusserer Einflüsse auch nur um ein Geringes verzieht, jeden Wert verloren.

Die erste Forderung, die an eine gute Richtplatte zu stellen ist, wäre demnach die, dass sie sich beim Einfluss verschiedener Temperaturen möglichst wenig verändert. Der

Hauptnachtheil besteht bei den meisten Richtplatten darin, dass sie, obwohl sie sorgfältig verrippt und versteift sind, um ein Verbiegen zu vermeiden, keine parallel bearbeitete Flächen zeigen. Während die Oberfläche genau gehobelt, gefeilt und geschabt ist, besteht die Rückseite nur in einer Kreuzverbindung von Rohgussrippen.

Die Bedingungen für die Ausdehnung sind und können auch nicht bei beiden Flächen dieselben sein. Die Wärme kann nicht, selbst wenn sie gleichmässig zur Einwirkung kommt, auf beiden Seiten dieselben Veränderungen hervorrufen. Hieraus folgt, dass die Platte in einem möglichst gleichmässig erwärmten Raum aufgestellt werden muss, während sie, wenn sie zum Gebrauch in einen andern, unter anderen Temperaturverhältnissen stehenden Raum gebracht wird, bald eine entsprechende Formveränderung, sei es konvex, sei es konkav, der Zeit und den besonderen Umständen entsprechend, zeigt.

Das Mittel zur Abhülfe dieser Formveränderung ist mit Erkenntniss der Ursache hierfür gegeben. Man muss demnach die Platte auf beiden Seiten gleichartig herrichten, damit beide Seiten in gleicher Weise den Einwirkungen der Temperatur und der äusseren Einflüsse unterworfen werden.

Bei Bement, Miles & Co. schritt man aus diesem Grunde zur Herstellung einer kastenartigen Richtplatte, deren Innenraum durch rechtwinklig zur Seite stehende Querrippen versteift wurde. Auf der Hobelmaschine wurde die Platte so gespannt, dass die Spannstücke in die seitlichen Aussparungen der Platte eingriffen. Dann wurde die Platte auf allen Seiten gleichmässig abgehobelt, wobei Obacht gegeben wurde, dass die Schnittstärken auf je zwei entgegengesetzten Flächen dieselben blieben, um so die Materialspannungen möglichst gleichmässig zu erhalten. Nunmehr wurde eine Seiten-, eine Ober- und eine Stirnfläche genau rechtwinklig zu einander gefeilt und geschabt, sodass also die betreffende Ecke eine Pyramide mit rechtwinklig zu einander stehenden Kanten bilden musste. Die so hergestellte Richtplatte zeigt bei Temperaturschwankungen, die unvermeidlich sind, bei grösster Steifigkeit nur geringe Formveränderungen.

Die Richtplatte hat ferner noch den Vortheil, dass sie zum

Ausrichten von Winkeln, Reissschienen und ähnlichen Werkzeugen, die eine äusserste Genauigkeit in Bezug auf den Winkel erfordern, verwandt werden kann.

Behandlung der Richtplatten.

Bei einer guten Richtplatte ist vor Allem darauf Obacht zu geben, dass sie nur für die Zwecke verwandt wird, wozu sie hergestellt worden ist, nicht aber als Ablegestelle für alle mögliche Stücke dient; ferner muss man darauf sehen, die Platte beim Gebrauch an keinen Ort zu stellen, an dem sie theilweise der Einwirkung der Sonne oder eines Dampfrohres ausgesetzt ist, da hier bei der unregelmässigen Erwärmung sehr bald ein Verziehen der Platte eintreten würde. Je genauer eine Platte hergestellt ist, desto sorgfältiger muss sie behandelt und in gleichmässiger Temperatur aufbewahrt werden. Aber nicht allein die Temperatur der Platte selbst muss gleichmässig gehalten werden, sondern es soll auch die Temperatur des betr. Arbeitsstückes, welches auf der Platte ausgerichtet oder angerissen werden soll, möglichst gleich der der Richtplatte sein. Würde man z. B. eine Platte, die in der Sonne gelegen hat und in Folge dessen eine Temperatur von etwa 32° C. besitzt, auf eine Druckerpresse bringen, die aus besonderen Umständen ihrer Stellung im Gebäude wegen eine Temperatur von 20° oder nur 14° C. hätte, so würde die Platte durch die Berührung mit den Walzen plötzlich abgekühlt werden. Die Folge davon ist, dass sich die Platte ungeachtet ihrer Rippenversteifung wahrscheinlich wegen ihrer Stärke werfen, resp. ihre Form verändern würde. Hat dagegen eine Platte überall eine gleichmässige Temperatur an der oberen und unteren Fläche, so wird sie, gleichviel, ob man sie an einen kälteren oder wärmeren Ort bringt, ihre Form beibehalten; erwärmt man sie dagegen nur einseitig, so wird sie an der betreffenden Seite konvex resp. konkav werden.

Da die meisten Richtplatten eine grössere Länge als Breite besitzen und in Folge dessen das Bestreben zeigen, in der Längsrichtung auszubiegen, so kann man ihre Ungleichheiten bei dem praktischen Gebrauch dadurch in gewisser Beziehung ausgleichen, dass man die Platte in beiden Richtungen gebraucht: einmal in der Längsrichtung, parallel zur Längsrichtung des Arbeitsstückes, das andere Mal rechtwinklig zur Längsrichtung des Arbeitsstückes.

Richt- und Montirplatten.

In jeder Maschinenwerkstätte, wo grössere Maschinen zusammengestellt werden, macht sich die Nothwendigkeit fühlbar, eine feste, solide Richtplatte zu haben, auf der die Maschine zusammengestellt und probirt werden kann. Den ganzen Boden der Werkstätte so solide und eben herzustellen, dass keinerlei Specialfundamente nöthig werden, ist nicht möglich, da schon Einzelfundamente oft so theuer sind, dass von ihrer Errichtung Abstand genommen werden muss. Bei Bement & Miles kam man über diese Schwierigkeit dadurch hinweg, dass man gusseiserne Fundamentböcke von etwa 1,8 m Länge bei 300 mm Breite und 375 mm Höhe, die hohl gegossen und an allen vier Seiten abgerichtet waren, in Gebrauch nahm. Diese Gussstücke haben sich viel besser bewährt als Holzbalken, da sie den Vortheil bieten, neben einer absolut geraden Fläche auch überall gleiche Höhe zu haben, sodass sie in beliebiger Höhe und Reihenfolge aufeinander gelegt werden und so Maschinentheile, die niedriger sind als andere, unterstützen können.

In Ergänzung dieser Gussbalken wurden noch äusserst niedrige Schraubenwinden verwandt, die namentlich dann in Benutzung genommen wurden, wenn es sich um Unterstützung von Arbeitsstücken handelte, die nicht direkt auf die Böcke aufgelegt werden konnten.

Parallelreisser.

Ein ausserordentlich einfacher und stabiler Parallelreisser wurde vor einiger Zeit im „American Machinist“ beschrieben. Der Vortheil des Werkzeuges liegt in der Beschaffenheit und Befestigungsart der Reissnadel.

Wie aus Fig. 111 ersichtlich ist, wird die Reissnadel in zwei Ringen gehalten, die durch Klemmschraube und Unterlegring *B* zusammengezogen werden. Die Ringe werden in der Weise hergestellt, dass sie aus einem Stück Stahlblech ausgeschnitten und zusammengelöthet werden. Hierauf wird das Loch zur Aufnahme der Reissnadel dem genauen Durchmesser entsprechend gebohrt, und dann die Ringe gedreht, polirt und entlöthet. Wenn die Ringe von dem Loth gereinigt sind, bilden sie an ihrer inneren Seite eine gerade Auflagefläche, um die Reissnadel in ihrer Bohrung festzuhalten.

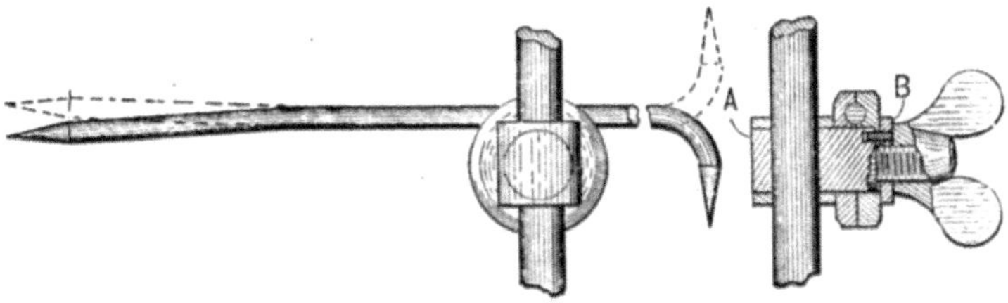

Fig. 111.

Während so die Reissnadel gegen ein Verschieben in der Längsrichtung und ein Verdrehen auf dem Bolzen *A* gesichert ist, hat man es in der Hand, durch eine Drehung der ganzen Anordnung der Reissnadel eine beliebige Stellung zu geben. Biegt man ferner die Reissnadel an einem Ende um, so kann man durch eine horizontale Umdrehung der Nadel mit der umgebogenen Spitze einen kleinen Kreis beschreiben.

Tasterlehre.

Die Herstellung einer guten Tasterlehre kann in folgender Weise erfolgen. Man nehme eine Stahlstange von ungefähr 12 mm Durchmesser und 600 mm Länge sowie ein Messingrohr von derselben Länge, das genau zur Stahlstange passt. In einer Entfernung von 12 mm von dem einen Ende der Stahlstange bohre man ein 6 mm starkes Loch senkrecht zur Längsaxe diametral ein. In gleicher Weise versehe man dieses Ende mit einer zweiten, axial laufenden Bohrung, die zur Aufnahme einer 5 mm starken Kopfschraube mit Gewinde versehen wird. Auf das eine Ende des Messingrohres befestigt man einen schmiedeeisernen Ring von ungefähr 5 mm Stärke und 18 mm Breite. In die Mitte dieses Ringes bohre man wiederum rechtwinklig zur Längsaxe des Rohres ein Loch zur Aufnahme einer 5 mm starken Schraube. In das andere Ende des Rohres setze man ein ungefähr 18 mm starkes Rundeisen ein, in welches man senkrecht zur Längsaxe ein 6 mm starkes und in der Längsrichtung ein 5 mm starkes Loch für eine Stellschraube einbohrt.

Als Taster resp. Reissnadel verwendet man einmal einen 6 mm starken Rundstahl, der mit einer Spitze versehen und ungefähr 200 mm lang ist, das andere Mal ein Stahlstück derselben Stärke, aber 450 mm lang, dessen Ende auf ungefähr 50 mm Länge rechtwinklig umgebogen ist. Beide Enden werden als Spitze ausgebildet. Die Zusammenstellung des Werkzeuges ist höchst einfach und bedarf wohl keiner weiteren Erklärung. Die Taststücke resp. Reissnadeln werden in die 6 mm starken Löcher eingeschoben, das Messingrohr auf den Rundstahl aufgesetzt und mittelst der Stellschraube in einem beliebigen Punkt eingestellt.

Eine Versteifung des Rohres kann, wenn dies wünschenswerth erscheint, was aber nur sehr selten nöthig wird, dadurch erzielt werden, dass man einen zweiten, 18 mm breiten Ring etwa 150 mm von dem ersteren auf das Messingrohr aufschiebt und in gleicher Weise wie den erstern mit einer Stellschraube versieht.

Stangentaster.

Ab und zu können Stangentaster für gewisse Arbeiten mit Vortheil verwendet werden. In Fig. 112 ist die Anord-

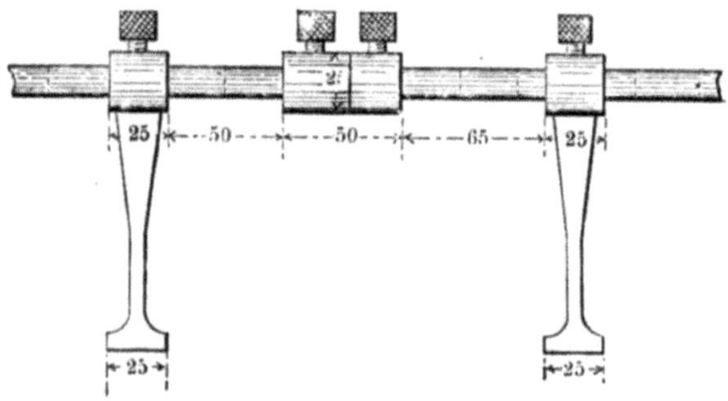

Fig. 112.

nung eines Stangentasters getroffen, der eine Verwendung für Innen- sowohl, als auch für Aussenmessungen gestattet. Wie die Figur zeigt, sind die Tastschuhe auf zwei Rundstangen von ungleicher Länge angeordnet. Die Stangenlängen werden aus dem Grunde verschieden genommen, um für die verschiedenen Messungen ein der jeweiligen Länge entsprechendes Werkzeug zu besitzen.

Für kleinere Messungen benutzt man die kurze Stange, für mittlere die grosse, während man für ungewöhnliche Längen beide Stangen, wie dies in der Figur ersichtlich, durch eine Kupplung verbindet. Die Tastschuhe, gewöhnlich T-förmig ausgebildet und aus 3 mm starkem Stahlblech ausgefeilt, werden unter Vermittlung einer 25 mm breiten Nabe und einer entsprechenden Stellschraube auf der Stange in beliebiger Entfernung von einander festgestellt. Die Befestigung zwischen Tasterschuh und Nabe wird durch zwei Rundzapfen, die in entsprechender Bohrung der Nabe eingreifen, bewirkt. Die Führungsstangen werden zweckmässig mit einer Graduirung versehen, sodass man jedes beliebige Maass direkt ablesen kann. Sobald die Taster genau auf Mitte und rechtwinklig zur Nabe stehen und die Tastschuhe mit den Naben genau ein und dasselbe Maass besitzen, in diesem Fall 25 mm, so werden die Ablesungen auf der Stange mit den Entfernungen von der Innen- oder Aussenseite der Tastschuhe übereinstimmen.

Verbesserungen an Schublehren.

Eine Verbesserung an einer als Tastwerkzeug dienenden Schublehre sei hier erwähnt, die darin besteht, dass man den einen Tastschuh nabenförmig erweitert und für eine kleine Stellschraube mit Gewinde versieht. Hat man ein Arbeitsstück zu messen, so stellt man den Tastschuh bis auf etwa 6 mm an das Arbeitsstück heran und bringt dann die Stellschraube mit dem Arbeitsstück in Berührung. Auf diese Weise wird ein äusserst genaues Messen ermöglicht.

Verbesserungen an Stahlwinkeln.

Um die Verwendbarkeit der gewöhnlichen Stahlwinkel zu erhöhen, empfiehlt es sich, dieselben mit einem dritten, verstellbaren Schenkel zu versehen. Letzterer ist, um eine Verschiebung an einer in einem der festen Schenkel eingeschraubten Stellschraube zu ermöglichen, fast in seiner ganzen Länge mit einem Schlitz versehen. Die Lage der Stellschraube ist so gewählt, dass die Aussenkante dieses dritten Schenkels genau mit der Verbindungslinie der beiden andern Schenkel übereinstimmt. Bei solcher Anordnung kann dieser sogenannte dritte Schenkel in einen beliebigen Winkel zu jedem der beiden festen Schenkel gebracht werden..

Mit einiger Sorgfalt kann man einen der Schenkel so anzeichnen, dass bestimmte Winkel von 30°, 45° etc. sofort einzustellen sind.

Hauptsächliche Verwendung findet dieses Werkzeug zum Anreissen von Linien auf der Stirnseite eines cylindrischen Körpers.

Eine anderweitige Verbesserung an einem Stahlwinkel liegt darin, dass man einen der Schenkel mit einer Graduirung versieht, die ein direktes Abgreifen eines beliebigen Maasses mittelst Zirkels gestattet. Am besten eignet sich hierfür eine Skala, bei welcher die Verbindung zweier senkrecht stehenden Linienreihen durch Diagonallinien das Abmessen von Zehnteln der betreffenden Theilung ermöglicht.

Werkzeuge für eine Hand.

Sehr häufig hat man Gelegenheit zu beobachten, wie schwer es einem Arbeiter fällt, ein Arbeitsstück mit der einen Hand zu halten und mit der andern die betreffende Arbeit an demselben zu verrichten. Eine dritte Hand scheint in den meisten Fällen durchaus nothwendig zu werden. Bei dieser Betrachtung braucht man jedoch nur auf die Thatsache hinzuweisen, dass eine ganze Reihe von Werkzeugen, die man bisher mit der einen Hand festhielt und mit der andern einstellte, dadurch viel handlicher und brauchbarer wurde, dass man sie mit einem Ständer in Verbindung brachte, wodurch die eine Hand des Arbeiters für die Hantirung am Arbeitsstück selbst frei wurde. So nehme man z. B. die Mikrometerschraube. Mit Leichtigkeit lässt sich in einem Würfel von Hartholz, Gusseisen oder Messing eine Ausfräsung herstellen, die den Bügel der Schraube so festhält, dass die Messschraube selbst horizontal zu liegen kommt. In ähnlicher Weise kann man auch die Schraube zum vertikalen Gebrauch in einem Untersatz befestigen.

Grenzlehren.

Eine gute Grenzlehre, die die Abweichungen über oder unter ein gewisses Maass festlegt, wird von Brown & Sharpe verfertigt. Die Lehre besteht aus einem Stück Flachstahl, welches einen, zum Feststellen des betreffenden Maasses dienenden, konisch ausgebildeten Schlitz erhält. Die eine Seite dieses Schlitzes ist mit drei Rissen versehen, von welchen der mittlere das genaue Maass, der äussere ein bestimmtes Maass, etwa $^1/_{10}$ mm über, und der innere denselben Betrag unter Sollmaass angiebt. Es ist augenscheinlich, dass je geringer die Konicität des Schlitzes ist, desto grösser die Entfernung zwischen den einzelnen Strichen wird, sodass man es in der Hand hat, bei richtiger Wahl des Konus jede beliebige Maassdifferenz festzustellen.

Genaue Entfernungen ausgegossener Löcher.

Erscheint es wünschenswerth, eine bestimmte Entfernung zwischen zwei ausgegossenen Löchern einzuhalten, wie dieses z. B. bei Pleuelstangen der Fall ist, so empfiehlt es sich, die Methode anzuwenden, die unter andern auch bei Westinghouse Verwendung findet, indem hierbei nicht nur die Lage der Löcher gesichert wird, sondern auch die Herstellungskosten bedeutend ermässigt werden. Es wird hier eine Ausgusslehre verwandt, die aus einer horizontalen Nabe besteht, in welcher in der gewünschten Entfernung zwei vertikale Bolzen eingesetzt sind, deren Durchmesser den Bohrungen der betreffenden Löcher entsprechen. Das Arbeitsstück, in diesem Falle die Pleuelstange, wird auf die Vorrichtung aufgeschoben und an Ort und Stelle ausgegossen. Die Bolzen dienen hierbei einerseits als Ausgussdorne und sichern andererseits den genauen Durchmesser wie auch die Parallelität der beiden Löcher.

Bohrlehren.

Das Einbohren einer grössern Anzahl von Löchern, die in einer bestimmten Entfernung von einander stehen müssen, lässt sich durch die Benutzung von Bohrlehren bedeutend erleichtern. Die Lehre besteht aus dem Hauptkörper und den in letzterem in bestimmten Entfernungen zu einander eingesetzten Bohrbüchsen. Die Bohrbüchsen werden aus bestem Stahl hergestellt, gehärtet und auf das Maass der Bohrer resp. Reibahlen ausgeschliffen. Mittelst eines Flansches kann jede dieser Büchsen an einer beliebigen Stelle des Lehrenkörpers fest gestellt werden. Gewöhnlich dienen die Bohrlehren nicht allein dazu, die Entfernung von Lochmitte zu Lochmitte festzulegen, sondern sollen vor Allem dem Bohrer beim Anschneiden eine Führung geben. Wird von letzterer Bedingung abgesehen, so können die Bohrlehren auch insofern Verwendung finden, als man die Büchsen dem Durchmesser des Bohrerschaftes entsprechend ausbildet. Hierdurch ist man in der Lage, mittelst verschiedenartiger Bohrer ein- und derselben Schaftstärke Löcher verschiedenen Durchmessers in bestimmten Entfernungen zu bohren.

Anzeichnen von Arbeitslehren und Specialwerkzeugen.

Lehren und Specialwerkzeuge können, sofern sie eine genügende Grösse und wenigstens eine unbearbeitete Fläche haben, dadurch gekennzeichnet werden, dass man sie an der betreffenden Stelle mit rother Lackfarbe überstreicht, die bei einer Abnutzung oder einem Schmutzigwerden jederzeit erneuert resp. gereinigt werden kann.

Dieses Anzeichnen ermöglicht ein leichtes Unterscheiden der Lehren von Arbeitsstücken ähnlicher Form, mit denen sie verwechselt werden könnten, wie auch hierdurch das Heraussuchen der Lehren erleichtert wird. Insbesondere wird ein Anzeichnen nöthig, wenn die Lehren Duplikate der Arbeitsstücke selbst, oder nur schwer von denselben zu unterscheiden sind. Diese Anzeichnungsmethode hat sich, in der Ferracute Machine Co. in grösserem Maasse ausgeführt, durchaus bewährt.

Winkellehren.

Die gewöhnlichen Winkellehren besitzen den Nachtheil, dass sie entweder nicht genau bis in die Spitze hinein gearbeitet sind und in Folge dessen auch kein genaues Messen gestatten, oder aber, falls dies wirklich der Fall sein sollte, nach kurzer Gebrauchszeit ihre Genauigkeit verlieren. Abhülfe hierfür kann dadurch geschaffen werden, dass man die Lehre aus zwei Theilen macht, die durch einen Ring zusammengehalten werden. Bei dieser Anordnung lässt sich jeder der

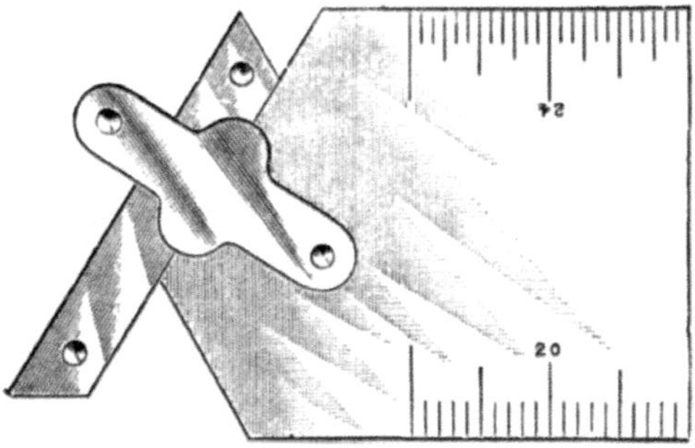

Fig. 113.

Theile für sich allein auf das Genaueste herstellen. Eine derartige Lehre, die allen Anforderungen in Bezug auf Genauigkeit genügt, ist in Fig. 113 dargestellt.

Messwerkzeug zur Bestimmung der Maassdifferenz an aufgezogenen Theilen.

Die Fig. 114, 115 u. 116 zeigen ein Messwerkzeug, welches zuerst von der Hardfort Steam Engineering Co. in Gebrauch genommen wurde und dem Zweck dient, bei Wellen und Naben, die warm aufgezogen werden sollen, die betreffenden Bohr- und Drehdurchmesser genau anzugeben.

Der Hauptkörper *A* besitzt an seinem untern Ende eine feste Messspitze *B*, während sein oberes Ende als konische, mit Aussengewinde versehene Nabe ausgebildet ist. Letztere ist ferner, um ein Zusammenziehen mittelst der Ueberwurfmutter *C* zu ermöglichen, an verschiedenen Stellen geschlitzt. Ein aussen mit Gewinde versehenes Rohr *E*, das an seinem untern Ende mit einem Schlussstück ausgestattet ist, wird in die vorerwähnte Nabe eingeschraubt. Der für die verschiedenen Durchmesser einstellbare Taster *G* ist wiederum in das Rohr *E* eingeschraubt und wird hierin durch die Kontremutter *H* fest gestellt. Beim Einstellen werden zunächst die Muttern *H* und *C* gelöst, sodass das Rohr *E* sowie der Taster *G* auf das gewünschte Maass heraus- resp. hineingeschraubt werden können. Hierauf werden beide Muttern *H* und *C* angezogen, wodurch das Rohr *E* und somit auch der Taster *G* fest gestellt wird. Das Maass, um welches die Bohrung oder

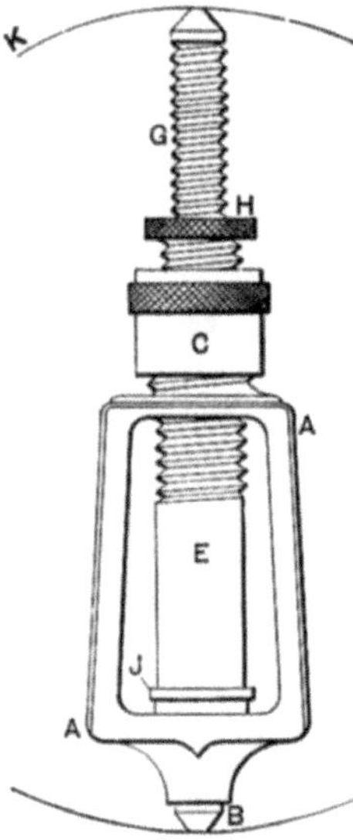

Fig. 114.

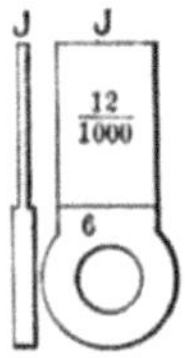

Fig. 115.

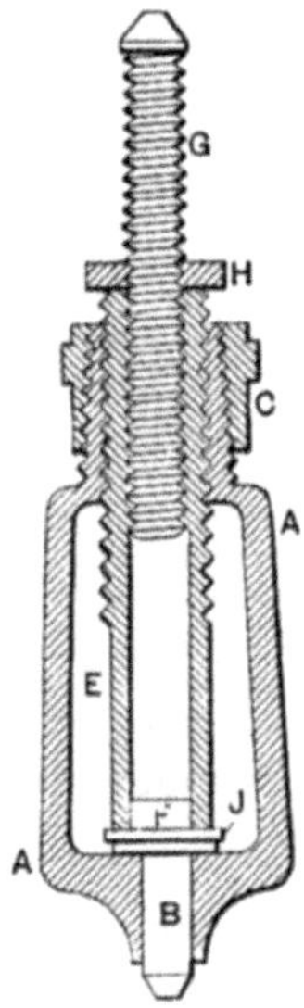

Fig. 116.

Welle kleiner resp. grösser gehalten werden soll, wird dadurch festgelegt, dass man nach Lösung der Mutter *C* ein Maassstück *J*, Fig. 115, unter *E* einlegt und dann, nachdem *E* zurückgedreht ist, die Ueberwurfmutter anzieht.

Ausrichten von Transmissionswellen.

Bei dem Ausrichten einer Transmissionswelle kommt es nicht nur darauf an, den Transmissionsstrang gerade zu legen, sondern vor allen Dingen muss auf eine wagerechte Lage Rücksicht genommen werden. Eine Linie kann im Allgemeinen gerade sein, ohne genau horizontal zu laufen, d. h. in Bezug auf den Transmissionsstrang: die Mitten jedes beliebigen Wellenquerschnittes können sehr wohl in einer geraden Linie liegen, ohne dass hierdurch die horizontale Lage der ganzen Anordnung bestimmt wäre.

In gleicher Weise kann der Transmissionsstrang horizontal liegen, jedoch nach der einen oder anderen Seite hin ausgebogen sein, in Folge dessen er keine gerade Linie bildet.

Die erste Arbeit bei dem Legen eines Transmissionsstranges besteht daher darin, mittelst einer ausgespannten Schnur die genaue Längslage der Transmission zu sichern, während die zweite Aufgabe eine horizontale Ausrichtung des Stranges erfordert. Die horizontale Lage kann nach zwei Methoden bestimmt werden, einmal unter Benutzung der Wasserwaage und das andere Mal mit Verwendung des Senkbleies.

Gleichgiltig, welche Methode angewandt werden soll, muss eine jede so zur Verwendung kommen, dass sie das Ausrichten eines jeden beliebigen Transmissionsstranges unabhängig davon gestattet, ob die Hängelager grossen oder gar keinen Durchgang bieten, oder ob die Transmission mit Scheiben besetzt ist, oder leer läuft. Da die Verwendung der Wasserwaage zu diesem Zwecke wohl allgemein bekannt sein dürfte, so seien im Folgenden einige Anordnungen angegeben, die das Ausrichten eines Transmissionsstranges mittelst Senkbleies ermöglichen.

Der Benutzung des Senkbleies ist die Voraussetzung zu Grunde gelegt, dass jede horizontale Linie im rechten Winkel zur vertikalen steht, sowie ferner, dass das Senkblei die genaue vertikale Richtung angiebt.

In Bezug auf die Fig. 117 und 118 ist angenommen, dass *S* einen Transmissionsstrang darstellt, der nach der Längsrichtung ausgerichtet und dessen horizontale Lage schätzungsweise festgelegt ist. *H* ist einer der Hängeböcke, zu dessen beiden Seiten die Ausrichtvorrichtung an der Welle angehalten wird. Selbstverständlich kann und muss dieselbe Vorrichtung auch an jeder beliebigen anderen Stelle aufgesetzt werden können. *A* und *B* sind zwei Seitenhölzer, welche beide mit Mittelriss versehen, und um ein Anhängen an die Welle zu ermöglichen, V förmig ausgeschnitten sind. Diese Ausschnitte müssen für beide Theile genau gleich sein, weshalb es sich empfiehlt, die beiden Stücke zusammen zu schrauben und so die beiden Ausschnitte nach Herstellung eines genau auf Mittelriss gebohrten Loches zusammen auszuschneiden. Die

Form der Ausschnitte, deren Seiten tangential an die erwähnte Bohrung laufen, ist aus Fig. 117 ersichtlich. Die Länge von *A* ist möglichst gross zu wählen, da hierdurch die Genauigkeit der Ausführung bedingt ist; *B* hingegen macht man nur ungefähr 600 mm lang. Die Teile *C*, *D* und *E* dienen zum Zusammenhalten von *A* und *B*, sowie zum Versteifen der ganzen Vorrichtung. Da *A* und *B* genau parallel mit einander stehen müssen, wird *E* rechtwinklig zu beiden gesetzt und mittelst Schrauben bei *E* und *F* befestigt.

Um nun jede Verschiebung von *A* und *B* zu verhindern,

Fig. 117.

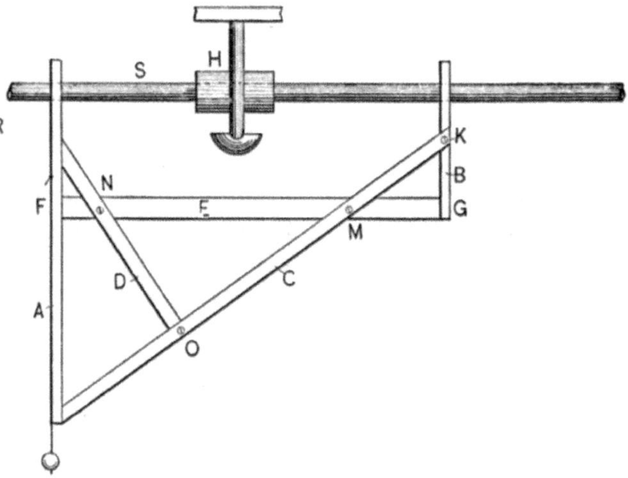

Fig. 118.

werden die Theile *C* und *D* angebracht, d. h. mit *A*, *B* und *E* sowohl, als auch untereinander verschraubt.

Ist die Vorrichtung auf diese Weise zusammengestellt, so ist nochmals die Parallelität von *A* und *B* genau zu prüfen. Die Anordnung ist nunmehr zum Gebrauch fertig und wird, wie aus den Fig. 117 u. 118 zu ersehen, an die auszurichtende Welle *S* angehängt, worauf letztere so lange auszurichten ist, bis die Kante *A* genau senkrecht steht.

Man thut gut daran, die Genauigkeit der Ausrichtung dadurch zu erhöhen, dass man einmal die Vorrichtung, so weit es wegen der Lager und Kuppelungen möglich ist, den ganzen Strang entlang schiebt, und das andere Mal die Vorrichtung herumdreht, sodass die Richtkante A nach dem entgegengesetzten Ende der Welle zu stehen kommt, um auf diese Weise nochmals die Genauigkeit der Lage zu prüfen.

Eine geringe Abweichung dieser Form zeigt die Abbildung

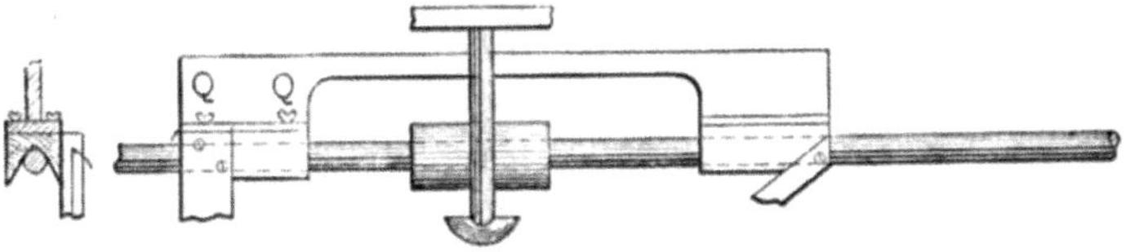

Fig. 119.

Fig. 119, indem hier eine bessere Auflagefläche der Vorrichtung erzielt ist.

Eine etwas einfachere Ausführung ist in Fig. 120 wieder gegeben, wo ein quadratisches Holz A, das eine V-Nuthe besitzt, vorgesehen ist, um das Richtholz B und die Versteifung C aufzunehmen.

Die Anordnung in Fig. 121 unterscheidet sich von dieser

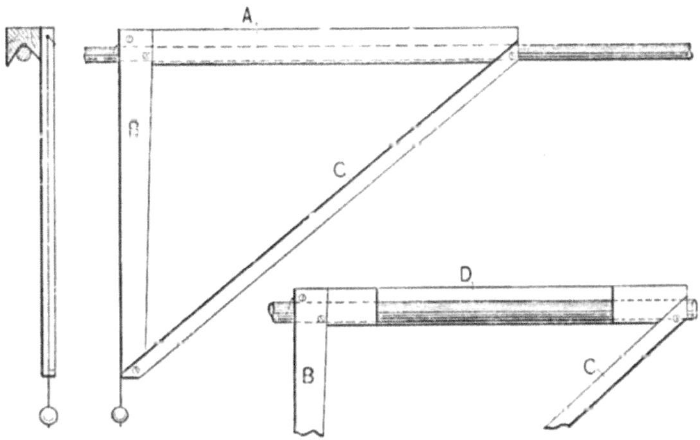

Fig. 120. Fig. 121.

nur dadurch, dass hier zwei Auflageschuhe, mittelst Stange C verbunden, vorhanden sind. Selbstverständlich hängt bei sämmtlichen Vorrichtungen die Güte ihrer Arbeit von der Genauigkeit des Winkels zwischen dem Auflageschuh und dem Richtholz ab.

Sämmtliche Vorrichtungen werden am besten nach dem Gebrauch auseinander geschraubt und so aufbewahrt. Alle Theile sind jedoch vordem genau anzuzeichnen; ferner sollte man die Schrauben dadurch vor dem Einrosten schützen, dass man sie mit einer Mischung von Graphit und Talg einreibt.

Die in den Fig. 119—121 dargestellten Anordnungen lassen sich nur bei offenen Hängelagen verwenden. Allerdings kann man, wie Fig. 119 zeigt, die Anordnung auch für geschlossene Hängeböcke ausnutzen, sobald man das obere Verbindungsstück abnehmbar anordnet, aus welchem Grunde hier die Schrauben Q vorgesehen sind.

Senkblei.

Senkbleie werden nur höchst selten, wenn überhaupt je, in einer solchen Form angefertigt, dass sie möglichst schnell zur Ruhe kommen. Gewöhnlich werden sie birnenförmig nach Fig. 122 ausgeführt, mit der Schnur an dem spitzen Ende befestigt, oder aber, wenn sie dazu dienen, nur einen Punkt festzulegen, nach der in Fig. 123 dargestellten Form. Im

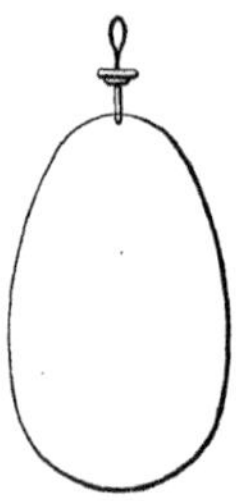

Fig. 122.

Fig. 123.

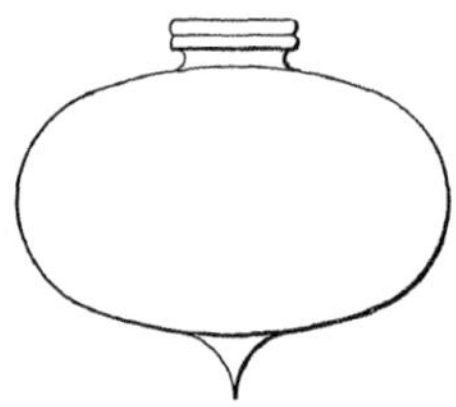

Fig. 124.

erstern Falle wird jede schwingende Bewegung in kürzester Zeit dadurch zur Ruhe gebracht, dass man das Blei in einem Behälter mit Wasser oder einer andern Flüssigkeit hineinhält. Beide vorerwähnte Formen können jedoch nicht als richtig bezeichnet werden, denn jeder aufgehängte Körper zeigt das Bestreben, um seine kürzere Axe zu rotiren. So lange er also nicht an dieser Axe aufgehangen wird, sucht er möglichst seine Drehbewegung beizubehalten. Die richtige Form für das Senkblei wäre demnach die in Fig. 124 angegebene, wo dasselbe in Richtung der kürzesten Axe aufgehängt ist, so dass eine Drehbewegung keinerlei Veränderung der Lage der Horizontalaxe bewirkt. Je nachdem das Blei nur zum Höhenausrichten, wie bei Säulen u. s. w., oder aber zum Projiciren eines beliebigen Punktes bestimmt ist, wird es mit einer Rundung oder mit Spitze versehen.

Die Spitze am Senkblei wird zweckmässig so ausgeführt, dass sie in den eigentlichen Körper eingeschraubt werden kann. Nach dem Gebrauch des Bleies wird die Spitze aus dem Körper herausgenommen und dann nach innen wieder eingeschraubt, eine Anordnung, die gegen eine Verletzung der Spitze volle Sicherheit bietet.

Messen von Wellen- und Scheibendurchmessern.

Der Durchmesser einer Welle resp. einer Scheibe lässt sich mit Leichtigkeit mittelst eines dünnen Seidenbandes bestimmen, auf welchem die Eintheilungen nicht in Einheiten des Maasssystems, sondern in Grössen gleich dem 3,1416fachen derselben aufgetragen sind. Solche Maassbänder lassen sich für das Zollsystem derartig herstellen, dass man auf dem Bande eine Strecke von 62,8″ abträgt, diese in 20 Theile theilt und jedes dieser Theile wiederum in Sechzehntel- oder Zehnteltheile eintheilt. Besonders bei grösseren Scheiben wird diese Anordnung viel schnellere und sichrere Resultate ergeben, als die Benutzung des gewöhnlich gebräuchlichen Lineales.

Ausbalanciren von Scheiben.

Wollte man auf einer Transmissionswelle eine schwere Excenterscheibe aufsetzen, so würde man bald merken, wie durch die einseitige Belastung der Gang der Transmission unregelmässig wird. In ähnlicher Weise wird eine jede grössere Scheibe, die schlecht ausbalancirt ist, einen unregelmässigen Gang der Transmission, wie auch eine ungleichmässige Abnutzung der Lager zur Folge haben. Was für den Transmissionsstrang gilt, gilt auch für jede Maschinenwelle; auch da werden sich, besonders bei schnelllaufenden Maschinen, dieselben Uebelstände bemerkbar machen. Ein

Ausbalanciren, nicht nur der ruhenden, sondern auch der laufenden Scheibe, ist aus diesem Grunde eine dringende Nothwendigkeit. Beim Ausbalanciren muss die Scheibe in derselben Lage und mit derselben Geschwindigkeit laufen, bei welcher sie später benutzt werden soll; denn nur auf diese Weise werden die Unregelmässigkeiten in der Form und im Gewicht zu Tage treten.

Gewöhnlich glaubt man sich damit begnügen zu können, die Scheibe auf einen Dorn zu nehmen und letzteren auf zwei dreikantigen Unterlagstücken drehen zu lassen, um die Scheibe dann durch Zufügung von Gewichten oder Ausbohren von

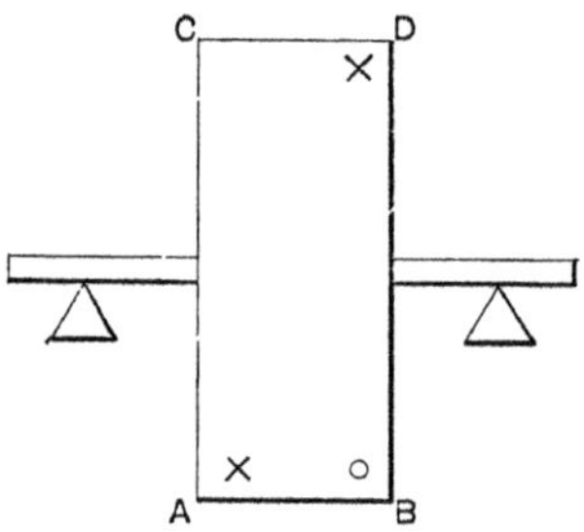

Fig. 125.

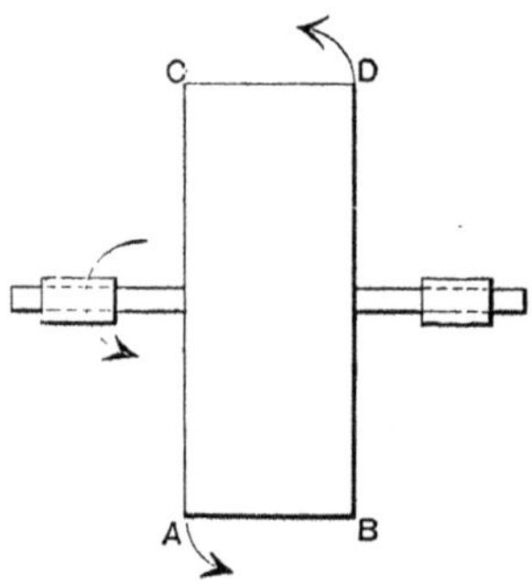

Fig. 126.

Material so lange auszubalanciren, bis sie in jeder Lage verharrt. Ein derartiges Ausbalanciren ist nicht nur zwecklos, sondern vermehrt häufig noch die unangenehmen Wirkungen der laufenden Scheiben.

Es sei vorausgesetzt, dass z. B. die Scheibe Fig. 125 bei *A* zuviel Material besitzt, so dass dieser Theil, wenn die Scheibe auf die Balancirstücke gebracht wird, das Bestreben zeigt, nach unten zu hängen. Jedermann weiss nun, dass die *AB*-Seite, als Ganzes betrachtet, schwerer ist, als die gegenüberstehende *CD*-Seite; ein Jeder weiss aber auch, dass, sobald an beliebiger Stelle der *CD*-Seite ein genügend grosses Gewicht angebracht ist, oder die *AB*-Seite durch Ausbohren an beliebiger Stelle erleichtert wird, die Scheibe keinerlei Drehbestrebungen, weder nach der *AB*-Seite, noch nach der *CD*-Seite zeigen wird.

Nimmt man zunächst an, dass bei *D*, also diagonal gegenüber von A, eine genügende Gewichtsbelastung stattfindet, so wird die Scheibe für diese Ruhelage ausbalancirt sein. Wird nun die Scheibe in schnelle Umdrehungen versetzt, so wird das Gewicht bei A das Bestreben zeigen, in Richtung des Pfeiles, Fig. 126, wegzufliegen, oder aber, so lange die Festigkeit der Scheibe diesem Widerstand entgegensetzt, wenigstens eine Drehbewegung der Scheibe in dieser Richtung erzeugen. Der Punkt D zeigt in gleicher Weise, jedoch in entgegengesetzter Richtung, dieselbe Kraftäusserung, sodass auf diese Weise das Bestreben des Gewichtes A, die Welle zu verbiegen, noch bestärkt wird.

Würde man an Stelle einer Gewichtsvergrösserung die Scheibe für die Ruhelage durch ein Ausbohren bei B auszubalanciren suchen, so würden auch hierdurch die Drehbestrebungen des Punktes A vergrössert werden.

Wird die Gewichtszufügung, wie aus Fig. 127 ersichtlich, bei C vorgenommen, so werden die Drehbestrebungen der

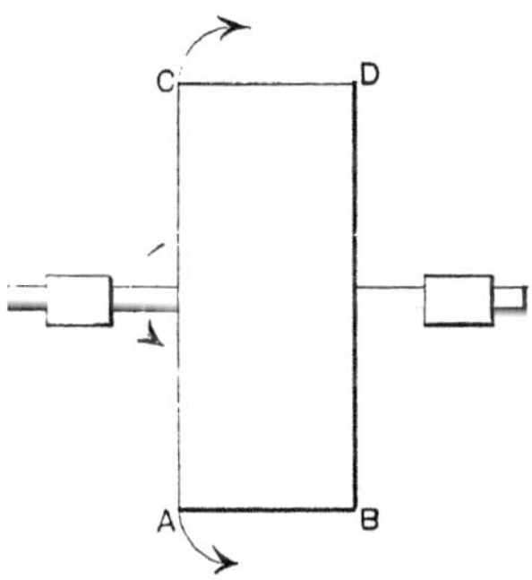

Fig. 127.

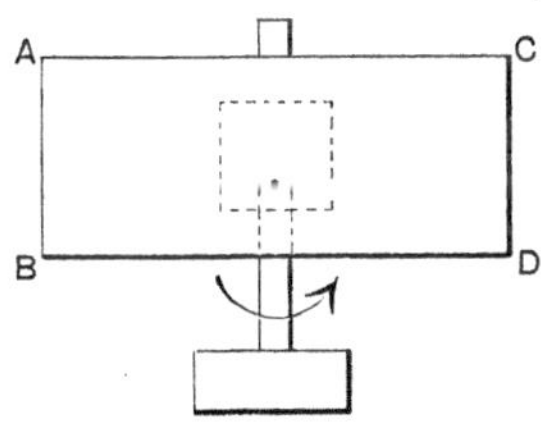

Fig. 128.

Punkte A und C sich gegenseitig aufheben und wird somit eine vollkommene Ausbalancirung der laufenden Scheibe erzielt.

Am besten und genauesten werden die Scheiben auf einer vertikal laufenden Welle ausgerichtet, wie dies Fig. 128 zeigt.

Aufhängen einer Friktionsscheibe.

Bei der Verwendung von schnelllaufenden Transmissionen ist das Vorhandensein von Friktionsscheiben, die von der

Transmission gelöst, oder mit derselben verbunden werden können, eine Nothwendigkeit. Wird z. B. eine Maschine in der Woche vielleicht nur einmal eine Stunde lang benutzt, so wird durch die Belastung der Scheibe und des Riemens die Transmission für die ganze Zeit, in der die Maschine leer

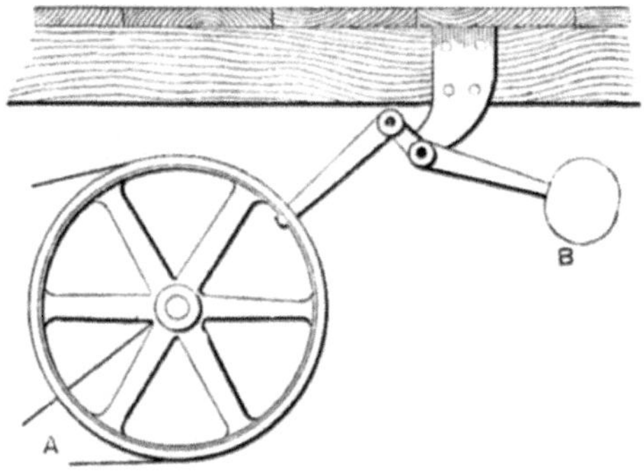

Fig. 129.

steht, unnötig beansprucht. Um diesem Uebelstande abzuhelfen, ist man auf den Gedanken gekommen, die in Fig. 129 dargestellte Anordnung zu benutzen, mittelst der die ausgerückte Scheibe während der betreffenden Zeit gehalten wird. Da das Gewicht des Riemens und der Scheibe eine Kraftäusserung in der Richtung der Linie *A* auf die Welle ausübt, so soll dieser in der Anordnung durch die Hebelübersetzung mit dem Gewicht *B* entgegen gewirkt werden.

Losscheiben.

Die gewöhnlichen Losscheiben ohne Flanschen verursachen eine mehr oder weniger grosse Abnutzung des Riemens beim Verschieben desselben von der festen auf die lose Scheibe.

Eine gute Form für Losscheiben, die auch schon seit Jahren in Gebrauch ist, zeigt Fig. 130.

Die Losscheibe ist bedeutend kleiner gehalten als die feste, besitzt jedoch einen konischen Flansch, dessen äusserer Durchmesser gleich dem der Festscheibe ist. Der Riemen läuft auf der Losscheibe ruhig mit nur geringer, durch das Eigengewicht bewirkter Spannung.

Eine leichte Kraftanwendung beim Verschieben der Riemengabel genügt, um den Riemen auf die feste Scheibe aufzulegen.

Eine weniger gute Form besitzt statt des konischen,

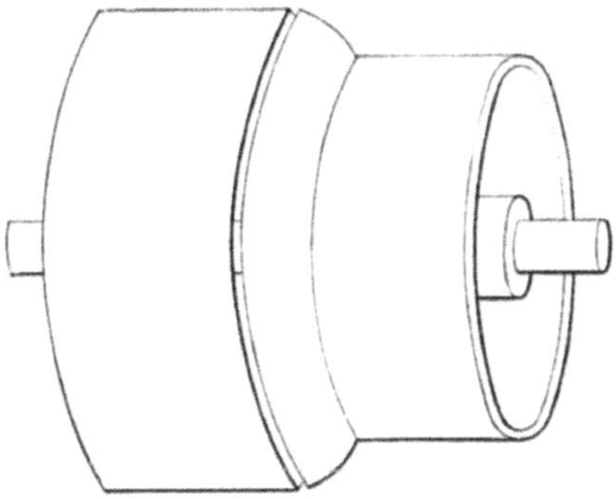

Fig. 130.

einen unter einem rechten Winkel stehenden Flansch, dessen Durchmesser dem der festen Scheibe entspricht.

Aufkeilen von Scheiben auf Wellen.

In Fig. 131 ist eine Keilanordnung wiedergegeben, die in einer grösseren englischen Fabrik Aufnahme gefunden

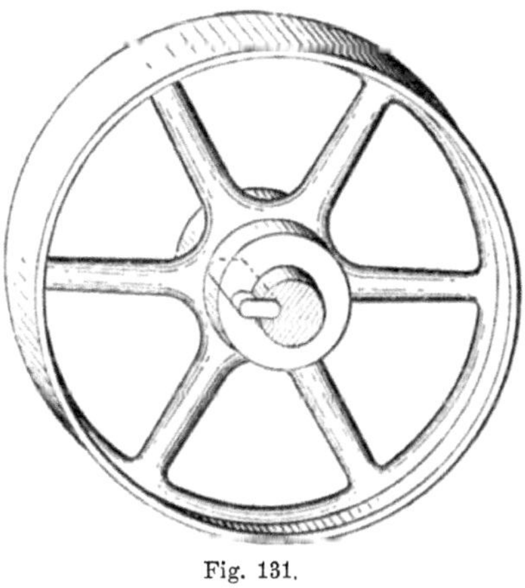

Fig. 131.

hat. Anstatt, wie gewöhnlich üblich, eine breite, flache Nuthe in die Welle einzufräsen und die betreffende Scheibe mit einer ebensolchen zu versehen, wird hier eine schmale, tiefe

Nuthe in die Welle sowohl, als in die Scheibe eingearbeitet. Als Keil wird ein Stück Flachstahl mit abgerundeten Seiten benutzt. Auf Specialmaschinen wird sowohl die Nuthe in der Welle eingefräst, wie auch eine solche in die Scheibe eingestossen, während eine andere Maschine die Keilstücke von bestimmtem Querschnitt und gegebener Länge anfertigt. Für die Herstellung des Keiles und der Nuthen genügt es, die Nummer des Keiles anzugeben. Diese Keilordnung scheint jedoch, abgesehen von der Materialverschwendung, noch den Nachtheil zu besitzen, dass Welle sowohl wie Scheibe durch die unverhältnissmässig tiefe Nuthe sehr geschwächt werden.

Dem gegenüber scheint das System des Amerikaners Woodruff, das an anderer Stelle beschrieben ist, bedeutende Vortheile zu besitzen.

Getheilte Scheiben.

Die Verwendung von geschlossenen Scheiben für Transmissionszwecke ist ebenso unbequem wie zeitraubend. Unter Umständen, wo ein häufiges Wechseln der Scheiben auf der Transmission nothwendig wird, ist dieselbe vollständig ausgeschlossen, da man beim Aufsetzen einer einzelnen Scheibe gezwungen wäre, den ganzen Transmissionsstrang loszukuppeln, sowie sämmtliche im Wege stehenden Hängeböcke und Riemenscheiben abzunehmen. In solchen Fällen sind getheilte Scheiben am Platze, die mit Leichtigkeit an jeder beliebigen Stelle aufgesetzt werden können. Wenngleich sie etwas theurer sind als geschlossene Scheiben, so wird dieser Nachtheil doch durch die bequeme Handhabung vollständig aufgehoben.

Sicherung gegen selbstthätiges Lösen von Muttern.

Häufig findet man, dass eine Mutter, die man zur Befestigung eines Rades auf eine Welle aufschraubt, sich gelöst hat. Zu vermeiden ist dieses dadurch, dass man entweder eine Kontremutter aufschraubt, die Mutter mittelst einer Stellschraube feststellt, oder sich einer ähnlichen Vorrichtung bedient.

Das einfachste und sicherste Mittel gegen jedes Loslösen besteht wohl darin, dass man die Mutter, anstatt gegen die

Nabe, gegen die Welle selbst festschraubt, wie dies aus Fig. 132 zu ersehen ist. Während in Fig. 132 die Nabe über die Welle vorsteht, ragt letztere in Fig. 133 über die Nabe

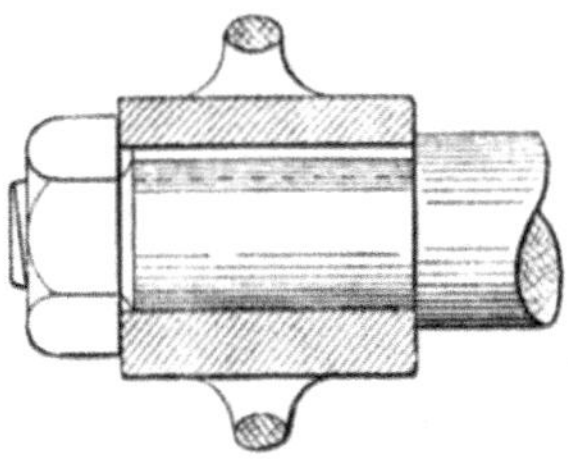

Fig. 132.

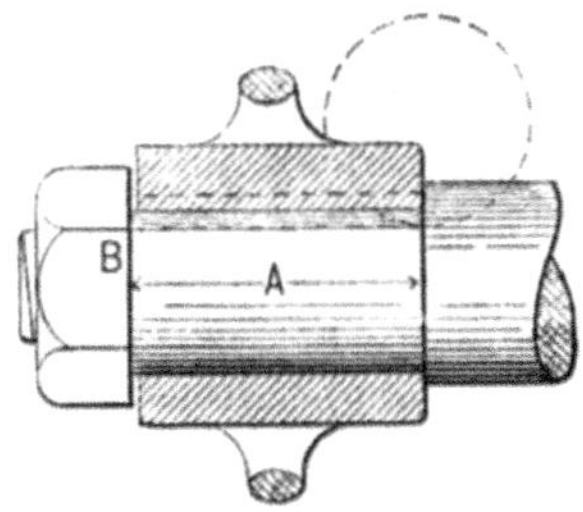

Fig. 133.

hinaus. In beiden Fällen ist auf das Ende der Welle zur Aufnahme der Mutter Gewinde geschnitten. Der einzige Unterschied ist der, dass dasselbe in Fig. 132 etwas länger gehalten ist, als in Fig. 133.

Riemengabeln für Hobelmaschinen.

Die ungünstigen Einwirkungen der Riemengabel auf den Riemen, die durch das ständige Anschleifen des letzteren an das Gabeleisen bewirkt werden, treten am deutlichsten bei der Hobel-

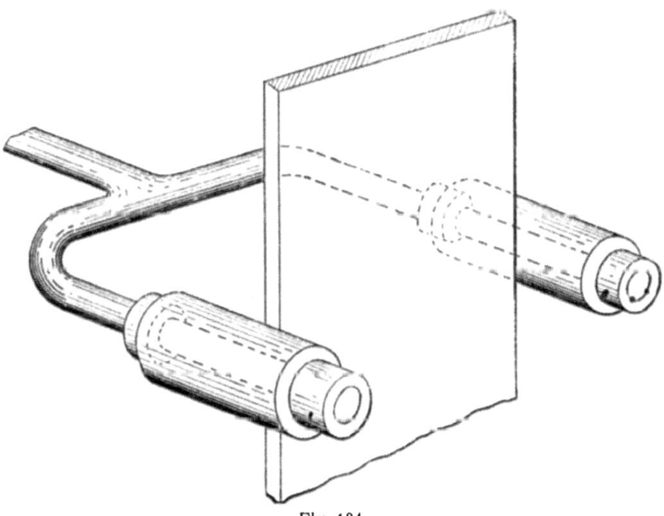

Fig 134.

maschine in Folge des fortwährenden Umschaltens hervor. Ein Mittel, die Reibung des Riemens am Eisen zu vermeiden, und somit die Lebensdauer des Riemens zu erhöhen, ist, wie aus Fig. 134 zu ersehen, darin gegeben, dass man den Riemen gegen Rollen anliegen lässt, die auf den Gabeleisen angeordnet sind.

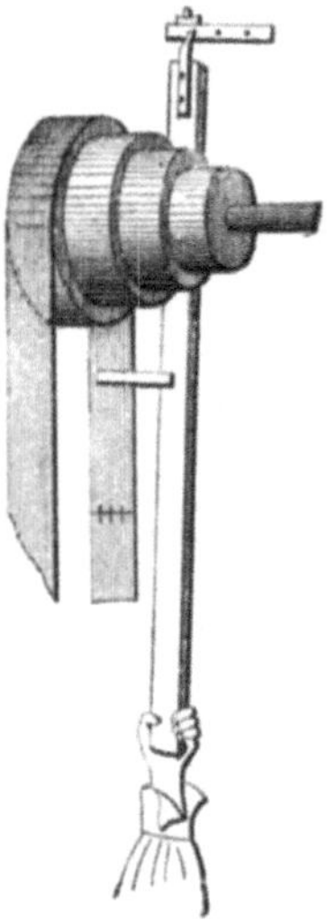
Fig. 135.

Riemenumleger.

Einen guten Riemenumleger, der billig in seiner Herstellung, aber äusserst praktisch ist, zeigt Fig. 135. Die Holzstange ist an ihrem oberen Ende mit einem Hakeneisen versehen, das in eines der in der Figur angedeuteten Löcher einer an der Decke oder sonst wo angebrachten Eisenplatte eingreift. Die Entfernung dieser Löcher ist ungefähr gleich der Mittenentfernung der einzelnen Scheiben, sodass man beim Umlegen des Riemens auf eine beliebige Scheibe einen passenden Drehpunkt findet.

Fig. 136.

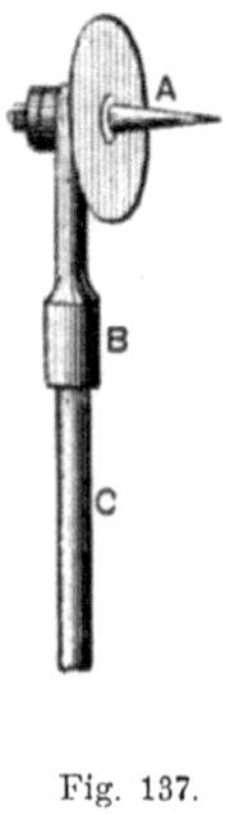

Fig. 137.

Riemenaufleger.

Wer jemals versucht hat, mit einer gewöhnlichen Holzstange einen schweren, schnelllaufenden Riemen auf eine Scheibe aufzulegen, wird sich der Schwierigkeit der Arbeit und der grossen Anzahl der Versuche und seiner Kraftanstrengung wohl erinnern. Die hier in Fig. 136 dargestellte Anordnung des Riemenauflegens bietet den Vortheil, dass sie das Aufwerfen des Riemens ohne Schwierigkeit gestattet.

Wie aus Fig. 137 zu ersehen ist, besteht der Aufleger

aus der Stange C und dem Aufsatzstück B, an welchem Scheibe und Spitze A drehbar angeordnet sind.

Selbstölende Lager.

Man thut gut daran, sich nicht zu sehr auf die selbstölenden Lager, deren Gebrauch sehr empfohlen wird, zu verlassen. Es ist hierzu zu bemerken, dass es keinerlei Konstruktion giebt, die durchaus zuverlässig ist und bei der ein Versagen vollständig ausgeschlossen wäre. Gewöhnlich versagt die Anordnung aber dann, wenn man es am wenigsten erwartet und die grössten Unannehmlichkeiten die Folge davon sind. Es kann hier selbstverständlich nicht auf die einzelnen Lagerkonstruktionen eingegangen werden, die alle keinerlei Wartung bedürfen und innerhalb eines Jahres ein ein- oder höchstens zweimaliges Nachfüllen erfordern. Mehr oder weniger beruhen alle auf dem Prinzip, dass das Lager mit einem Oelbehälter versehen ist, in welchen ein Band oder eine Kette taucht, die in einer Aussparung des Lagers über die Welle geführt wird. Bei einer Umdrehung der Welle wird die Kette ebenfalls in Bewegung gesetzt und versieht auf diese Weise die Welle mit Oel.

Die Lageranordnungen sind gewissermaassen mit einem Sicherheitsventil zu vergleichen, das dazu dient, Kesselexplosionen zu vermeiden, trotzdem aber jeden Tag nachgesehen werden muss, ob es auch in richtiger Weise funktionirt.

In ähnlicher Weise müsste man sich bei den selbstölenden Lagern durch Nachsehen davon zu überzeugen suchen, ob das Lager auch seinen Hauptzweck, die richtige Aufnahme der Welle, d. h. bei Vermeidung der Erwärmung letzterer, erfüllt.

Heisslaufen der Lager.

Unter gewissen Umständen ist das Heisslaufen der Lager trotz reichlicher Oelzufuhr nicht zu vermeiden. Es ist wunderlich, dass in derartigen Fällen oft eine Verbesserung dadurch bewirkt wird, dass man das Lagermetall durch ein anderes ersetzt. Ist es ein Broncelager, das warm läuft, so empfiehlt es sich vielleicht, ein Lager aus Lagermetall zu verwenden, was keineswegs die Güte des Broncelagers beeinträchtigen soll, da ja unter Umständen auch der entgegengesetzte Fall eintreten kann, dass das Lagermetall heiss läuft, während das Broncemetall kalt bleibt. Die Gründe hierfür lassen sich nicht im Allgemeinen angeben, sie hängen zu sehr von den Verhältnissen und Bedingungen ab, unter welchen die Materialien benutzt werden. In solchen Fällen ist man auf Versuche angewiesen und soll deshalb, wenn sich die oben genannten Metalle nicht eignen, andere versuchsweise einführen.

Vorrichtungen zur Verhinderung des Heisslaufens von Stirnzapfen.

Man bohre in die Spindel vom Umfange aus ein Loch schräg bis zur Mitte der Stirnseite ein und stelle in gleicher Weise radial laufende Nuthen in der Fussplatte des Lagers her. Das Lager ist an seiner unteren Seite zur Aufnahme von Oel etwas erweitert. Das durch die radialen Nuthen eingeführte Oel wird durch die Wirkung der Centrifugalkraft nach aussen geführt und auf diese Weise ein Kreislauf des Oeles hergestellt.

Wo, was namentlich bei Turbinenzapfen der Fall ist, ein Heisslaufen des Zapfens befürchtet wird, erweitere man den unteren Theil des Zapfens scheibenförmig und versehe den so erweiterten Theil mit einer entsprechenden Aussparung, die als Oelbehälter dient.

Gusseiserne Lager.

Gusseiserne Lager haben heutzutage eine weitgehende und mit Erfolg gekrönte Verwendung gefunden. Besonders günstige Resultate hat man bei der Verwendung gusseiserner Lager für gehärtete Stahlwellen erhalten; aber auch für gewöhnliche schmiedeeiserne Wellen haben sich die Gusslager, sofern sie nur lang genug gemacht und in richtiger Weise geschmiert wurden, vollauf bewährt. Man betrachte z. B. die Hobelmaschine von Sellers, die allgemein als die beste in grösserer Ausführung gilt; dort laufen nicht allein verschiedene

Radwellen in Gusslagern, sondern es arbeitet auch eine gusseiserne Transportschnecke in der gusseisernen Zahnstange.

Bei der Herstellung der Schnecke wird allerdings auf eine möglichst genaue Ausführung Sorgfalt gelegt. Die Schnecke wird nicht mit der Leitspindel geschnitten, sondern es steht der Stahlhalter mit einem Gewindeformstück in Verbindung, das sich mit der zu schneidenden Schnecke auf ein und derselben Welle befindet. Hierdurch wird das genaue Schneiden der Schnecke unter der Voraussetzung eines genauen Formstückes gesichert.

Kugellager.

Es zeigt sich immer mehr das Bestreben, die Reibungsarbeit in den Lagern auf ein Minimum zu beschränken. Während die ersten Lagerstellen unverhältnissmässig dick aber kurz gehalten wurden, gestalteten sie sich allmählig mit der Weiterentwickelung der Technik länger und länger, was zur Folge hatte, dass der Druck pro Flächeneinheit immer geringer und dadurch ein gutes Schmieren des Lagers ermöglicht wurde.

Ein weiterer Fortschritt war die Einführung der Rollenlager, die zuerst bei dem sonst ziemlich vernachlässigten Schleifstein Verwendung fanden. Dann kam die Einführung von konischen Lagern an horizontal laufenden Wellen.

War durch die Verwendung von Rollenlagern ein Fortschritt insofern erzielt, als an Stelle der gleitenden die rollende Reibung trat (die gleitende Reibung verblieb nur noch für die Lager der Rollen selbst), so boten die konischen Lager den Vortheil, dass der Hauptdruck auf hierzu besonders geeigneten harten Flächen seine Aufnahme fand.

Die Kugellagerung ist in gewisser Beziehung eine Verbindung dieser beiden Vortheile. Härtere Auflageflächen kommen hier mit dem Vorzug der rollenden Reibung zusammen.

Der vollkommene Erfolg der Kugellagerung in der Fahrradfabrikation sollte auf eine weitere Verbreitung der Kugellagerung auch im allgemeinen Maschinenbau hindeuten.

Neuere Verbesserungen in Bezug auf die Herstellung der Kugeln ermöglichen es, Kugeln von grösster Härte und Gleichmässigkeit, die durch ihre Bearbeitung auf Specialschleifmaschinen eine fast theoretisch genaue Kugelgestalt besitzen, auf den Markt zu bringen. Verbesserungen an den Schleifmaschinen gewährleisten in gleicher Weise die Herstellung von V-förmigen resp. halbrunden Laufrinnen, sodass man heutzutage Hülfsmittel an der Hand hat, die Kugellager so herzustellen, dass sie wirklich einen praktischen Nutzen für die Maschine sowohl, als auch für den Verfertiger darbieten.

Es soll jedoch nicht verschwiegen werden, dass sich die Kugellager, so grosse Vortheile sie unter Umständen bieten, nicht für alle Zwecke gleich gut eignen; so hat es sich z. B. als ein Fehlgriff herausgestellt, Kugellager an Drehbänken zur Verminderung der durch den Gegendruck bedingten Reibungsarbeit zu verwenden. Der Grund hierfür liegt darin, dass in Folge der ungleichmässigen Abnutzung der Laufringe sowie der Kugeln der Hauptspindel eine mehr oder weniger grosse seitliche Verschiebung gegeben wurde, die sich namentlich bei Plandreharbeiten höchst unangenehm bemerkbar machte.

Halbkugellager für Wellen.

Halbkugelförmig ausgebildete Lager sind nur bei Turbinenanlagen, wo das aus Pockholz bestehende, konvex ausgebildete Lager mit dem konkaven Zapfen noch unter Wasser steht, zu empfehlen, da hier die Abnutzung, wie sich dies aus praktischen Erfahrungen ergiebt, nur eine geringe ist. Im Allgemeinen besitzen derartig ausgebildete Lager den Nachtheil, dass die Abnutzung am Zapfen eine ungleichmässige ist, da der Durchmesser des Lagers grösser, der des Zapfens jedoch kleiner wird.

Ein Nachstellen, um ein Anliegen des Lagerzapfens zu ermöglichen, ist hier ebenfalls ausgeschlossen.

Fusslager.

In dem Bestreben, die Abnutzung in Fusslagern möglichst zu beschränken, ist man auf eine Lagerkonstruktion gekommen, die namentlich da, wo die Welle ihre genaue horizontale Lage beibehalten soll, mit Vortheil anzuwenden ist.

Fig. 138 zeigt die Anordnung eines sogenannten Doppellagers. Das innere Lager, in welchem auch der Zapfen läuft, ist cylindrisch ausgebildet und wird in drei mittelst Schrauben nachstellbaren Lagerflächen geführt. Sobald der Druck

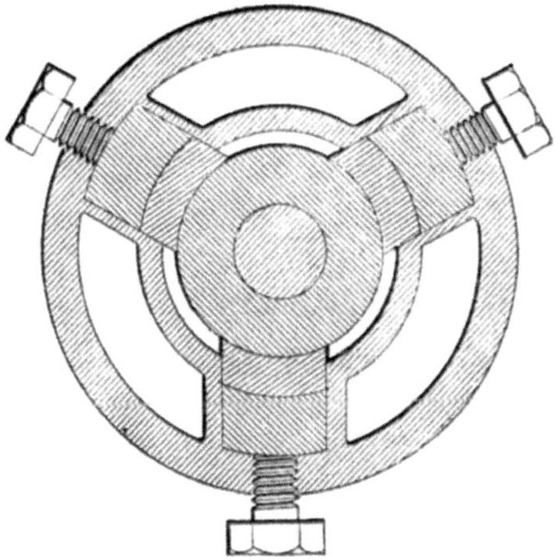

Fig. 138.

von der Welle in dem inneren Lager nach der einen Seite hin zu gross wird, wird er von dem äusseren Lager aufgenommen und auf diese Weise die relative Geschwindigkeit der Welle im inneren Lager vermindert.

Zapfenschmierung von einer Seite.

Ein für ein Steuerungsrad der Straight Line Engine Co. konstruirter Zapfen besitzt an beiden Enden Lagerstellen, die

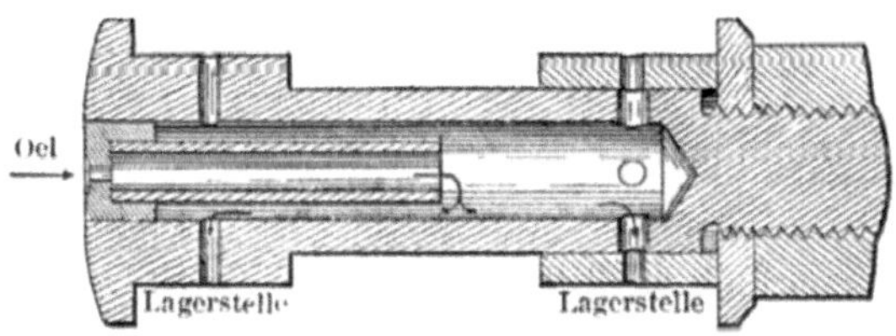

Fig. 139.

jedoch nur von der Stirnseite aus mit Schmiermaterial versehen werden können. Fig. 139 zeigt die Anordnung der Oelzuführung, die nach Angabe des Prof. J. E. Sweet ausgeführt ist. Der Zapfen ist fast in seiner ganzen Länge ausgebohrt und besitzt in der inneren Lagerstelle sowohl, als auch in der äusseren je vier radial eingebohrte Schmierlöcher. Um eine gleichmässige Oelvertheilung nach beiden Lagerstellen hin zu sichern, ist ein Rohr von geringem Durchmesser ungefähr bis auf die Mitte der beiden Lagerstellen in die Bohrung eingesetzt. Das Oel tritt in die Mitte der Bohrung ein und fliesst von da aus ziemlich gleichmässig nach beiden Lagerstellen.

Nacharbeiten fehlerhafter Arbeitsstücke.

Es kann nicht genügend darauf hingewiesen werden, eine Arbeit von vornherein mit der grössten Sorgfalt so auszuführen, dass ein jedes Nacharbeiten überflüssig wird. Sieht man doch häufig, wie sich ein Arbeiter abmüht, mit der Rundfeile ein Loch nachzufeilen, das er nicht genau centrisch ausgebohrt hat. Um diese Arbeit zu verrichten, braucht er vielleicht $1^1/_2$ Tage und verwendet hierfür noch für mehrere Mark Feilen. Hat er dann schliesslich seine Arbeit fertig gestellt, so erhält er nicht mehr und nicht weniger als ein rundes Loch, das er bei genügender Aufmerksamkeit von vornherein unter Aufwendung weit geringerer Arbeit und Zeit erhalten hätte, das hierbei aber noch den Fehler besitzt, dass es viel grösser geworden ist, als vorgeschrieben war, sodass wiederum eine Aenderung der einzupassenden Theile bedingt ist. Bei richtigem Gebrauch der ihm zur Verfügung stehenden Werkzeuge und Lehren wird er dem Fabrikanten viel Zeit und Geld, sich selbst aber, sofern er dies überhaupt fühlt, die Beschämung ersparen, eine schlechte Arbeit gemacht zu haben.

Will man ein Loch von bestimmter Grösse genau centrisch einbohren, so schlage man zwei konzentrische Kreise, deren ersterer dem genauen Durchmesser des Loches entspricht, während der zweite nur den halben Durchmesser desselben besitzt. Bohrt man nun das Loch an, so kann man schon beim ersten Kreis sehen, ob der Bohrer genau centrisch steht oder nicht. Man hat also jetzt, wo es noch Zeit ist, Gelegenheit, die Stellung des Bohrers zu ändern.

Hohlkehlen.

Unter vielen anderen Detailkonstruktionen, die nur selten die ihnen gebührende Beachtung finden, gehört auch zweifellos die Hohlkehle, deren Ausführung sehr häufig, besonders aber bei rechteckig zu einander stehenden Flächen, von grösster Wichtigkeit ist. Schon am Modell ist auf eine gute Ausführung derselben das grösste Gewicht zu legen, da bei rechtwinklig zu einander stehenden Flächen die Krystallisation des Metalles beim Gusse geradezu auf ein Brechen des Stückes an dieser Stelle hinweist. Eine gute Hohlkehle an einer solchen Stelle wird in doppelter Weise wirksam sein. Erstens wird mehr Metall dahin gebracht, wo die grösste Beanspruchung stattfindet, und zweitens wird ein Auskrystallisiren unter rechtem Winkel vermieden.

Bei schmiedeeisernen Arbeiten ist hinsichtlich der Krystallisation keine Gefahr vorhanden, wohl bleiben aber in Bezug auf die Kräftewirkung dieselben Bestimmungen bestehen. Auch hier kann man die Materialbeanspruchungen durch Ausbilden einer Hohlkehle, die in den meisten Fällen in keiner Weise hinderlich ist, weit besser und sicherer übertragen.

Verdoppelung von Arbeitsstücken.

Wünscht man ein Arbeitsstück in genau derselben Form, Grösse und dem Material eines schon vorhandenen anfertigen zu lassen, so ist es zweckmässig, hierzu keine Zeichnung zu geben, sondern das vorhandene Arbeitsstück in die Werkstatt zu senden. Die Herstellung wird hierdurch wesentlich erleichtert, indem der Arbeiter einerseits die genauen Dimensionen von dem Probestück, sofern letzteres nicht direkt als Lehre zu benutzen ist, abmessen kann, und andererseits das Material des Probestückes vor Augen hat und somit auch in dieser Beziehung gegen Fehler geschützt ist.

Reparaturarbeiten.

Bei Reparaturarbeiten wird nicht immer genügende Aufmerksamkeit darauf gerichtet, dass bei dem Reparaturstück die Mittenmaasse des Originalstückes eingehalten werden, oder mit anderen Worten, dass keine Verlegung der Mittelaxe stattfindet. So z. B. ist es bei Ventilen, wo ein Nacharbeiten des Ventilsitzes oder des Ventilkegels stattfindet, wichtig, dass beide ihre ursprüngliche Mittelaxe beibehalten; d. h. das betreffende Arbeitsstück muss genau in derselben Weise wie das Originalstück auf der Drehbank aufgespannt und centrirt werden.

Dieses wird häufig vernachlässigt. In solchen Fällen, wo, wie in Lokomotivwerkstätten, ein Nacharbeiten einzelner Arbeitsstücke sehr häufig nötig wird, ist es vortheilhaft, sich beim Aufspannen der Arbeitsstücke einer Vorrichtung zu bedienen, die, so oft auch das Arbeitsstück bearbeitet werden muss, ein genaues Spannen desselben sicher stellt.

Zusammenspannen von Flanschen.

Oft ist es wünschenswerth zwei Flanschen, die, damit die Bohrlöcher genau übereinstimmen, zusammen gebohrt oder angerissen werden sollen, eine Zeit lang zusammen zu spannen. Eine grosse Zahl von Vorrichtungen kann hierzu Verwendung finden; im Folgenden seien einige der bemerkenswerthesten Anordnungen angeführt.

Die Vorrichtung Fig. 140 besteht aus einem Paar Spann-

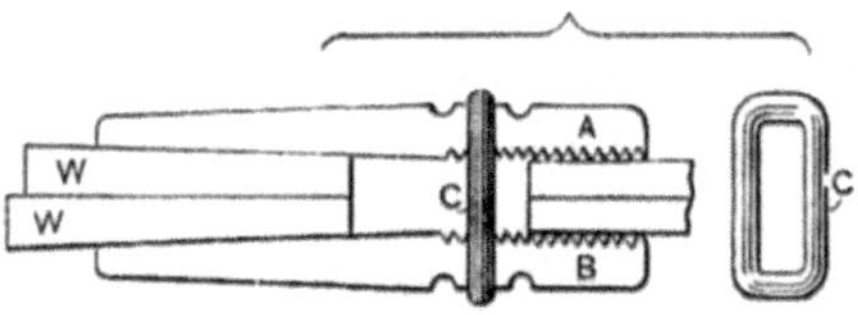

Fig. 140.

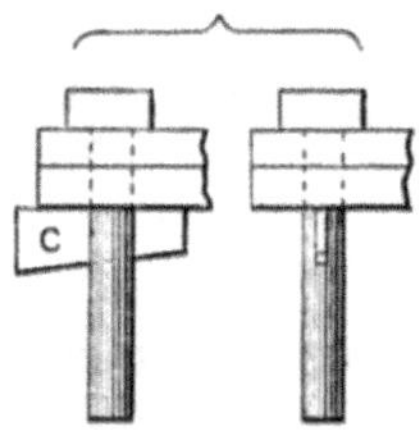

Fig. 141.

backen *A* und *B*, die mit verschiedenen Einschnitten zur Aufnahme des Ringes *C* versehen sind. Die Spannbacken sind an ihrem vorderen Theile, um ein Abgleiten zu verhindern, geriffelt oder gezahnt. Das Spannen dieser Backen geschieht mittelst der Holzkeile *W*. Letztere können eventuell mit einer Schraube in Verbindung gebracht werden, sodass das Anziehen derselben erleichtert wird. Diese Spannvorrichtung lässt sich vor Allem bei den Flanschen und Theilen verwenden, die keinerlei Löcher besitzen. Für die Anordnung ist ferner vortheilhaft, dass sie nur eine geringe Breite besitzt und in Folge dessen wenig Platz beansprucht. Für Flanschen, in welche schon die Bolzenlöcher eingebohrt sind, eignet sich die Vorrichtung Fig. 141, die einen Bolzen mit ungewöhnlich grossem Kopf besitzt, der durch den Keil *C* gegen den einen Flansch angepresst wird. Wo es die Grösse des Flansches erlaubt, kann man sich einer Unterlagsscheibe bedienen.

Fig. 142 zeigt eine kleine Abänderung dieser Anordnung. Dieselbe unterscheidet sich von der vorerwähnten dadurch, dass der Bolzen keinen Keilschlitz besitzt, sondern eine Reihe runder Löcher erhält, in die man einen Stift

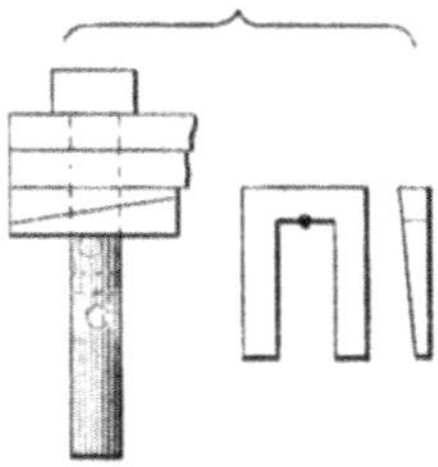

Fig. 142.

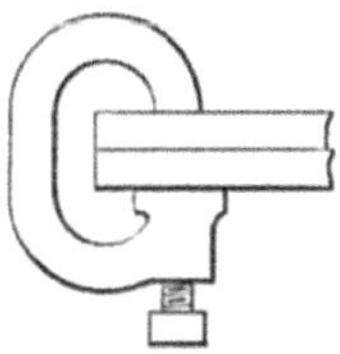

Fig. 143.

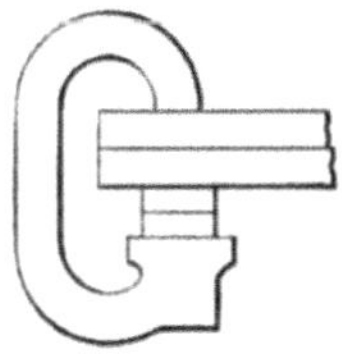

Fig. 144.

an beliebiger Stelle einsetzen kann. Zwischen diesem Stift und dem untern Flansch werden die betreffenden Keile eingetrieben.

Fig. 143 zeigt eine gewöhnliche Schraubzwinge, welche die Flanschen entweder direkt oder unter Zuhülfenahme von Unterlegstücken zusammenspannt.

Bei der Keilzwinge Fig. 144 kommt die Klemmschraube in Wegfall und wird das Festspannen durch hölzerne Keile bewirkt.

Verschrauben zweier Arbeitsstücke.

Der gewöhnliche Weg, zwei Arbeitsstücke mittelst Schrauben zu verbinden, besteht darin, dass man die Bolzen- wie auch Gewindelöcher anzeichnet, ankörnt, bohrt und mit Gewinde versieht. Damit ist nun keineswegs gesagt, dass die Löcher auf beiden Arbeitsstücken gleiche Entfernung haben, oder dass das Gewinde in allen Löchern unter ein- und demselben Winkel eingeschnitten ist. Es ist darum nicht zu verwundern, wenn das Zusammenschrauben der beiden Stücke nicht immer ohne Schwierigkeiten vor sich geht, da nämlich durch das Festziehen einer Schraube die andern Gewinde- resp. Bolzenlöcher zu einander versetzt werden. Diesem Uebelstande kann man dadurch abhelfen, dass man die Bolzenlöcher bedeutend grösser macht als die betreffenden Bolzen. Wird hierdurch auch eine Erleichterung beim Zusammenstellen erzielt, so darf man jedoch nicht vergessen, dass der Festigkeit der Verbindung bedeutender Abbruch gethan wird.

Ein weit besseres Verfahren, derartige Verbindungen herzustellen, besteht in Folgendem. Man bohrt zunächst sämmtliche Bolzenlöcher in das eine Arbeitsstück, nur ein Gewindeloch in das andere und versieht dieses mit Gewinde. Hierauf schraubt man die zwei Theile mittelst einer Schraube zusammen und benutzt die anderen Bolzenlöcher als Führungen für den Spiral- resp. Gewindebohrer. Wenn diese Arbeit auch eine längere Zeit beansprucht, so wird diese durch die grössere Genauigkeit in der Herstellung und die Erleichterung in der Zusammenstellung voll aufgewogen.

Mangelhaftes Festspannen.

Der Grund, weshalb man bei dem Feststellen einzelner Theile, wie z. B. auf Wellen u. s. w., auf Schwierigkeiten stösst, liegt meistens darin, dass man die Theile in falscher Weise befestigt. So sucht man z. B. eine Nabe mit einer einzigen Stellschraube festzustellen, obgleich deren Druckfläche doch nur verhältnissmässig klein ist. Würde man eine bedeutend stärkere Schraube nehmen, so würde sie vielleicht in diesem Falle genügen; jedenfalls ist es aber besser, zwei Schrauben zu benutzen.

Solide und federnde Kolben.

Die Meinungen über den Werth von soliden und selbstfedernden Kolben sind bisher getheilt. Ein solider Kolben gilt im allgemeinen für sicherer als ein solcher mit Feder, da bei letzterem stets mit der Möglichkeit zu rechnen ist, dass sich einzelne Federn zwischen Kolben und Cylinder festsetzen; andererseits darf man aber nicht vergessen, dass sich Kolben und Cylinder abnutzen, und daher für ein Nachspannen des

Kolbens in irgend einer Weise Sorge getragen werden muss. Letzteres lässt sich zweifellos am besten mittelst federnder Ringe erreichen, die sich den jeweiligen Cylinderbohrungen genau anzupassen vermögen.

Aber auch hier scheint sich die einfachste Konstruktion am besten zu bewähren, und sind aus diesem Grunde einfache, geschlitzte Gusseisenringe zu empfehlen.

Einpressen der Lager in Pleuelstangen.

Um das Einpressen von Lagern in Pleuelstangen möglichst zu erleichtern, ist es zweckmässig, als Gegenhalter für das Arbeitsstück Stahlbügel quadratischen Querschnitts von 50—60 mm Stärke zu benutzen, in deren Schenkel in einer Entfernung von 75 zu 75 mm eine Reihe Löcher von 25 mm Durchmesser eingebohrt sind. Diese Bügel werden in einen Gusseisenbock von 450 mm Länge, 600 mm Breite und Höhe eingepasst und mittelst Bolzen festgehalten. Der Presscylinder oder die Schraubenwinde wird auf dem Fussboden befestigt und hierauf das Arbeitsstück zwischen die Pressvorrichtung und den Bügel gelegt. Die Zahl der Löcher in dem Schenkel ermöglicht es, bei Benutzung eines Bügels eine Reihe von Arbeitsstücken verschiedener Stärke einzuspannen und fertig zu stellen, ohne den Presskolben weit vorschieben zu müssen. Geringfügige Entfernungen lassen sich durch Unterlegen einer Eisenplatte ausgleichen.

Entfernen einer Kolbenstange vom Kolben.

Es ist keineswegs eine leichte Sache, eine Kolbenstange, die direkt ohne Mutter in den Kolben eingeschraubt ist, aus demselben zu entfernen. Die Benutzung einer Rohrzange zu diesem Zweck ist deshalb nicht zu empfehlen, weil durch das Angreifen der Zange die Oberfläche der Stange an der betreffenden Stelle verletzt wird. Weit besser eignet sich eine Vorrichtung, die aus einem gewöhnlichen Schraubenschlüssel und zwei auf der Kolbenstange aufgeklemmten Holzstücken besteht. Die Holzstücke werden hierzu so hergerichtet, dass ein starkes Stück Pappe zwischen beide gelegt wird und hierauf der Durchmesser für die Kolbenstange ausgeschnitten wird. Nach Entfernung der Zwischenlage können die Holzstücke fest auf der Welle aufgeklemmt werden. Bemerkt sei noch, dass es bei derartig eingeschraubten Kolbenstangen durchaus nothwendig ist, das Gewinde vor dem ersten Einschrauben reichlich mit Oel und Graphit zu bestreichen. Dieses wird einerseits das Einsetzen erleichtern und andererseits beim Herausnehmen die Hälfte der Zeit und Arbeit ersparen.

Bock zum Herausschlagen der Dorne.

Fig. 145 zeigt eine gute und kräftige Ausführung eines Bockes, der zum Austreiben von Dornen von 12—100 mm Durchmesser Verwendung finden kann. Die Oberfläche, welche bearbeitet ist, besitzt eine V-förmige Ausarbeitung. Die Herstellungskosten sind ungemein gering, wie auch der Raum, der durch die Vorrichtung in Anspruch genommen wird, verschwindend klein ist. Der Bock wird aus gutem, weichem Gusseisen unter Vermeidung jeder scharfen Krümmung angefertigt. Aus der Abbildung ist zu ersehen, wie derselbe ausgebildet werden muss, um bei geringstem Gewicht die grösste Beanspruchung aufnehmen zu können.

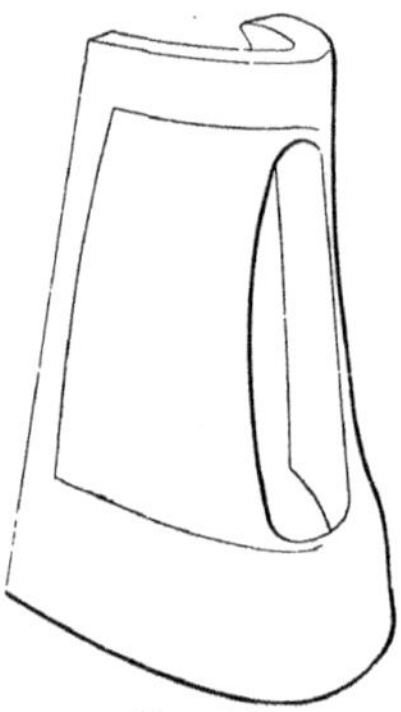

Fig. 145.

Nietverbindungen.

Bei dem heutzutage gebräuchlichen hohen Dampfdruck ist eine sichere Nietverbindung eine dringende Nothwendigkeit. Es kommt nicht allein darauf an, die Platten fest zusammenzunieten, sondern es muss auch darauf gesehen werden, dass die Nietverbindung wirklich dicht ist, sodass keinerlei Lücken entstehen, oder, wie es für die Brückenkonstruktion unerlässlich ist, dass kein Wasser zwischen Niete und Eisenplatte eindringen kann, um ein Rosten zu veranlassen.

Fig. 146 giebt die Ansicht einer von E. B. Meatjard konstruirten Nietverbindung.

Die mittlere der drei Platten ist mit einer cylindrischen Bohrung versehen, während die obere und untere Platte konisch aufgerieben ist. Der Schaft des Nietes ist cylindrisch gehalten, der Nietkopf hingegen konisch ausgebildet. Der

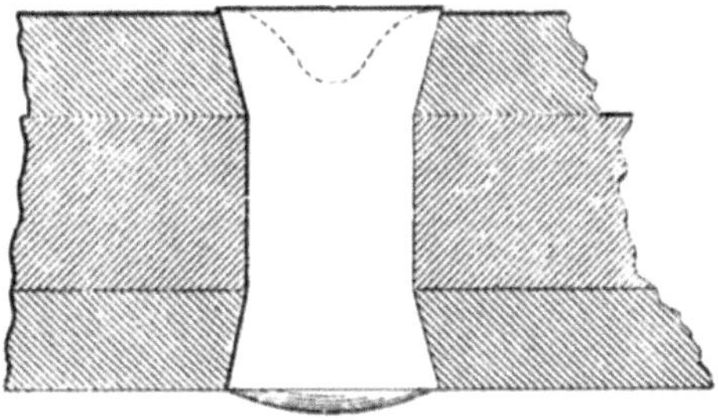

Fig. 146.

Niet wird in die Platte eingesetzt und mittelst eines Spitzstempels, am besten auf hydraulischem Wege, eingepresst, damit eine äusserst feste Verbindung hergestellt wird.

Stemmeisen für Kesselbleche.

In der Abbildung Fig. 147 sind drei mit No. 1, 2, 3 bezeichnete Stemmeisen dargestellt. Während das erste Eisen eine rechteckige Arbeitsfläche hat, das zweite eine runde, ist die Arbeitsfläche des dritten Werkzeuges halb rund, halb

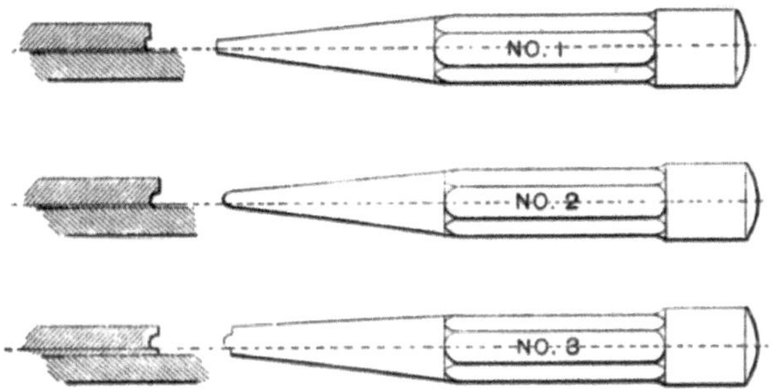

Fig. 147.

rechteckig ausgebildet. Das erste Eisen wird zum Vorstemmen benutzt und bildet die Rille, während das zweite und dritte das Metall komprimiren, ohne die Rille zu vergrössern. Das zweite Eisen wird fast in allen Lokomotivfabriken mit bestem Erfolg in Bezug auf die Dichtigkeit der Nähte angewandt.

Umbördeln von Kesselblechen.

Das Umbördeln von Kesselblechen, insbesondere für Kopfstücke, ist eine Arbeit, die einen äusserst geschickten Arbeiter erfordert. Bei der Ausführung der Arbeit ist auf die richtige Behandlung des Eisenbleches die grösste Obacht zu geben. Wenngleich auch die besondere Güte des hierzu verwandten Materials bekannt ist, so sollte man doch nicht zu viel davon erwarten und vor allen Dingen nicht glauben, dass bei einem Bördelradius von ca. 75 mm das Material ebenso wenig in Anspruch genommen wird, als bei einem Radius von 125 oder 150 mm.

Selbst das beste Material wird, wenn es mit einem zu kurzen Radius umgebördelt wird, an der Innenseite Falten schlagen, während es an der Aussenseite übermässig gestreckt wird.

Dorne.

Häufig ist es zweckmässig, eine Arbeit, die auf den ersten Blick die Benutzung kostspieliger Fräser zu erfordern scheint, mittelst eines Dornes zu verrichten. Wenn gleich diese Methode keineswegs als eine ideale zu betrachten ist, so findet sie dennoch, besonders bei der Gewehrfabrikation, vielfach Anwendung. Wenn ferner eingewandt wird, dass die erzielte Arbeit stellenweise nicht so gut ist wie die, welche von den Fräsern geleistet wird, so kann hierauf entgegnet werden, dass eine grosse Anzahl von Arbeitsstücken keine derartig genaue Bearbeitung erfordert. Zur Erzielung einer guten Arbeit mittelst eines Dornes ist es empfehlenswerth, gerade Zähne an Stelle der Diagonalzähne zu wählen, sowie die Dorne mehr bei härteren als bei weicheren Materialien zu verwenden.

Dornen viereckiger Löcher in Gusseisen.

Zur Vergrösserung viereckiger Löcher in Gusseisen eignet sich besonders der in Fig. 148 dargestellte Dorn.

Derselbe wird auf folgende Weise hergestellt. Nachdem der Schaft auf einer Shapingmaschine genau rechtwinkelig auf das gewünschte Maass gehobelt worden ist, wird er auf beiden Seiten konisch bearbeitet und hierauf die Zähne, wie aus der Figur ersichtlich, schräg eingeschnitten, um so einen scheerenartigen Schnitt zu geben. Zum Einhobeln der Zähne eignet sich ein ca. 3 mm breiter Stahl, dessen Schnittkante abgeschrägt worden ist, um so den Freischnitt der Dorn-

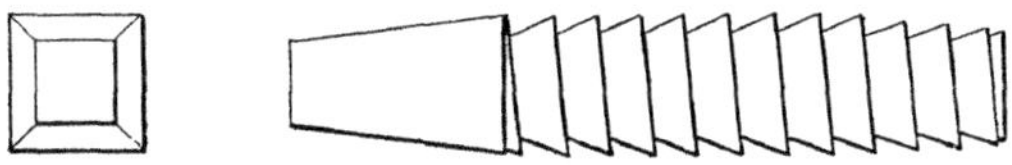

Fig. 148.

zähne zu ermöglichen. Nach seiner Bearbeitung wird der Dorn gefeilt und gehärtet. Selbstverständlich wird der Dorn seine Form nicht immer beibehalten, sondern nach dem jedesmaligen Nachschleifen etwas kleiner werden. Immerhin ist jedoch die Formveränderung eine so geringe, dass der Dorn erst nach längerer Gebrauchszeit unbrauchbar wird.

Abmessungen an Keilen.

Bei der Bestimmung der einzelnen Abmessungen der Keile hat man darauf Rücksicht zu nehmen, dass bei den verschiedenen Grössen möglichst ein und dieselbe Konicität beibehalten wird. Ferner ist es vortheilhaft in der Herstellung sowohl, wie auch beim Einpassen, die Keildimensionen möglichst einheitlich zu wählen.

In letzter Zeit hat in Amerika und auch in Deutschland das Woodruff'sche Keilsystem grosse Verbreitung gefunden. Bei diesem System wird in der betreffenden Welle eine halbkreisförmige Ausfräsung hergestellt und in diese eine halbrunde Stahlscheibe eingesetzt. Der Hauptvortheil dieses Systems scheint in den geringeren Herstellungskosten der Keilscheibe und der Nuthe zu liegen. Erwähnt möge noch werden, dass diese Keilverbindung in Amerika und in Deutschland patentirt ist.

Herausziehen eines Keiles.

Bei der Benutzung der gewöhnlichen Längskeile zum Aufkeilen eines Rades auf einem Wellenende entsteht häufig bei der Abnahme des Rades die Schwierigkeit, den Keil herauszuziehen. Dies lässt sich durch eine einfache Vorrichtung leicht vermeiden. Man bildet den Keil an dem vorstehenden Theil rund aus und versieht ihn mit Gewinde. Mittelst einer Mutter, die man auf diesen mit Gewinde versehenen Theil aufschraubt, kann man den Keil mit Leichtigkeit entfernen, indem die Mutter an der Stirnseite der Welle resp. an der Radnabe eine Auflage findet.

Befestigung einer Nabe auf einer Welle mittelst Stiftes.

Häufig hat man Gelegenheit zu beobachten, dass eine Kurbel auf ihrer Welle mittelst eines durch die Nabe und Welle durchgesteckten geraden oder konischen Stiftes befestigt ist. Bei dieser Befestigungsmethode scheint man kein Gewicht darauf zu legen, den Querschnitt des Stiftes in richtiger Weise auszunutzen. Würde man z. B. den Stift nicht quer durch Welle und Nabe gehen lassen, sondern ihn in der Längsrichtung der Welle in irgend einem Punkte des Berührungskreises zwischen Welle und Nabe einsetzen, so würde der Scheerkraft ein bedeutend grösserer Querschnitt entgegengesetzt werden, als im ersteren Falle.

Während in der Queranordnung des Stiftes nur der doppelte Kreisquerschnitt desselben in Rechnung zu setzen ist, ist bei der anderen Anordnung auch die Länge des Stiftes resp. der Nabe zu berücksichtigen, wodurch der Gesammtquerschnitt gleich dem 3—4fachen Kreisquerschnitt des Stiftes ist.

Stellschrauben.

Nicht immer erfüllt die Stellschraube den Zweck, für welchen man sie verwenden will. In dem einen Falle verlangt man von ihr, dass sie ein bestimmtes Arbeitsstück unverrückbar festhalte, in dem andern Fall wieder will man sie zum genauen Einstellen des Stückes benutzen. Keines von beiden wird die Stellschraube mit Sicherheit verrichten. Will man ein Stück feststellen, so wird sie schleifen; will man ein Stück genau einstellen, so wird sie kaum zu bewegen sein. Dazu kommt noch die Gefahr, dass die Schraube im Loch abbricht, was eine äusserst schwierige Arbeit, das Ausbohren, zur Folge hat. Wenn man ferner berücksichtigt, dass eine Welle, auf der die Scheiben mittelst Stellschrauben befestigt sind, durch das Anziehen der Schrauben verdorben wird, sodass man z. B. eine derartige Stelle nicht mehr als Lager benutzen kann, so wird man wohl bald zu der Ueberzeugung kommen, dass man den Gebrauch der Stellschrauben möglichst einschränken und sich an ihrer Stelle anderer Hülfsmittel bedienen muss. Ist man durch die Verhältnisse gezwungen, Stellschrauben zu benutzen, so soll man solche ohne Spitzen verwenden; eine gerade Auflagefläche wird in den meisten Fällen wohl genügen. Ist jedoch ein besonderes Feststellen erforderlich, so ist es zweckmässig, die Stirnseite der Schraube nach der Mitte zu etwas auszudrehen, um so eine runde, scharfe Kante zu erzielen. Diese Stellschrauben eignen sich besonders zur Befestigung von Scheiben auf Transmissionswellen, indem letztere bei Verwendung dieser Schrauben lange nicht so beschädigt werden, als bei Benutzung von Spitzschrauben.

Splinten.

In der Benutzung von Splinten kann man nicht vorsichtig genug sein, da dieselben gewöhnlich aus sehr schlechtem Material hergestellt werden, infolge dessen bei dem kurzen Umbiegen des Splintes leicht ein Brechen desselben verursacht wird. Das Brechen des Splintes tritt, wie die Erfahrung zeigt, gewöhnlich dann ein, wenn von der sicheren Befestigung der einzelnen Theile das meiste abhängt, oder aber dann, wenn durch das Brechen ein grosser Schaden, wenn nicht Unglücksfall entsteht. Wenn irgend möglich, sollte man die Verwendung von Splinten ganz vermeiden und zu anderen Sicherungen, z. B. gezahnten Muttern seine Zuflucht nehmen.

Schlitzschrauben mit ausgebrochenem Schlitz.

Die Entfernung von Schlitzschrauben bietet sehr häufig dann Schwierigkeiten, wenn die Schlitzseiten soweit ausgenutzt resp. ausgebrochen sind, dass der gewöhnliche Schraubenzieher keine Anlage mehr findet. In diesem Falle empfiehlt es sich, einen Schraubenzieher in eine gewöhnliche Brustleier zu stecken, da hierdurch der Schraubenzieher besser in dem Schlitz gehalten wird.

Schraubenschlüssel als Rohrschneider.

Der englische Schraubenschlüssel, auf dessen mannigfache Anwendbarkeit schon an anderer Stelle hingewiesen wurde, kann unter anderm auch als Rohrschneider Anwendung finden. In diesem Falle hat man die eine Spannbacke mit zwei Rollen und die andere mit einer Schneidscheibe zu versehen. Das Einstellen des Werkzeuges für eine bestimmte Rohrstärke lässt sich ausserordentlich schnell vornehmen.

Schraubenschlüssel.

Ein Schraubenschlüssel, der die Mutter in der richtigen Weise fasst, und dabei eine äusserst bequeme Handhabung bietet, ist in Fig. 149 dargestellt. Um die Benutzung in falscher Richtung unmöglich zu machen, ist der bei *A* dar-

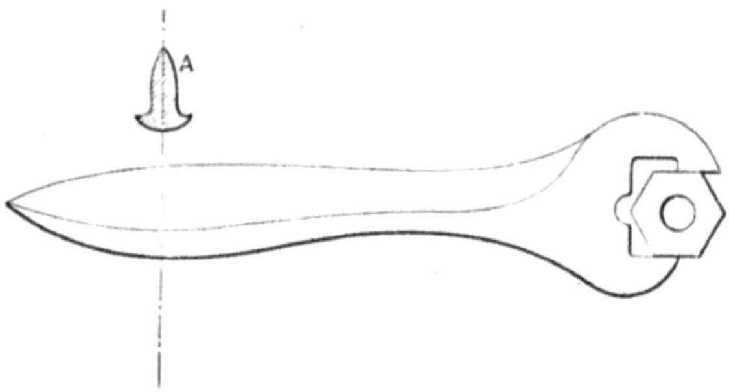

Fig. 149.

gestellte T-förmige Querschnitt gewählt. Die eine Kante ist abgerundet, die andere dagegen spitz zulaufend. Bei der Wahl dieses Querschnittes ist es augenscheinlich, dass weder Mutter noch Schlüssel grossen Schaden erleiden können.

Englischer Schraubenschlüssel.

Unter den verschiedenartigen Schraubenschlüsseln nimmt der verstellbare, sogenannte englische Schraubenschlüssel zweifellos die erste Stelle ein. In keiner Maschinenbauwerkstatt fehlt derselbe, sondern überall wird er wegen seiner vielfachen Verwendbarkeit hoch geschätzt.

So z. B. wird derselbe sehr häufig als Rohrzange benutzt. Man stellt die Backen auf den Durchmesser des Rohres ein

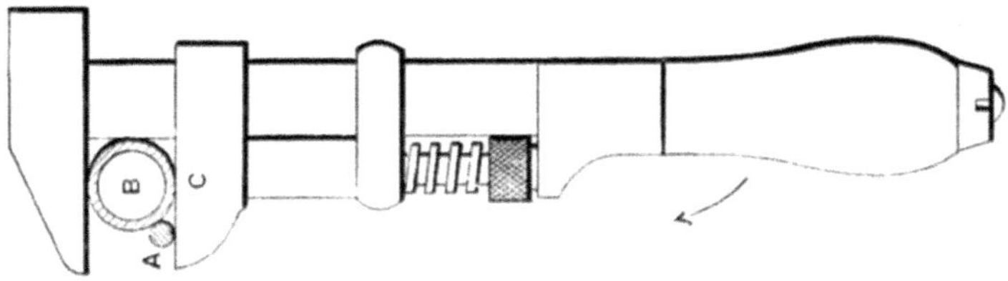

Fig. 150.

und legt dann, wie dieses Fig. 150 zeigt, ein kurzes Stück einer alten Rundfeile *A* zwischen das zu spannende Rohr *B* und die Spannbacke *C*. Das Feilenstück wird sich zwischen Rohr und Spannbacke einzwängen und in Folge dessen eine Drehung des Rohres im Schlüssel verhindern.

Hammerformen.

Die beste Form für einen Hammerkörper ist die, bei welcher der Hammer an den beiden Schlagstellen breiter ausgebildet ist, als in der Mitte, also wie ein gewöhnliches Stundenglas. Nach Prof. Sweet soll ferner der Hammerstiel zur Aufnahme des Hammers etwas abgesetzt sein, damit einerseits der Hammerkörper nicht zu weit auf den Stiel aufgetrieben, und andererseits dem Hammer eine grössere Elasticität verliehen wird.

Auswechselbare Hämmer.

In letzter Zeit sind Hämmer in den Handel gekommen, die mit einer Vorrichtung versehen sind, welche ein Auswechseln des Hammerkörpers gegen einen andern gestatten. Der Erfinder geht von dem Gedanken aus, dass man zu verschiedenartigen Arbeiten auch verschiedenartige Hämmer benutzt. So braucht man z. B. einen Kupferhammer, kurze Zeit darauf einen Spitzhammer, dann wieder einen Holzhammer. Die Konstruktion des Hammers besteht darin, dass dem Specialzweck entsprechende Einsatzstücke in ein aus schmiedbarem Guss hergestelltes Kopfstück eingesetzt, und durch Zusammenschrauben des Spannstücks festgehalten werden.

Nach einer anderen Methode, die vielleicht nicht so gut ist, wird das Kopfstück nach beiden Seiten hin mit einem groben Innengewinde versehen und dann hierin die betreffenden Einsatzstücke aus Kupfer, Holz etc. durch Einschrauben befestigt.

Bei Hämmern, die nur wenig angestrengt werden, genügt es, wenn der Kopf aus Hartholz hergestellt wird. Bei einem Bleihammer kann man die Einsatzstücke direkt in das eiserne oder hölzerne Kopfstück eingiessen.

Zu grosse Verstellbarkeit.

Eine gewisse Verstellbarkeit bietet in vielen Fällen ein höchst erwünschtes Hülfsmittel zum Nachstellen einzelner Theile. Dass eine zu grosse Nachstellbarkeit auch Nachtheile mit sich führt, kann man daraus ersehen, dass ein Arbeitsstück, welches man mit vieler Mühe eingestellt hat, in Folge der auf dasselbe einwirkenden Kräfte nicht an Ort und Stelle gehalten wird. Ein gutes Beispiel hierfür bieten viele Hängelager, deren Befestigungsplatte, um eine genaue Einstellung der Lager und somit eine möglichst geringe Abnutzung zu sichern, mit Schlitzen versehen sind. Hierbei kann man beobachten, dass durch die Riemenzüge und Erschütterungen die Befestigungen der Hängelager gelockert und letztere in den Schlitzen verschoben werden.

Runde Muttern.

Die Vier- und Sechskantmuttern haben neben ihrer kostspieligen Herstellung noch den Nachtheil, dass sie zu ihrem Aufschrauben verhältnissmässig viel Zeit beanspruchen, sowie häufig zur Beschädigung eines Arbeitsstückes Veranlassung geben. Fernerhin erfordern sie manchmal mehr Platz, als man ihnen gestatten kann.

Aus diesen Gründen eignen sich besonders an kleinen Arbeitsstücken runde Muttern weit besser als Vier- und Sechskantmuttern. Für einen 10 mm Schraubenbolzen genügt eine runde Mutter von 20 mm Durchmesser vollkommen, während eine Sechskantmutter über 22 mm von Ecke zu Ecke misst, und Vierkantmuttern eine Eckenentfernung von über 25 mm haben.

Runde Muttern bieten ferner den Vortheil, dass sie sich äusserst schnell mit einem einfachen Werkzeug auf- und abschrauben lassen. Die Herstellungskosten der runden Muttern sind gleichfalls sehr gering, da sie sich auf einer gewöhnlichen Schraubenmaschine „von der Stange“ vollständig fertig herstellen lassen; dort geschieht das Abdrehen, das Abrichten der Stirnflächen, das Bohren des Loches, das Gewindeschneiden und schliesslich das Abstechen unter Benutzung der Werkzeuge im Revolverkopf resp. im Seitensupport.

Hinsichtlich des Aufschraubens der Muttern hat man die grosse Annehmlichkeit, dass mit dem Schlüssel jede beliebige, noch so kleine Drehung bewirkt werden kann, während eine Vier- resp. Sechskantmutter für jeden neuen Halt des Schlüssels eine Viertel- oder Sechstelwendung erforderlich macht.

Für grosse Arbeitsstücke werden die Muttern an ihrer Aussenseite mit einer Anzahl von Quernuthen versehen, um hierdurch das Fassen des Schlüssels zu erleichtern.

Anschlag- und Stellmuttern.

In vielen Fällen ist es nothwendig, die genaue Lage einer Spindel, die, wie z. B. an manchen Supporten der Drehbank- oder Fräsmaschinenschlitten nur einmal gelagert ist, mittelst Stellmuttern festzulegen. Hauptbedingung hierbei ist, dass die Muttern bei einer Umdrehung der Spindel an ihrem Platz verbleiben. Dieses kann man durch zwei gegeneinander geschraubte Rundmuttern erreichen, die nur mittelst eines in die betreffenden Löcher gesteckten Stiftes drehbar sind.

Eine andere Anordnung besteht darin, dass man der Hauptmutter einen mit konischem Gewinde versehenen Ansatz giebt, der in vier Theile aufgeschlitzt wird. Diese wiederum werden durch eine Ueberwurfmutter zusammengehalten resp. auf der Spindel festgeklemmt. Denselben Zweck kann man auch bei Verwendung einer Rundmutter, die an einer, oder noch besser an zwei Seiten aufgeschlitzt ist und durch eine Klemmschraube zusammengehalten wird, erreichen. Hierbei ist es empfehlenswerth, die Naben für die Schraubenlöcher so auszubilden, dass die Benutzung von Sechskantschrauben ermöglicht wird. Der Vortheil ist hierbei der, dass man die Klemmschraube mit einem Schlüssel anziehen kann, was bei versenkten Köpfen nicht der Fall ist.

In vielen Fällen, so z. B. an Spindeln, erfüllt ein einfacher glatter Ring mit Stellschraube denselben Zweck.

In den Fig. 151 und 152 ist die Anordnung einer Mutter mit zwischengelegtem Ring dargestellt. Dies ist in solchen Fällen besonders zu empfehlen, wo die Mutter in Folge eines

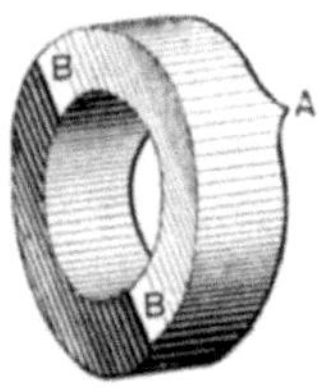

Fig. 151.

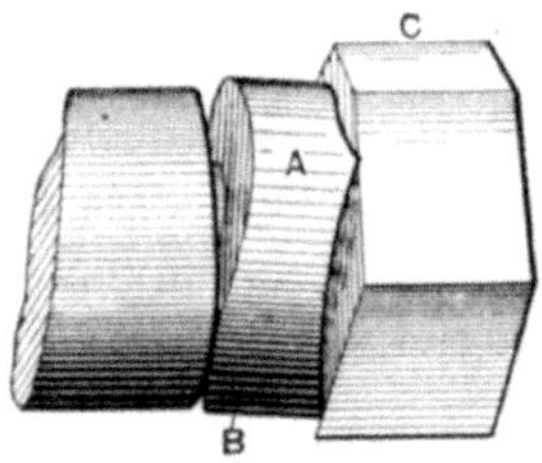

Fig. 152.

ungenauen Gewindes nur an einer Seite zur Anlage kommen würde. Der Zwischenring ist dadurch bemerkenswerth, dass er an beiden Stirnseiten je zwei diametral gegenüberstehende Vorsprünge *A* und *B* hat, von denen letzterer unter einem Winkel von 90^0 zu ersterem steht. Die Vorsprünge *A* legen sich in diesem Fall gegen die Mutter *C* und die Vorsprünge *B* gegen den Bund der Welle an.

Das Feststellen einer Mutter an einer Gewindespindel lässt sich auch dadurch erzielen, dass man die Mutter durchsägt und beide Hälften mittelst Klemmschraube zusammenpresst.

In einfacherer, allerdings auch schlechterer Weise kann man dasselbe Resultat dadurch erreichen, dass man mittelst eines Hammers die Gewindegänge zustaucht.

Mutter zum Einsetzen von Stehbolzen.

In den Werkstätten, die sich mit dem Bau von Dampfmaschinen befassen, taucht immer wieder die Frage auf, wie man am besten die Stehbolzen in das betreffende Arbeitsstück einsetzen kann. Die gewöhnliche Methode besteht in der Benutzung einer geschlossenen Vierkantmutter, welche mit einer Stellschraube versehen ist. Zwischen letzterer und dem Stehbolzenkopf wird ein Stück weiches Metall eingelegt, um hierdurch einer Verletzung des Stehbolzens vorzubeugen. Diese Anordnung hat den Fehler, dass die Mutter zu schnell abgenutzt wird, und da in Folge dessen die Gewindegänge

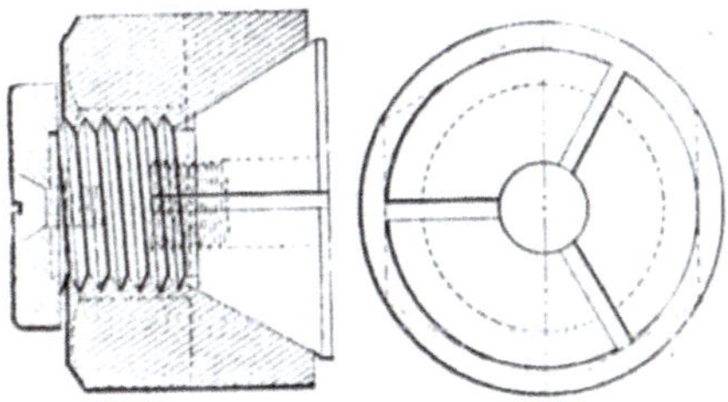

Fig. 153.

nicht mehr genau zu einander passen, liegt stets die Gefahr vor, dass das Gewinde des Stehbolzens beschädigt wird.

Fig. 153 zeigt eine gute Vorrichtung für diesen Zweck, die die oben erwähnten Fehler vermeidet. Dieselbe ist in den Delamater Eisen-Werken in Gebrauch. Zur Aufnahme des Stehbolzens dient eine aussen konisch abgedrehte und am obern Ende mit Gewinde versehene, geschlitzte Büchse, die durch eine sechskantige Ueberwurfmutter zusammengezogen wird und somit den Bolzen am Schaft, nicht aber am Gewinde selbst festhält. Das in der Zeichnung sichtbare Deckelstück hat nur den Zweck, ein Auseinanderschrauben der ganzen Anordnung bei ihrem Abnehmen zu vermeiden.

Zwischenringe für Gewindedorne.

Um der Mutter eine gute Auflage zu sichern, ist in der Abbildung Fig. 154 zwischen Mutter und Dornschaft ein

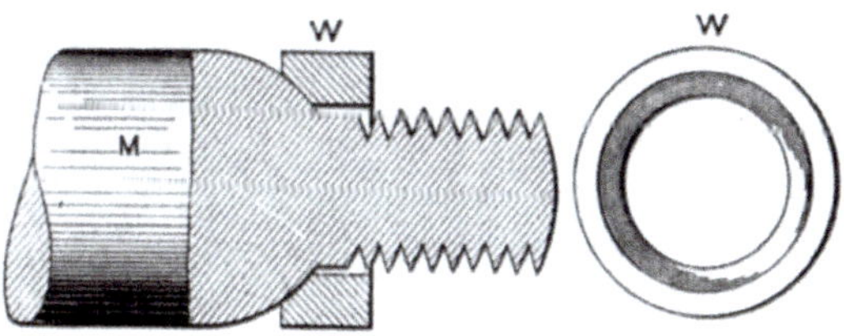

Fig. 154

Zwischenring *W* eingefügt. Letzterer ist der halbkugelförmigen Ausbildung des Dornschaftes entsprechend ausgedreht und somit geeignet, sich in jeder beliebigen Lage fest an den Dornschaft anzulegen.

Differenzialgewinde für Befestigungsmuttern.

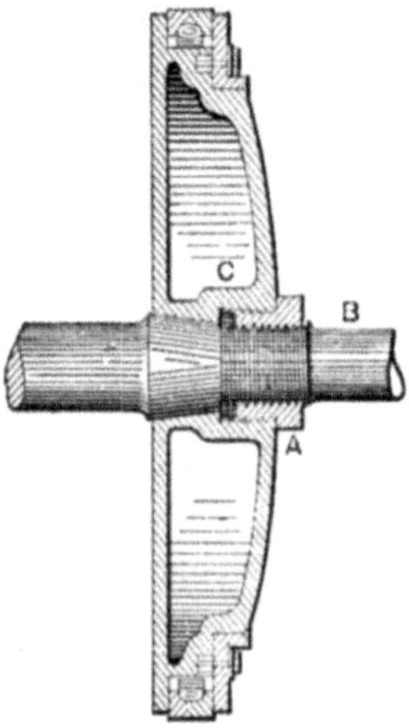

Fig. 155.

In einigen Werkstätten benutzt man, wo es sich um eine durchaus sichere Verbindung zweier Theile handelt, wie z. B. eines Kolbens mit der Kolbenstange, eine Mutter, die sowohl an der Innen- wie an der Aussenseite mit Gewinde versehen ist. Die Gewinde besitzen, um eine Differenzialwirkung zu erzeugen, eine etwas verschiedenartige Steigung. Ein Sechskantkopf Fig. 155 ermöglicht das Eindrehen der Mutter.

Biegen von Kupferrohren.

Das allgemein angewandte Verfahren beim Biegen von Kupferrohren, das Ausfüllen derselben mit geschmolzenem Harz und das Ausschmelzen nach dem Biegen ist ebenso mühsam als kostspielig. Die Ersetzung des Harzes durch Sand muss in Bezug auf den Fortfall des Ausgiessens und Schmelzens manchmal als vortheilhaft angesehen werden. Hier sei noch ein anderer Weg erwähnt, der den Kreisquerschnitt des Rohres bei dem Biegen bedeutend besser wahrt. Man bedient sich einer Spiralfeder von rechteckigem Querschnitt, deren Durchmesser um ein Geringeres grösser ist, als der des Rohrinnern. Die Feder wird so in das Rohr eingesetzt, dass man sie mittelst eines Handgriffes in der Richtung der Spirale dreht, wodurch der Durchmesser der Feder verringert wird. Lässt man mit der Drehung nach, so springt die Feder wieder auf ihren ursprünglichen Durchmesser zurück. Das Rohr kann wie eine Bleistange gebogen werden, worauf dann die Feder durch Drehen in entgegengesetzter Richtung zur Spirale herausgenommen wird.

Kurvenstücke jeder Art können auf diese Weise ohne irgend welche Veränderung des Querschnitts gebogen werden. Die Grenze für die Krümmungen ist allerdings durch die Beschaffenheit des Materials selbst gegeben.

Aetzen in Stahl.

Gewöhnlich werden die Bezeichnungen in Stahl in der Weise eingeätzt, dass man sich hierzu eines Gummistempels bedient, in welchem die Figuren und Buchstaben, die in den Stahl geätzt werden sollen, vertieft eingeschnitten sind. Die Herstellung dieser Stempel ist insofern mit Schwierigkeiten verknüpft, als erst die Beschaffung eines Negativs nothwendig wird, nach welchem der Stempel geschnitten werden kann.

Die Aetzflüssigkeit besteht aus einem Theil Salpetersäure, einem Theil Salzsäure und zehn Theilen Wasser.

Um die Benutzung der gewöhnlichen Gummistempel mit erhabener Schrift zu ermöglichen, braucht man nur die Säure mit etwas Gummi zu mischen, sodass sie dickflüssiger wird. Man hat dann nur die Masse mit dem Stempel auf die zu ätzende Fläche zu drücken, wobei jedoch Obacht zu geben ist, dass das Aufdrücken und Abnehmen genau rechtwinkelig zur Fläche erfolgt.

Herstellung von Zinkschablonen.

Zinkschablonen lassen sich am einfachsten mittelst Aetzung herstellen. Man zeichnet auf einem starken Papier die gewünschten Figuren oder Buchstaben auf und schneidet sie dann mit einem scharfen Messer aus.

Diese Papierschablonen legt man auf eine dünne Zinkplatte und feuchtet das Zink mittelst eines in Salzsäure getauchten Schwammes an. Die Säure wird sehr schnell das Zink wegätzen, sodass es nur noch nöthig ist, die Aussenflächen mit einer Feile abzuschlichten.

Bezeichnen von Stahlwerkzeugen.

Stahlwerkzeuge können in der Weise mit Bezeichnungen versehen werden, dass man, nachdem der Stahl mit einer dünnen Wachsschicht überzogen ist, die betreffenden Zeichen in diese Masse bis auf den Stahl eingravirt und dann mit folgender Lösung ätzt: 1 Unze Kupfersulphat wird mit $1^1/_2$ Unzen Alaun, $^1/_2$ Theelöffel pulverisirtem Salz, 20 Tropfen Salpetersäure und $^1/_4$ Liter Essig zusammengemischt.

Konische Ventile.

Bei der Herstellung von konischen Ventilen besteht die Hauptschwierigkeit darin, Ventilsitz und -Kegel dicht zu halten. Die Abnutzung wirkt nämlich, wie leicht erklärlich, in der Weise, dass der Ventilkegel immer kleiner, der Ventilsitz dagegen immer grösser wird. Selbst eine gute Nachstellvorrichtung kann ihren Zweck nicht vollständig erfüllen, da die Abnutzung am Sitz sowohl, als am Kegel ungleichmässig ist, indem sich die weiteren Theile unverhältnissmässig mehr abnutzen als die engeren. Es erscheint daher zweckmässig, sich nach einem Mittel umzusehen, welches die Abnutzung verhindert, nicht aber die schon vorhandene aufnimmt. Dies wird dadurch ermöglicht, dass man den Ventilkegel in Zapfen aufhängt, die entweder gar keine oder die Konizität des Kegels haben. Auf diese Weise schleift der Ventilkegel überhaupt nicht in seinem Sitze und verursacht infolge dessen auch keinerlei Abnutzung; der Abnutzung am Zapfen hingegen kann mit Leichtigkeit in einer den besondern Umständen entsprechenden Weise entgegengewirkt werden.

Einschleifen von Ventilkegeln.

Der gewöhnliche Weg, zwei Stücke einzuschleifen, besteht darin, die Flächen in derselben Richtung, in welcher sie auch beim Gebrauch bewegt werden, aneinander zu reiben und dann die Tragstellen mittelst Schabers wegzunehmen. Um die Tragstellen deutlicher sichtbar zu machen, wird eine der Flächen mit sehr feinem englischen Roth dünn bestrichen. Ist dies jedoch mehrmals hintereinander geschehen, so werden sich die Poren der Arbeitsstücke mit Roth vollsetzen und die ganze Arbeitsfläche eine gleichmässige schmutzig rothe Farbe zeigen, in Folge dessen eine Unterscheidung der höher und tiefer liegenden Flächen fast ganz unmöglich wird. Weit besser als englisches Roth eignet sich hierzu Terpentingeist, indem er sich sehr schnell verflüchtigt und nur an den tragenden Stellen eine leicht polirte Fläche zurücklässt, sodass ein Verschmutzen der ganzen Fläche vermieden wird.

Bleirohrverbindungen.

Einer guten Bleirohrverbindung sei im Folgenden, Fig. 156, Erwähnung gethan. Die betreffenden Rohrenden werden in eine konisch ausgebohrte Mutter eingezwängt, sodass jedes der Enden einen konischen Ansatz erhält. Diese so vorgearbeiteten Rohrenden werden in eine an beiden Seiten mit konischem Gewinde versehene Ueberwurfmutter gelegt und dann mittelst eines Dornes von innen her so lange erweitert, bis sie mit ihrer Aussenfläche fest an der Innenseite

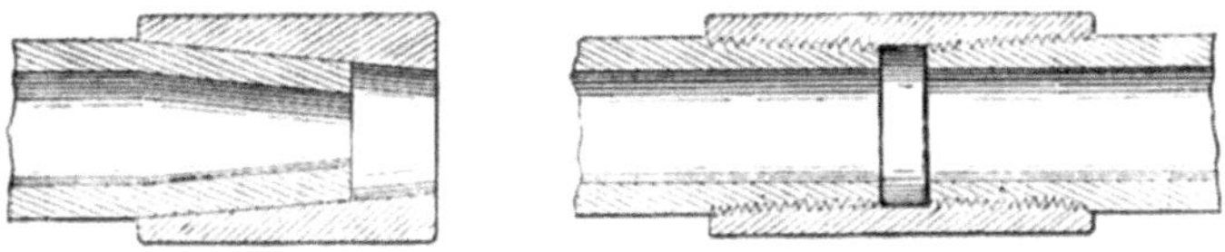

Fig. 156.

der Ueberwurfmutter zur Anlage kommen. Auf diese Weise erhalten die Rohre wieder ihren alten Querschnitt, während sie nach aussen hin durch die Ueberwurfmutter aufs beste zusammengehalten und abgedichtet werden. Gegen die Verbindung selbst lässt sich keinerlei Einwand erheben, dagegen muss als Nachtheil angesehen werden, dass, da die Länge der zu verbindenden Rohre von der Länge des Dornes abhängig ist, nur verhältnissmässig kurze Stücke zusammengefügt werden können.

Ventildichtungen für sandiges Wasser.

Als Abdichtplatten an Ventilsitze für sandiges Wasser eignen sich lederne viel besser, als solche aus Hartgummi. Letzteres Material ist bei klarem Wasser sehr zu empfehlen, für schlammiges und sandiges Wasser jedoch seines zu grossen Verschleisses wegen nicht mit Vortheil zu verwenden.

Lederdichtungen.

Lederdichtungen für Stopfbüchsen waren eine Zeit lang sehr beliebt, werden jedoch heutzutage nur noch für Spezialzwecke verwendet. In neun Fällen von zehn liefert eine Hanfdichtung nicht nur dieselben Erfolge, sondern ist auch in der Anschaffung sowohl, wie im Gebrauch wesentlich billiger.

Lederdichtungen finden namentlich bei hydraulischen Accumulatoren, oder Wasserpumpen, die mit hohem Druck arbeiten, Verwendung.

Eine vorzügliche Anordnung wurde seiner Zeit von W. Sellers ausgeführt, indem das Leder U-förmig in die Stopfbüchse eingelegt, und der Zwischenraum im U mit einer Mischung von Talg und Graphit ausgefüllt wurde. Je grösser der Druck auf die Stopfbüchse wird, um so mehr Schmiermaterial wird durch die Poren des Leders hindurchgedrückt und um so mehr die Reibung verringert.

Gummidichtungsplatten.

Dichtungsplatten aus Gummi sollten stets vor dem Auflegen mit Kreide oder Graphit bestrichen werden, damit hierdurch ein Anhaften des Gummis vermieden und ein Abnehmen desselben erleichtert wird. Alle Dichtungsringe an Dampfkesseln werden zweckmässig mit einer Masse von Talg und Graphit bestrichen, um so die Einwirkung des im Gummi enthaltenen Schwefels auf die Metallfläche zu verhindern.

Ausschneiden von Gummitheilen.

Bei dem Ausschneiden von Gummitheilen macht man sich gewöhnlich unnöthige Arbeit. Würde man das Messer nur etwas anfeuchten, so könnte man einerseits viel leichter und glatter schneiden und andererseits das Messer viel länger scharf erhalten. Sodawasser oder Wasser mit etwas Pottasche ist gewöhnlichem Wasser vorzuziehen.

Einfaches Rotationsgebläse.

Ein einfaches Rotationsgebläse ist in Fig. 157 dargestellt. Eine cylindrische Trommel *A* ist in dem Hauptkörper *B* excentrisch gelagert. Als Ventil dient das Leder *V*. Die Bewegungsrichtung der Trommel ist aus den eingezeichneten Pfeilen zu ersehen. Das Gebläse eignet sich zur Windförderung unter geringem Druck.

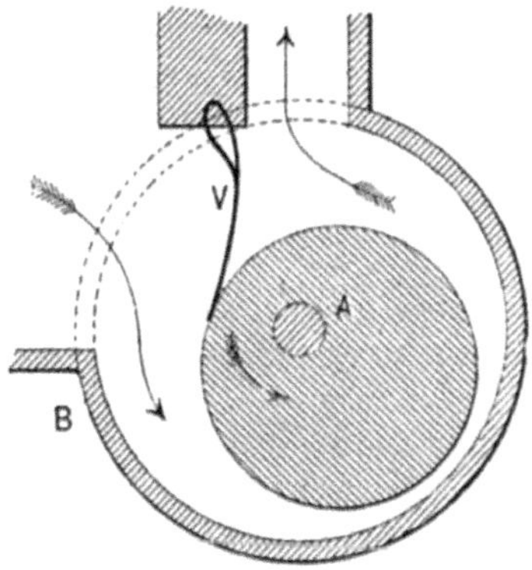

Fig. 157.

Rosten von Maschinen.

Das Rosten von Maschinentheilen kann dadurch vermieden werden, dass man die betreffenden Theile mit einer gleichen Mischung von Talg und Petroleum bestreicht. Für den Transport leistet eine Mischung von Talg und Leim ebenso gute Dienste wie die gewöhnlich gebräuchliche Schmiere von Talg und Bleiweiss.

Schutz gegen Rost an grossen Arbeitsstücken.

Ist man aus irgend einem Grunde gezwungen, die Werkstätte zu schliessen und die Maschinen unbenutzt stehen zu lassen, so muss man Fürsorge treffen, die einzelnen Theile vor Rost zu schützen. Eine Mischung von einem Theil in Fett geschmolzenen Kampfers mit einem Theil Pottloth leistet hierfür die besten Dienste.

Signalglocken für Werkzeugmaschinen.

Da man, um die Herstellung der Einzeltheile so billig wie möglich zu machen, darauf angewiesen ist, mehrere Maschinen durch einen Mann bedienen zu lassen — bei Rundfräsmaschinen genügt z. B. ein Mann zur Bedienung von sechs Maschinen —, so erweist es sich als vortheilhaft, eine jede dieser Maschinen mit einer Signalglocke zu versehen, die dem Arbeiter anzeigt, wann die Operation vollendet ist.

Die Glocke kann nun entweder auf mechanischem Wege durch Anschlag einer am Arbeitstisch befindlichen Stellschraube und Schlagfeder in Thätigkeit gesetzt, oder in Folge Herstellung eines Kontaktes durch den Anschlag des

Schlittens gegen eine Messingstange auf elektrischem Wege zum Ertönen gebracht werden.

Abrichten von Schwungrädern.

Bei grösseren Schwungrädern macht sich, sei es infolge eines zu scharfen Aufkeilens auf ihrer Welle, sei es, dass man das Rad auf der Welle selbst nicht mehr überdrehen konnte, oder dass man es bei der Bearbeitung an der nöthigen Vorsicht fehlen liess, oft ein mehr oder weniger grosses

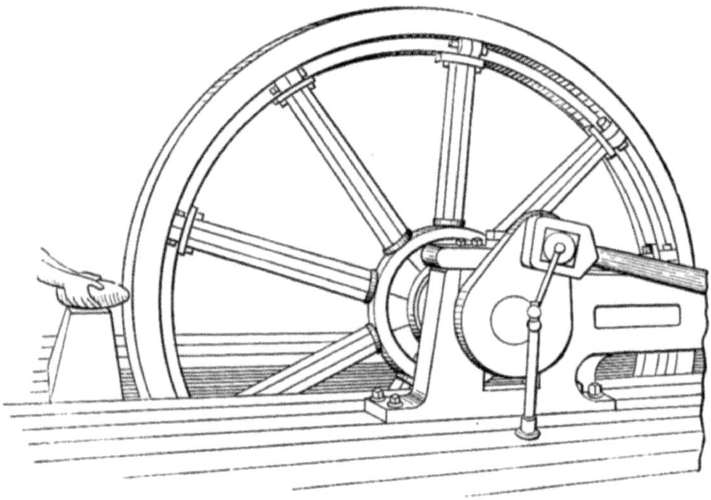

Fig. 158.

Schlagen bemerkbar. Zur Abstellung derartiger Fehler ist wohl unter Umständen ein Arbeitsverfahren zu entschuldigen, das bei rationeller Bearbeitung unstatthaft wäre. Als eine derartige Arbeit wäre z. B. hier das Abrichten des Schwungrades an Ort und Stelle mittelst eines Schleifsteinstückes, das auf einen stabilen Unterlagbock gelegt wird, zu betrachten (Fig. 158). Viel Material lässt sich auf diese Weise keineswegs entfernen. Hauptsächlich ist das Verfahren da anwendbar, wo es darauf ankommt, die bei der Bearbeitung stehen gebliebenen Rillen wegzunehmen.

Anschlüsse an Wasserleitungsrohren.

Die Herstellung von Anschlüssen an im Gebrauch befindlichen Wasserleitungsröhren ist eine Arbeit, die, zum ersten Male ausgeführt, mancherlei Kopfzerbrechen verursacht. In Fig. 159 ist ein Verfahren dargestellt, das nur geringer Erklärung bedarf. Um das Hauptrohr ist ein Bügel gelegt, der an seiner höchsten Stelle nabenförmig ausgebildet und zur Aufnahme des Abschlussventils gebohrt und mit Gewinde

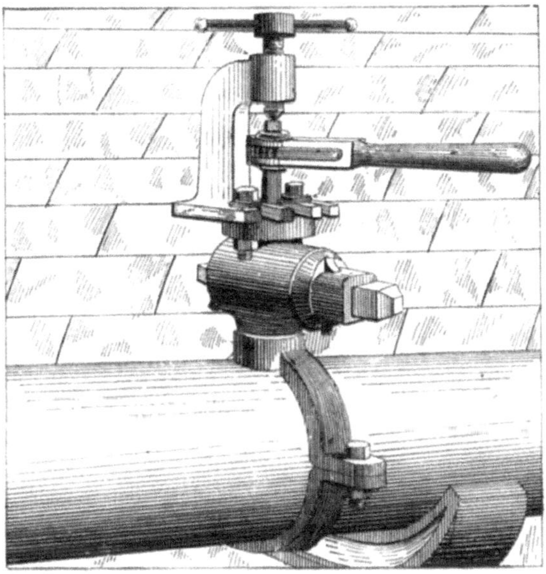

Fig. 159.

versehen ist. Die Flanschenbohrung des Ventiles ist von gleichem Durchmesser wie der zur Benutzung gelangende Bohrer; in derselben Weise ist auch das Küken aufgebohrt. Der Bohrer wird durch den Flansch und das Küken eingesetzt, ein Spannwinkel für die Knarre auf dem Flansch aufgeschraubt und dann das Loch eingeknarrt. Sobald der Bohrer durchkommt, wird die Knarre entfernt und das Ventil durch eine halbe Drehung des Kükens mittelst des schon vorher aufgesetzten Schlüssels geschlossen. Nunmehr kann das Anschlussrohr auf dem Ventilkörper, der durch das Spanneisen auf dem Hauptrohr festgehalten wird, befestigt werden. Selbstverständlich muss der Ventilkörper von dem Hauptrohr durch eine Unterlage von Leder oder Kupfer abgedichtet werden.

Die Säge als Maschinenwerkzeug.

Nur in einigen wenigen Werkstätten sind Metallsägen in Gebrauch; gleichwohl giebt es ausserordentlich viel Arbeitsstücke, insbesondere in der Schmiede, bei denen der Gebrauch einer Säge an Stelle des gewöhnlich gebräuchlichen Einstechens und Abbrechens, oder Abstechens auf der Drehbank eine bedeutende Ersparniss an Zeit und Geld bedingen würde. Hauptsächlich lassen sich die Sägen dann mit Vortheil verwenden, wenn es gilt, Stücke auf bestimmte Länge zu schneiden. Ferner kann die Säge zum Ausschneiden von Metallstücken, z. B. bei Kurbelaxenschenkeln Verwendung finden. Gerade für diese Arbeit eignet sich die Säge besser als jede andere Maschine. Die Ersparniss bei der Benutzung der Säge hängt natürlich von der Beschaffenheit und Form des Materials ab; bei rechteckigen resp. quadratischen Materialien wird sie verhältnissmässig grösser sein als bei runden Stangen.

Namentlich eignet sich die Säge für Rothgussarbeiten. Man macht hier das Sägeblatt der Kreissäge am Kranze etwas stärker als nach der Mitte zu, um auf diese Weise die Zähne freischneidend zu erhalten, ohne, wie dies bei dem Schränken der Fall ist, das Sägeblatt am Kranze zu verschwächen. Kreissägen bis zu 150 mm Durchmesser finden hierfür Verwendung.

Durchschneiden von Stahlstangen mittleren Durchmessers.

Für das Abschneiden von Rundstangen eignet sich besonders eine auf maschinelle Weise bewegte Säge, die, da sie keinerlei Wartung bedarf, äusserst ökonomisch arbeitet. Mit gleichen Erfolgen lässt sich jedoch auch, sobald eine grössere Anzahl von Arbeitsstücken vorhanden ist, eine Kreissäge benutzen. Die Kreissäge arbeitet gegenüber der Abstechmaschine aus dem Grunde vortheilhafter, weil man, wie aus Fig. 160 zu ersehen ist, eine grössere Zahl der auf Länge zu

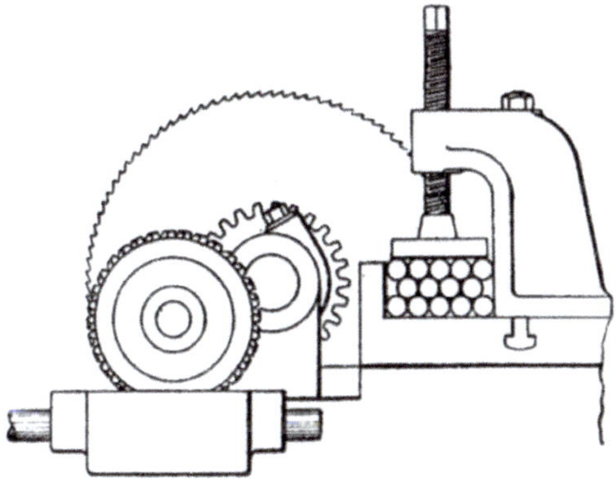

Fig. 160.

schneidenden Stangen zusammenspannen und in einem Schnitt abstechen kann.

Schmiermittel für Sägen.

Zum Schmieren der zur Eisenbearbeitung dienenden Sägen ist ein Gemisch empfohlenswerth, das aus 2 Theilen Talg und 1 Theil Graphit besteht. Bei Benutzung dieses Schmiermittels lässt sich ein äusserst glatter und leichter Schnitt erzielen.

Auf Längeschneiden von Träger und Schienen.

Häufig kann man finden, dass, wenn auch die Anschläge richtig eingestellt waren, die abgesägten Träger verschiedene Längen erhielten. Der Grund hierfür liegt in der verschiedenen Temperatur der einzelnen Stücke. Die Theile, die während des Absägens die höhere Temperatur hatten, werden, da sie sich mehr als die andern abkühlen, auch entsprechend kürzer werden.

In den meisten Walzwerken schneidet man die betreffenden Theile erst dann auf Länge, wenn sie eine bestimmte Temperatur erlangt haben. Zur Feststellung der Temperatur bedient man sich eines dunkel gefärbten Glases, durch welches das betreffende Stück, sobald es eine bestimmte Temperatur erlangt hat, nicht mehr zu sehen ist. So z. B. wird eine rothwarme Schiene durch ein dunkelblaues oder orangegelbes Glas gesehen, unsichtbar.

Es kann als eine Thatsache betrachtet werden, dass zwei Schienen, die durch ein und dieselbe Brille gesehen werden, bei derselben Temperatur dem Auge unsichtbar erscheinen. Die Nutzanwendung hierfür ist die, dass man eine jede Schiene soweit abkühlen lässt, bis man sie durch die betreffende Brille nicht mehr sieht und sie dann erst auf Länge schneidet. Auf diese Weise werden sämmtliche Theile, da sie bei derselben Temperatur geschnitten sind, gleich lang.

Hebelscheeren.

Zum Abschneiden von Eisen- oder Stahlstücken werden vorzugsweise Hebelscheeren benutzt. Bei den meisten Anordnungen wird jedoch dadurch, dass man das Material nicht dicht an den Drehpunkt heranlegen kann, das Uebersetzungsverhältniss der Hebel und somit auch die Leistungsfähigkeit der Scheere selbst wesentlich beeinträchtigt. Um es zu ermöglichen, das Material dicht an den Drehpunkt heranzulegen und dadurch die Leistungsfähigkeit der Scheere auf das Höchste zu bringen (das Uebersetzungsverhältniss würde unendlich gross werden, wenn der Materialdurchmesser gleich Null wäre), giebt man der beweglichen Schneidbacke, wie dies aus Fig. 161 ersichtlich ist, eine Kreisbewegung.

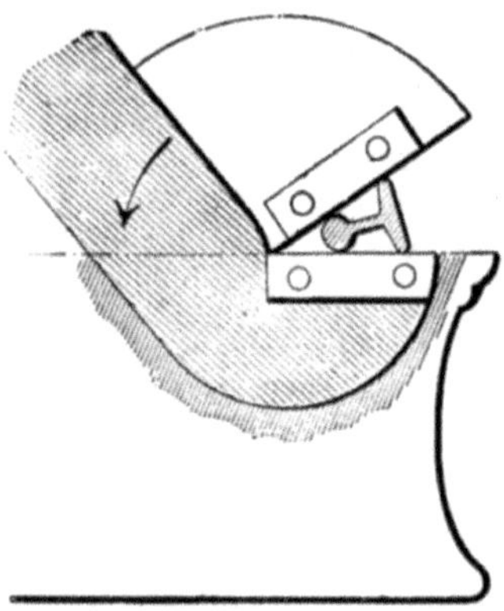

Fig. 161.

Spiralgeschnittene Stempel für Stanzen.

Die gewöhnlich bei Stanzarbeiten benutzten Stempel erfordern, da sie den ganzen Schnitt auf einmal nehmen, einen sehr grossen Kraftaufwand. In Fig. 162 ist ein Stempel dargestellt, der von Prof. J. E. Sweet für grössere Schnitte empfohlen wird. Bei dieser Stempelanordnung ist allerdings der oben erwähnte Nachtheil vermieden, die Instandhaltung des Werkzeugs jedoch bedeutend erschwert.

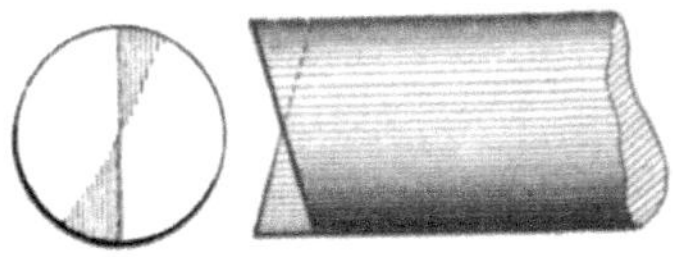

Fig. 162.

Wie die Figur zeigt, ist die Stirnfläche des Stempels in zwei gleiche Hälften getheilt, die in entgegengesetzter Richtung zu einander schräg abgeschliffen sind. Es treten hier also zwei gegenüberliegende Punkte gleichzeitig in Thätigkeit, sodass die Wirkung des Werkzeuges gleich der einer rotirenden Scheere ist.

Stempel mit Centrirvorrichtung.

In Fig. 163 ist die Anordnung eines Stempels mit Centrirspitze dargestellt. Diese Vorrichtung entstammt, wie auch viele andere bereits mitgetheilte, aus den Delamater-Werken. *F* ist ein gewöhnlicher gusseiserner Halter, der abgedreht und zur Aufnahme der Ringmutter *E* mit Gewinde versehen ist. Mittelst dieser Mutter wird der eigentliche Pressstempel *D*, der an seinem obern Ende konisch ausgebildet ist, central gegen den Körper *F* gespannt. Der Schnittstempel ist aus bestem Werkzeugstahl hergestellt. Inmitten des Stempels ist auf etwa $^2/_3$ seiner Höhe ein Loch von ungefähr dem halbem Stempeldurchmesser gebohrt. Das untere Drittel ist mit einer kleinen Oeffnung zur Aufnahme der Centrirspitze *A* versehen. Der ringförmige Ansatz *B* der Centrirspitze passt genau in die grössere Bohrung. Die Feder *C* dient dazu, die Spitze nach unten zu drücken resp. ein Ausweichen

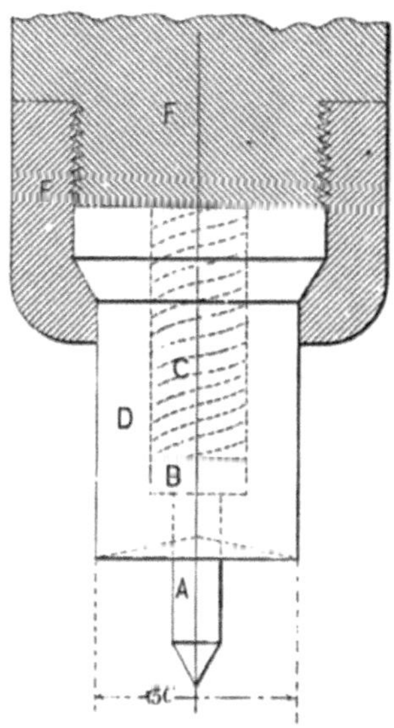

Fig. 163.

der Spitze beim Stanzen zu ermöglichen. Die Spitze sucht den betreffenden Körner- oder Querriss und tritt dann bei einem Niedergang des Stempels vollständig in den Körper ein, während durch die Stempelschnittkante das betreffende Loch ausgestanzt wird. Das Zusammensetzen der ganzen Anordnung erfolgt derartig, dass man die Spitze *A* und die Feder *C* in die Bohrung einsteckt, die Mutter *E* über den Körper *D* schiebt und auf *F* aufschraubt.

VI. Schmiede-Arbeiten.

Dampfhämmer.

Es ist hier nicht der Platz, die Vorzüge des Dampfhammers gegenüber dem Luft- resp. dem Fallhammer auseinander zu setzen. Hier sei vielmehr nur auf einen Punkt hingewiesen, der immer wieder dem Dampfhammer als Nachtheil angerechnet wird, nämlich auf den unverhältnissmässig grossen Dampfverbrauch. Hierdurch wird zumal bei kleinen Hämmern der ökonomische Werth des Dampfhammers in Frage gestellt. Bei Anlage einer grösseren Anzahl von Hämmern ist der Dampfverbrauch ein Faktor, der keineswegs unberücksichtigt bleiben darf. Man ist auf den Gedanken gekommen, die Arbeitsweise der Hämmer dadurch rationeller zu gestalten, dass man die abziehenden Verbrennungsgase der Schmiedefeuer zur Dampfbildung nutzbar machte. Es geschieht dies dadurch, dass man die Verbrennungsgase um einen für diesen Zweck besonders konstruirten Dampfkessel herumführt. Die Lösung ist als eine gute zu betrachten, da ja zu der Zeit, wo die Hämmer am meisten beschäftigt sind, auch die meiste Gluth in den Schmiedefeuern vorhanden und somit die höchste Dampfentwickelung gegeben ist.

In grösseren Werkstätten, wie z. B. in den „Baldwin Locomotive Works", wird auf diese Weise mehr Dampf erzeugt, als für die Hämmer nöthig ist.

Umgekehrt kann man in vielen anderen Werkstätten finden, dass zur Dampferzeugung für die Hämmer gute Kohle verwandt wird, während die Heizungsgase der Schmiedefeuer unbenutzt ins Freie treten.

Windzuführung.

Oft begegnet man Klagen der Arbeiter, dass ihre Feuer nicht den nöthigen Wind erhalten. In den meisten Fällen liegt es daran, dass die Zuführung des Windes vom Ventilator nicht in der richtigen Weise ausgeführt ist. So steht z. B. der Ventilator abseits in irgend einer Ecke, wo der Luftzutritt nicht vollständig frei ist, sodass hierdurch schon die Leistungsfähigkeit des Ventilators verringert wird. Die Arbeit des Ventilators besteht doch nur in einem leichten Ansaugen der Luft und kann er also in Folge dessen dort, wo nicht viel ist, nicht viel absaugen und daher auch nicht viel an die Gebrauchsstelle abgeben. Hierzu kommt dann noch, dass die Rohrleitung meistentheils mangelhaft hergestellt ist. Sie wird womöglich aus alten Brettern zusammengenagelt und mit allen möglichen horizontalen und vertikalen scharfen Krümmungen und dergleichen Widerständen versehen. Man darf sich dann allerdings nicht wundern, dass an der Abgabestelle nur noch geringer Druck vorhanden ist.

Bei einer guten Anlage hat man stets darauf zu sehen, dass die Reibungswiderstände im Rohr äusserst gering werden, was nur durch gerade und glatte Rohre zu erzielen ist. Am Besten eignen sich hierfür weite, verzinkte Blechrohre, wie solche auch zur Fortleitung heisser Luft Verwendung finden. Die durchgeblasene Luft findet hier selbst bei einigen, nicht zu starken Krümmungen nur geringen Widerstand und kann daher an den Auslassstellen noch mit Druck austreten.

In gleicher Weise, wie man die Luft den einzelnen Feuern von einer Centralstelle aus zuführt, sucht man in neuerer Zeit auch die sämmtlichen Verbrennungsgase der einzelnen Feuer mittelst eines Exhausters abzuziehen. Die Bedeutung dieser Anlage liegt wohl darin, dass man sich von den Witterungsverhältnisse nunabhängig machen und eine vollständige Rauchfreiheit der Schmiede erzielen will. Die neuesten Anlagen sind so eingerichtet, dass von einem gemeinsamen Ventilator aus die Gase abgesaugt und dann theilweise unter Druck wieder den Feuern zugeführt, theilweise ins Freie abgeführt werden. Bei diesem System, das in Amerika patentirt ist, scheint eine bessere Ausnutzung des Brennmaterials einzutreten.

Ausschmieden von Fünfecken.

Um sich von der Geschicklichkeit eines Schmiedes zu überzeugen, gebe man ihm eine Anzahl von Arbeitsstücken mit regelmässigem fünfseitigen Querschnitt in Arbeit, die er ohne Zuhülfenahme von Gesenk- oder Formstücken ausschmieden soll. Sollte er diese Arbeit fertig bringen, so verlange man von ihm eine Anzahl von Arbeitsstücken mit gleichseitig dreieckigem Querschnitt, eine Arbeit, die weit schwieriger ist, als die erstgenannte. Die Schwierigkeit bei dem Schmieden besteht darin, dass in Folge der ungeraden Seitenzahl sich jeder flachen Seite gegenüber eine Kante befindet, sodass er keine gute Auflage auf dem Ambos findet. Selbstverständlich erhöht sich mit Verminderung der Seitenzahl des betreffenden Arbeitsstückes auch die Schwierigkeit beim Ausschmieden, sodass also die Bearbeitung eines dreiseitigen Querschnittes die grösste Geschicklichkeit erfordert.

Anfertigung von Schmiedegesenken.

Das heute so allgemein in Aufnahme gekommene Schmieden in Gesenken bietet ganz bedeutende Vortheile für die Herstellung von Massenartikeln, hat jedoch den Nachtheil, dass zu jedem Arbeitsstück ein Gesenk nöthig wird, womöglich noch in mehreren Abstufungen, deren Herstellung eine ebenso schwierige wie kostspielige Sache ist.

Vor der Anfertigung eines Gesenkes muss man sich darüber klar werden, ob die durch das Gesenkschmieden bedingten Vortheile auch die Schwierigkeiten und Kosten der Herstellung des Gesenkes aufwiegen.

In manchen Werkstätten hat man es versucht, Gesenke herzustellen, musste dann aber, da man in Folge von Unerfahrenheit keine befriedigenden Resultate erzielte, ganz von der Herstellung der Gesenke absehen und diese den Specialfabrikanten überlassen. Letzteres ist unter gegebenen Umständen, wo ein guter Gesenkmacher vorhanden ist, das Einfachste, bringt jedoch den Nachtheil mit sich, dass häufig in einer Zeit, wo man ein Gesenke dringend benöthigt, der betreffende Meister so beschäftigt ist, dass er die Herstellung des Gesenkes nicht übernehmen kann. Es ist darum empfehlenswerth, sich hiervon unabhängig zu machen und darum, wenn irgend möglich, die Anfertigung der Gesenke selbst in die Hand zu nehmen.

Im Folgenden sei ein einfaches Verfahren bei der Herstellung eines Gesenkes besprochen. Zuerst hat man für die Anfertigung eines genauen Modelles des Arbeitsstückes, das späterhin im Gesenke geschmiedet werden soll, Sorge zu tragen. Hierbei hat man vor Allem darauf zu achten, dass die Seitenflächen nicht parallel, sondern etwas geneigt zu stehen kommen, da sonst das Ausheben des Schmiedestückes zur Unmöglichkeit wird. Nach Herstellung des Modelles macht man einen zweitheiligen Abguss in einer Masse von Papier und Leim oder Gyps. In den meisten Fällen genügt zum Ausschneiden des betreffenden Theiles ein Gesenk, was demnach auch genau die Form des Arbeitsstückes erhalten muss.

Im Folgenden werde die Herstellung dieses Fertiggesenkes besprochen, da auch in den Fällen, wo mehrere Gesenkepaare benutzt werden müssen, die Herstellung der einzelnen sich nach dem Fertiggesenke richtet. Wieviel Vorgesenke zu einem Arbeitsstück benöthigt werden, kann hier natürlich nicht besprochen werden, da dies im Wesentlichen von der Form und Grösse des Schmiedestückes abhängig ist.

Nach Bestimmung der Trennungsebene zwischen dem unteren und oberen Gesenke, handelt es sich darum, einen Schnitt durch das Arbeitsstück in dieser Ebene zu führen, um hiernach die Aussenlinien des Arbeitsstückes auf der Gesenkeplatte aufreissen zu können. Ist das Modellstück, was wohl gewöhnlich der Fall ist, aus Holz hergestellt, so theilt man das Modell am einfachsten durch einen Schnitt mit einer äusserst feinen Säge in zwei Hälften. Eine jede Modellhälfte zeigt nun in ihrem Relief die Form, die in der betreffenden Gesenkplatte eingearbeitet werden muss. Das Anreissen der Aussenlinien geschieht in der Weise, dass man die untere Modellhälfte auf die Fläche der oberen Gesenkplatte auflegt, während man die obere Modellhälfte zum Anzeichnen der unteren Gesenkplatte benutzt.

Sind nunmehr auf diese Weise die Begrenzungslinien auf den Gesenkplatten aufgezeichnet, so ist ein Hülfsmittel zur

Bestimmung der jeweiligen Tiefe der Aussparung in Anwendung zu bringen. Man reisst auf der glatten Theilfläche der beiden Modellhälften eine Anzahl senkrecht zu einander stehender Linien auf, die man in genau derselben Lage und Entfernung auf die Gesenkplatten überträgt.

Von den am meisten vorspringenden Punkten der Modellhälften bohrt man feine Löcher bis zur Trennungsfläche ein. Hierdurch ist ein Mittel gegeben, durch Uebertragung dieser durch die Querlinien genau bestimmten Löcher die Lage der jeweilig tiefsten Stelle in der oberen resp. unteren Gesenkplatte genau festzulegen.

Bohrt man in die so gefundenen Stellen Löcher von ca. 0,5 mm in geringerer Tiefe als die der betreffenden Bohrung im Modell ein, so erhält man bei dem Ausarbeiten der Gesenkstücke Anhaltspunkte für die Tiefe, in welcher man an ein Ausschlichten des Gesenkes denken muss. Das Modellstück wird leicht mit Roth bestrichen und von Zeit zu Zeit in die Gesenkplatte hineingehalten, um auf diese Weise die Stellen zu erkennen, an denen noch Metall weggenommen werden muss. Bei sorgsamer Ausarbeitung unter Benutzung des Holzmodelles und unter sorgfältiger Beobachtung der die tiefste Lage kennzeichnenden Punkte bietet das hier beschriebene Verfahren ein ebenso einfaches wie sicheres Hülfsmittel zur Herstellung von Gesenken.

Glühen von Stahl in der Gasflamme.

Bei Benutzung einer Gasflamme zum Anwärmen eines Körpers hat man zu berücksichtigen, dass die verschiedenen, durch ihre Farbe gekennzeichneten Theile der Flamme eine bedeutende Temperaturdifferenz aufweisen. Aus diesem Grunde thut man gut daran, die betreffenden Temperaturen bei jeder bestimmten Farbe festzustellen. Man bedient sich hierzu mit Vortheil eines Kohlenstabes, den man in die verschiedenen Theile der Flamme einhält und dabei jedes Mal die Zeit feststellt, in welcher der Stab bis zu einer gewissen Farbe zum Glühen gebracht wird. Selbstverständlich hat man diese verschiedenen Versuche unter gleichen Bedingungen zu machen, d. h. man hat den Gasdruck, der nach der grösseren oder geringeren Gasentnahme schwankt, dadurch auszugleichen, dass man die Flamme stets auf ein und derselben Höhe brennen lässt.

Wenn an einem Arbeitsstück von verschiedener Stärke eine gleichmässige Härte verlangt wird, so empfiehlt es sich, soweit dieses möglich ist, den stärkeren Theil in die heissere Flamme zu halten. In gleicher Weise kann man sich bei Arbeitsstücken, die eine verschiedene Härte erhalten sollen, durch eine entsprechende Wahl der Flammenstellen helfen.

Glühen von Stahl im offenen Feuer.

Wenngleich das Glühen von Stahl am Besten in einer Holzkohlenpackung vorgenommen wird, so ist dennoch für gewisse Fälle, wo ein derartiges Verfahren nicht anwendbar ist, das Glühen im offenen Feuer zulässig. Selbstverständlich hat man sich hierzu der Holzkohle zu bedienen, da bei Verwendung der Steinkohle die Güte des Stahles in Folge der Einwirkung der der Kohle anhaftenden Beimischungen, Schwefel, Phosphor u. s. w., vermindert wird. Nach dem Anwärmen des Stahles bis zur dunkelrothen Hitze lässt man denselben langsam abkühlen.

Temperaturlehre für Stahl.

Um sich von der Hitze eines Stahlstückes, das in einem Kasten geglüht wird, zu überzeugen, steckt man in den Kasten ein dünneres Stahlstück von ungefähr 100 mm Länge ein, das man von Zeit zu Zeit, um die Temperatur zu bestimmen, herausnimmt.

Werkzeughärte.

Nur die wenigsten Maschinenbauer machen einen Unterschied zwischen der Härte und der Zähigkeit eines Materials und wollen auch aus diesem Grunde nicht einsehen, weshalb ein Schneidwerkzeug, das, obgleich es richtig konstruirt und hergestellt ist, jedoch kein zähes Material besitzt, niemals ganz hart werden kann. Die Thatsache, dass ein Werkzeug ausbricht oder gar springt, ist noch keineswegs ein Beweis dafür, dass es zu hart ist. Es ist vielmehr ein Anzeichen, dass es zu spröde war, dass es für die gegebene Sprödigkeit falsch hergestellt, unter einem falschen Winkel dem Arbeitsstück zugeführt wurde, oder dass falsche Schnittgeschwindigkeiten angewandt waren.

Bei der Herstellung wird ferner nicht darauf genügend Gewicht gelegt, dass die Faserrichtung des Materiales in richtiger Weise verwandt wird. Bei Berücksichtigung dieser Punkte, hauptsächlich aber bei sachgemässer Konstruktion des Werkzeuges sowie bei richtiger Verwendung eines guten Materiales, ferner bei geeignetem Aufspannen in der Maschine selbst kann man ein jedes Werkzeug, wenn es auch noch so hart ist, mit Vortheil verwenden.

Härten von Werkzeugstahl.

Beim Härten von Werkzeugstahl richtet man sich am Besten nach den Angaben, welche man von dem Stahllieferanten erhält; denn gerade dieser ist an der Güte seiner Waaren am meisten interessirt, da er nur bei Zufriedenstellung des Abnehmers auf weitere Bestellungen rechnen kann. Aus verschiedenen Gründen, die hier nicht weiter auseinander gesetzt werden können, erfordern oft zwei Stahlarten, die für denselben Zweck verwandt werden sollen und die dieselbe Härte erhalten müssen, zu ihrem Härten verschiedene Temperaturen und Farben. Es ist da jedenfalls das Beste, sich den Anordnungen derjenigen zu fügen, die die Beschaffenheit des Stahles kennen und daher auch am Besten anzugeben vermögen, wie der Stahl gehärtet werden muss.

Beim Stahlhärten tritt dieselbe Erscheinung auf, wie beim Ankauf von Schmiergelscheiben, denn auch da muss man sich auf die Angaben des Fabrikanten verlassen, der zur Vornahme der betreffenden Arbeit eine gröbere oder feinere, eine härtere oder weichere empfiehlt. Auch hier kann jedem Lieferanten nur daran liegen, mit seinen Scheiben die grösste Leistungsfähigkeit zu erzielen und die Eigenartigkeit einer Scheibe in der richtigen Art und Weise ausnutzen zu lassen. Gewöhnlich bieten hier langjährige Erfahrungen und in grossem Maassstabe ausgeführte Versuche volle Gelegenheit, die Leistungsfähigkeit der Scheiben sowie deren günstigste Geschwindigkeiten kennen zu lernen. Zu Gunsten der Schleifsteinfabrikanten spricht gewöhnlich noch der Umstand, dass die Herstellungs- und auch Benutzungsplätze gewöhnlich nahe zusammen liegen und in Folge dessen sowohl etwaige Klagen zur Kenntniss genommen, als auch deren Ursachen nachgeforscht werden können.

Härten von Einsatzstählen.

Einsatzstähle, wie man sie z. B. in den Stahlhaltern einer Drehbank benutzt, müssen, sofern sie an ihrer Schnittkante weich geworden sind, wieder gehärtet werden. Zweckmässig verfährt man dabei derartig, dass man eine gewisse Zahl von weichen Einsätzen sich ansammeln lässt und diese dann gleichzeitig zum Härten bringt. Am Besten eignet sich hierzu ein kleiner Muffenofen (guter Stahl sollte niemals in ein offenes Schmiedefeuer gebracht werden), in welchem sie bis zur dunkelrothen Farbe geglüht werden. Hierauf steckt man sie der Reihe nach in einen mit durchbohrtem Deckel versehenen Eisenkasten, der so hoch mit Wasser angefüllt ist, als der gewünschten Tiefe der Härtestelle entspricht. Nach dem Härten werden die Einsatzstücke in einen Halter gesteckt und auf dem Schleifsteine oder einer groben Schmirgelscheibe nachgeschliffen.

Formveränderungen an Gesenken während des Härtens.

Stählerne Schmiedegesenke zeigen mehr oder weniger das Bestreben, während des Härtens in Folge der ungleichmässigen Abkühlung in der Mitte auszubauchen. Zwei Wege giebt es, letzteren Uebelstand zu beseitigen, von denen der eine darin besteht, die Ausbauchung wegzuschleifen, während man nach dem anderen an der betreffenden Stelle des Gesenkes eine Aussparung herstellt, die die nach dem Härten eintretende Ausbauchung ausgleichen soll.

Letztere Anordnung erscheint jedoch aus dem Grunde unzweckmässig, weil man die Tiefe der Aussparung niemals genau vor, sondern erst nach Fertigstellung dieser Stücke bestimmen kann.

Aber auch das Abschleifen hat insofern seine Nachtheile, als hierdurch die harte Schicht, welche den besten Theil des Gesenkes bildet, weggenommen, und somit eine ungleichmässige

Härte im Gesenke verursacht wird, ein Uebelstand, der um so mehr ins Gewicht fällt, als gerade an dieser Stelle eine grössere Härte verlangt wird. Bei dem Ueberschleifen des ganzen Gesenkes wird der Fehler noch vergrössert, indem nunmehr von einer gleichmässigen Härte des Gesammtgesenkes kaum noch die Rede sein kann. Ferner liegt noch in der Verwendung von zu groben Schleifscheiben, oder in deren zu schnellem Antrieb eine weitere Gefahr der Verschlechterung, da die hierbei entstehende Wärme auf das Arbeitsstück übertragen, und ein Ausglühen bewirkt wird.

Verziehen langer Werkzeuge.

Grosse Schwierigkeiten entstehen beim Härten oder Einsetzen längerer Werkzeuge dadurch, dass der Stahl das Bestreben zeigt, sich zu verziehen. Ist man in der Lage, einen weichen Kern beizuhalten, so lässt sich einem Werfen des Stahles mit Leichtigkeit entgegentreten. Am Besten erreicht man dies bei grossen Stücken, da hier ja naturgemäss ein mehr oder weniger grosser, weicher Kern verbleibt. Unter Berücksichtigung dieses Punktes soll man sich ferner versichern, ob auch der Stahl genau senkrecht in das Kühlbad hineingehalten wird; denn nur auf diese Weise kann man eine gleichmässige Wärmeentziehung des Stahles erzielen. Letztere wird noch dadurch unterstützt, dass man das Werkzeug möglichst in die Mitte des Bades eintaucht.

Sind diese Bemerkungen für das Abschrecken zutreffend, so werden sie es auch in gleicher Weise für das Anwärmen sein, insbesondere dort, wo geschmolzenes Blei oder andere flüssige Körper zum Anwärmen des Stahles dienen.

Sobald ein Werkzeug ungleichmässig erwärmt ist, scheint eine jede Bemühung für eine gleichmässige Abkühlung überflüssig. Aus diesem Grunde ist für ein gleichmässiges Anwärmen, was durch ein häufiges Umdrehen des betreffenden Stahles im Heizbade erleichtert wird, ebenso Sorge zu tragen, wie für ein gleichmässiges Abkühlen.

Härten kleiner Sägeblätter.

Sägeblätter, die z. B. zum Schlitzen von Kopfschrauben benutzt werden, härtet man am Besten dadurch, dass man sie zwischen zwei dicken, kalten Gusseisenplatten, die mit Oel gu überstrichen sind, presst.

Richten von Sägeblättern.

Bei dem Richten eines Sägeblattes sowohl, wie auch eine jeden anderen Arbeitsstückes, das sich in Folge des Härten verzogen hat, ist von einem zu starken Hämmern abzusehen da hierdurch die Elasticität des Stahles vermindert wird Letztere kann allerdings bis zu einem gewissen Grade durc ein leichtes Nachglühen wiedergewonnen werden.

Innenhärten.

Gewisse Arbeitsstücke, Ziehringe, Kaliberringe u. s. w. verlangen nur an ihrer Innenseite eine grössere Härte, a anderen Stellen hingegen sind sie weich zu erhalten, was sic dadurch erreichen lässt, dass man die betreffenden Ring zwischen die Flanschen zweier Rohre spannt, durch welch kaltes Wasser zugeführt wird. Auf diese Weise werden nu die Innenwände des Ringes abgeschreckt und somit gehärtet

Brüniren von Stahl.

Ein Verfahren zum Brüniren von Stahl ohne Anwärmun besteht in dem Anstreichen desselben mittelst Salpetersäure Nach dem Bestreichen wird die überflüssige Säure abgewischt der Stahl gereinigt, geölt und polirt. Ein besseres Verfahre scheint darin zu bestehen, dass man den mit Salpetersäur bestrichenen Stahl einem Dampfbade aussetzt und darauf polirt

Bezeichnen von Stahltheilen.

Anstatt die Arbeitsstücke in der Hitze anzulassen, um di aufgerissenen Linien sichtbar zu machen, ist es zweckmässiger die betreffenden Stellen durch Bestreichen mit einer gesättigte Lösung Kupfervitriol zu überkupfern. Ist die Oberfläche ro und unbearbeitet, so genügt eine Beimischung von wenige Tropfen Schwefelsäure, um denselben Erfolg zu sichern.

VII. Krähne.

Krähne und Aufzüge.

Hier und da findet sich eine Werkstatt, in der man nicht im Stande ist, mittelst des vorhandenen Krahnes, dessen Konstruktion kräftig genug ist, eine bestimmte Last zu heben, was gewöhnlich daran liegt, dass die Windevorrichtung nicht im Stande ist, die geforderte Arbeit zu leisten. Es führt dies zu der Betrachtung, auf welche Weise die Leistungsfähigkeit des Krahnes, soweit es dessen Gesammtkonstruktion und Stärkeverhältnisse zulassen, durch Vergrösserung der Kraftwirkung der Winde erhöht werden kann. Es ist jedoch als selbstverständlich zu betrachten, dass bei einer erhöhten Tragfähigkeit des Krahnes die Arbeitsleistung nur auf Kosten der Geschwindigkeit des Hebens erfolgen kann.

Da aber in den meisten Fällen die Geschwindigkeit des Krahnes weniger ausschlaggebend ist, als die zur Verfügung stehende Arbeitskraft, so erscheint es doch unter gewissen Umständen zweckmässig, die Hebekraft eines Krahnes selbst auf Kosten der Geschwindigkeit zu vergrössern. Bei Handkrähnen lässt sich dies dadurch am einfachsten erreichen, dass man den Rädergetrieben in der Windevorrichtung eine grössere Uebersetzung giebt. Arbeiten z. B. im gewöhnlichen Getriebe zwei Räder von 900 mm und 200 mm Theilkreisdurchmesser zusammen, was eine Uebersetzung von $4^1/_2 : 1$ bedingt, so lassen sich unter Beibehaltung derselben Mittenentfernung von 550 mm zwei andere Räder von 962,5 mm resp. 137,5 mm

Theilkreisdurchmesser mit einer Uebersetzung von 7:1 einführen. Diese Räder sind der grösseren Arbeitsleistung entsprechend entweder in grösserer Breite, oder aber in grösserer Theilung auszuführen.

Ein anderes Verfahren besteht darin, an der unteren Seite des Krahnträgers einen Ring zu befestigen, mit dem man das Aufzugsseil, welches über eine einfache Flasche geht, in Verbindung setzt. Die Folge dieser Anordnung ist die, dass beim Aufwinden des Seiles um 1 m die Last selbst nur um 0,5 m gehoben wird, sodass hiermit, wenn man von der Reibung absehen würde, die Zugkraft der Winde verdoppelt wird. Selbstverständlich kann bei keiner dieser Methoden die Tragkraft des Krahnes grösser werden, als es die Festigkeit des Krahnträgers, der Kette und der Zahnräder erlauben.

In den Fällen, wo man über die Festigkeit letzterer Theile im Unklaren ist, kann man sich beim Anheben schwerer Arbeitsstücke, ohne Gefahr zu laufen, irgend ein Theil zu überanstrengen, dadurch helfen, dass man die Last an einem Ende anhebt, sodass das andere Ende als Drehpunkt wirkt, unter das angehobene Ende Stützen setzt und dann dieses wiederum als Drehpunkt benutzt. Auf diese Weise lassen sich schwere, insbesondere aber lange Arbeitsstücke, wie Säulen, Träger u. s. w., selbst dann anheben, wenn deren Gewicht die Tragfähigkeit des Krahnes übersteigt. Diese Methode, die Leistungsfähigkeit des Krahnes zu erhöhen, ist in manchen Fällen äusserst wünschenswerth, nicht weil Kette oder Räder zu schwach wären, sondern, weil nicht immer die nöthige Betriebskraft zur Stelle ist.

Häufig ist man in der Lage, ausserhalb des Arbeitsfeldes des vorhandenen Krahnes ein mehr oder weniger schweres Arbeitsstück anheben zu müssen. In derartigen Fällen wird sich wohl stets mittelst Ketten und Flaschenzügen eine provisorische Hebevorrichtung an einem Balken der Deckenkonstruktion, an einer Säule etc. anbringen lassen. Andernfalls können mit leichter Mühe drei entsprechend starke Balken, gewöhnlich Rundhölzer, zu einem Dreieck zusammengestellt und ihre oberen Enden mit Ketten oder Seilen verbunden werden, sodass man irgend welche Aufzugsvorrichtung anhängen kann. Hierbei hat man darauf zu achten, dass die Balken möglichst weit auseinander gesetzt werden, um einen grossen Spielraum zur Handhabung des Arbeitsstückes zu erhalten. Dabei darf aber nicht vergessen werden, dass bei vergrösserter Spreizung die Tragfähigkeit der Gesammtanordnung für die gegebene Länge der Balken vermindert wird. Dies muss natürlich bei der Benutzung langer Rundhölzer zum Aufziehen einer schweren Last wohl beachtet werden. Es ist selbstverständlich, dass die Hölzer, sofern sie nicht von vierkantigem Querschnitt sind, so gestellt werden, dass sie dem Biegungsmoment auch das grösste Widerstandsmoment entgegenstellen. Die Beanspruchung der einzelnen Hölzer tritt hier in beiden Querschnittsrichtungen auf und ist dieser Umstand bei der Aufstellung der Hölzer wohl in Betracht zu ziehen.

Alle Krahnketten müssen von Zeit zu Zeit nachgesehen resp. ausgeglüht werden, da man sonst niemals sicher ist, dass sie nicht im ungünstigsten Fall reissen und dadurch einen Unglücksfall hervorrufen.

Alle Lager an den Flaschenzügen und der Winde müssen gut mit Oel resp. Talg geschmiert werden. Flaschen in drehbarem Gehäuse sind solchen mit festem Gehäuse vorzuziehen, da bei ersteren das Einlegen der Seile oder Ketten bedeutend erleichtert wird.

Aufzugsseile sind so zu wählen, dass sie bei genügender Stärke und Dauerhaftigkeit möglichst grosse Elasticität besitzen. Es ist zweckmässig, alle Zugseile mit Graphit und Talg einzuschmieren, indem hierdurch die Reibung in der Flasche verringert, sowie die Seilsteifigkeit ohne jede Beeinflussung der Stärke vermindert wird. Alle Krahnseile und -Ketten sind, soweit sie nicht im Gebrauch sind, ausgebreitet aufzubewahren, oder auf zwei getrennten Trommelhälften mit möglichst grossem Radius aufzuwickeln. Bei dieser Aufbewahrung kann man die Seile, resp. die Ketten nicht nur länger verwenden, sondern sie können auch erforderlichen Falles jederzeit in Benutzung genommen werden.

Bei dem Aufziehen eines Körpers ist vor allem Fürsorge zu tragen, dass das Befestigungsseil so um denselben herumgelegt wird, dass kein Kippen des Arbeitsstückes stattfinden kann, d. h. das Seil muss möglichst unter- oder oberhalb des

Schwerpunktes um dasselbe herumgelegt werden. Auf keinen Fall aber darf man das Befestigungsseil so um das Arbeitsstück schlingen, wie es in Fig. 164 dargestellt ist, da hierdurch einerseits die Handhabung des Stückes erschwert wird, und andererseits das Arbeitsstück unverhältnissmässig hoch an-

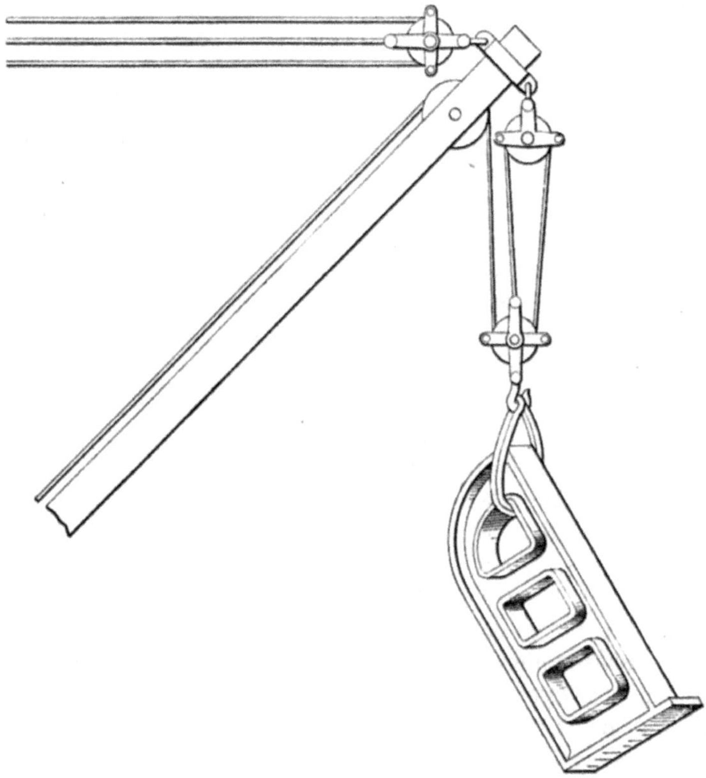

Fig. 164.

gehoben werden muss. Das richtige Ausbalanciren des anzuhebenden Arbeitsstückes ist Hauptbedingung. Ein gutes Beispiel hierfür bildete seinerzeit der Transport der Nadel der Kleopatra. Hier war der Schwerpunkt so genau berechnet worden, dass, als sie mittelst Drehgestelles umgelegt wurde, ein einziger Mann im Stande war, diese Masse von über 200 t um die Zapfen schwingen zu lassen. Es braucht hier wohl kaum weiter ausgeführt zu werden, wie gerade hier die genaue Bestimmung der Schwerpunktslage für das Gelingen maassgebend war.

Elektrisch angetriebene Krähne.

Heutzutage erfreuen sich die mittelst elektrischer Motore angetriebenen Krähne ganz besonderer Gunst und dies mit Recht, indem man bei Verwendung von Elektricität von den mit grossen Verlusten arbeitenden Seil- resp. Transmissionsleitungen unabhängig wird. Mehr oder weniger findet man die neueren Maschinenbauwerkstätten so ausgeführt, dass sich an ein grosses Mittelschiff, in welchem der grosse Krahn läuft, Seitenschiffe mit ein- oder mehrstöckigen Gallerien anschliessen. Während das Hauptschiff gewöhnlich als Montageraum oder als Arbeitsstätte für die grossen Arbeitsmaschinen benutzt wird, werden in den Nebenräumen sowie auf den Gallerien die mittlern und kleinern Arbeiten fertiggestellt.

Der Antrieb des Hauptkrahnes erfolgt je nach der Anordnung für die einzelnen Arbeiten, entweder von einem gemeinsamen Motor aus, oder von zwei oder drei separaten Motoren, sodass für jede Arbeitsbewegung des Krahnes, für das Aufziehen der Last, für ihre Querbewegung sowie für die Längsbewegung des ganzen Krahnes je ein, womöglich noch mit einer der Grösse des Arbeitsstückes entsprechenden Geschwindigkeit arbeitender Motor zur Verfügung steht.

Die Frage über die vortheilhafte Verwendung von einem oder drei Motoren ist sehr häufig aufgeworfen worden. In jedem Fall lassen sich ebenso viele Gründe für, als gegen die Verwendung von einem resp. drei Motoren anführen. Vielfach zieht man vor, alle drei Arbeitsbewegungen von einem Motor abhängig zu machen, dabei aber einen Reservemotor vorzusehen, sodass man bei einem Versagen des Hauptmotors in der Lage ist, den Reservemotor einzuschalten und dadurch den Krahn weiter zu benutzen. Bei der Verwendung von drei getrennten Motoren ist die Wahrscheinlichkeit, dass einer der Motoren schadhaft wird, dreimal so gross, als bei Vorhandensein nur eines Motors, wozu noch kommt, dass beim Ausserdiensttreten auch nur eines dieser drei Motoren die Thätigkeit des ganzen Krahnes in Frage gestellt wird.

In Bezug auf die Aufstellung des Motores wird von den Krahnbauern dem Geschmack der Käufer Rechnung getragen, indem man den Motor zum Anheben der Last entweder auf der Katze oder auf dem Krahnträger befestigt, wie auch in gleicher Weise der Motor für die Bewegung der Katze angeordnet werden kann. Bei schwereren Krähnen montirt man den Motor auf das Laufkatzengestell und lässt den Motor direkt auf die Räder der Katze wirken, indem so die Verschiebung der Katze wie beim Strassenbahnwagen durch direkten Radantrieb bewirkt wird.

Hülfskrähne.

Zweifellos giebt es eine grosse Zahl von Werkstätten, wo die Verwendung elektrischer Krähne theils aus baulichen Rücksichten ausgeschlossen ist, theils aber der Anlagekosten und der verhältnissmässig geringen Ausnutzung wegen nicht geboten erscheint. Gleichwohl ist es in manchen Fällen dringend wünschenswerth, an einer bestimmten Stelle, wenn auch nur für wenige Tage, eine Hebevorrichtung zu besitzen. In solchen Fällen, namentlich da, wo runde Säulen, die zum Tragen der Decken- oder Dachkonstruktionen dienen, vorhanden sind, ist die Verwendung von Hülfsschwenkkrähnen sehr zu empfehlen. Diese Säulenkrähne sind in vielen Werkstätten mit Vortheil eingeführt worden. So befindet sich z. B. in den Baldwin'schen Lokomotivwerkstätten an jeder zweiten Säule ein elektrisch angetriebener Drehkrahn, dessen Ausleger den ganzen Raum bis zur nächsten Säule bestreicht, sodass ein vollständiger Cylinder mit allem Zubehör von der Bearbeitungsmaschine weggenommen und an beliebiger Stelle niedergesetzt werden kann.

In den Abbildungen Fig. 165 und 166 sind zwei Krahnkonstruktionen wiedergegeben, die mit Leichtigkeit an jeder Rundsäule angebracht, und wenn nöthig, ebenso rasch wieder entfernt werden können. Wie Fig. 165 zeigt, ist am Fusse sowie in ungefähr dreiviertel Höhe der Säule je ein Ring befestigt, auf dem der Ausleger und die Druckstange ihre Auflage finden. Als Druckstange werden je nach Grösse des Krahnes ein oder zwei Eisenrohre verwendet, die in dem

Säulenschuh sowohl, wie am Ausleger entsprechend befestigt sind. Der Krahn selbst, d. h. die Katze mit Aufzugswinde, kann je nach Wunsch von Hand, maschinell, oder elektrisch angetrieben werden. Eine geringe Aenderung der Befestigungsart mit der Säule zeigt Fig. 166. Diese Anordnung besitzt den Vortheil, dass der untere Theil der Säule sowohl, wie die Bodenfläche an dieser Stelle von der Krahnkonstruktion vollständig frei bleibt, sodass eine bessere Ausnutzung des

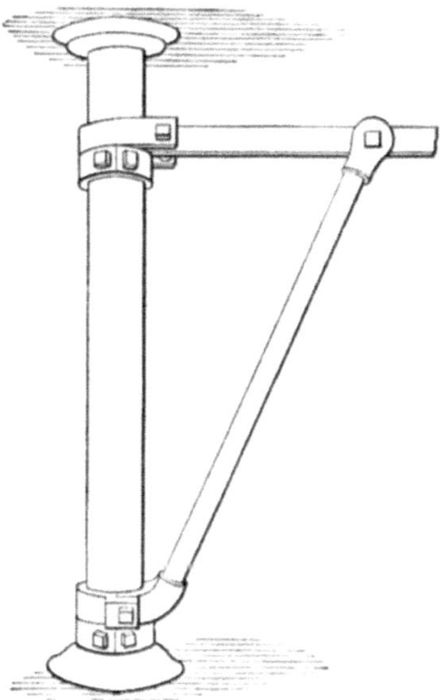

Fig. 165.

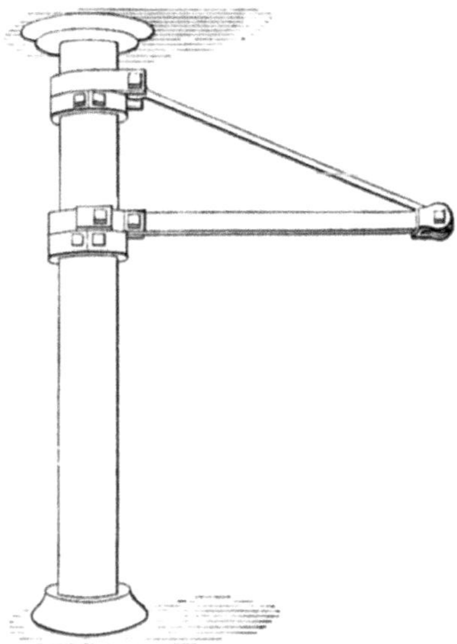

Fig. 166.

Krahnes ermöglicht wird. Bezüglich der Krahnkonstruktion selbst ist zu bemerken, dass durch den Ersatz der Druckstange durch eine Zugstange die Materialbeanspruchung eine bedeutend günstigere wird. Wo irgend möglich, sollte man an der in Frage stehenden Säule drei Ringe anbringen, um so bei Bedarf jede der Konstruktionen in Anwendung bringen zu können.

Derartige Hülfskrähne, deren Aufstellung nur eine unbedeutende Zeit beansprucht, ermöglichen unter Umständen die Handhabung von Arbeitsstücken, deren Bewegung im andern Falle grosse Kosten und Zeitaufwand erfordern würde.

Laufkatzen.

Häufig erweist es sich als nothwendig, ein schweres Arbeitsstück von einer Stelle zur andern zu transportiren. Ist weder ein grosser Krahn, noch ein Schienenstrang vor-

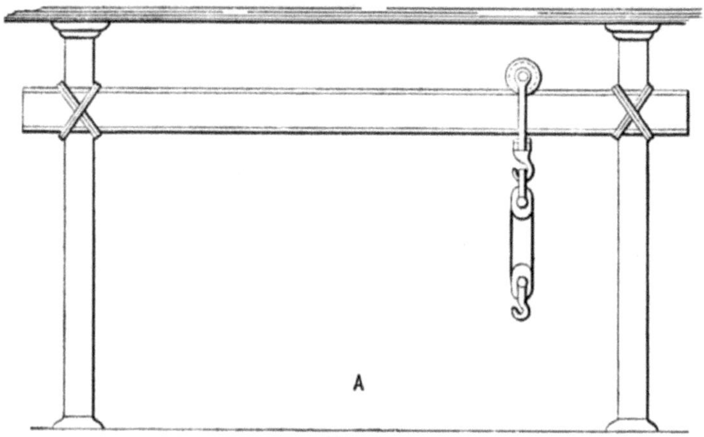

Fig. 167.

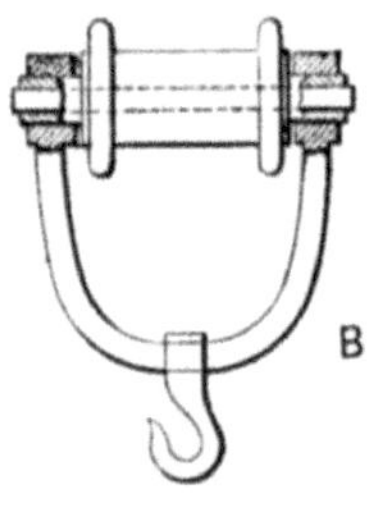

Fig. 168.

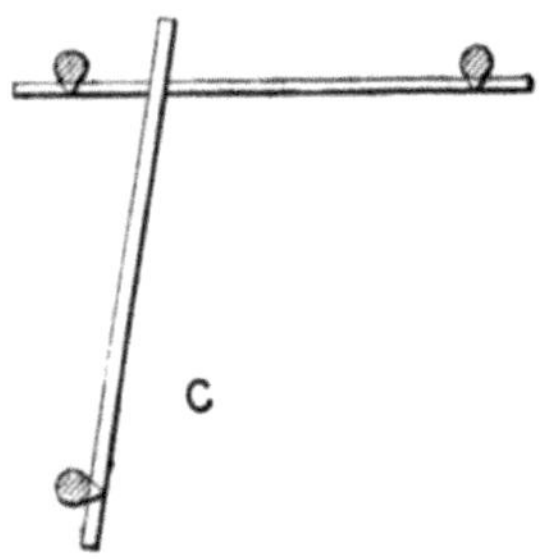

Fig. 169.

Fig. 170.

handen, ist ferner der Fussboden mit mehr oder weniger grossen Arbeitsstücken belegt, so kann man an den Transport des Arbeitsstücks erst dann denken, wenn man durch Entfernung der Hindernisse hierfür genügend Raum geschaffen hat. Oft wiederum ist eine Maschine an Stelle einer andern aufzustellen, wobei es vorkommen kann, dass man die betreffende

Maschine über eine andere heben muss. In diesen Fällen empfiehlt es sich, Laufkatzen zu benutzen, deren Laufschiene an der Decke oder zwischen zwei Säulen an beliebiger Stelle zu befestigen ist.

In den Fig. 167—170 ist eine Anordnung einer derartigen Laufkatze mit Schiene dargestellt, die die Bewegung von Guss-, Schmiede- und anderen schweren Arbeitsstücken in horizontaler und vertikaler Richtung gestattet. Im vorliegenden Fall ist die Laufschiene für die Katzen an den Säulen befestigt, welche die betreffenden Deckenkonstruktionen tragen.

Auf der Laufschiene läuft das eigentliche, mit zwei Flaschen versehene Laufrad, an welchem unter Vermittelung des Bügels *B* Fig. 168 das betreffende Hebezeug, Differential- oder gewöhnlicher Flaschenzug aufgehängt ist.

Die Konstruktion des Laufrades ist mit Rücksicht auf einen möglichst geringen Reibungsverlust so gewählt, dass sich das Laufrad auf einer schwachen Welle befindet, die in Rundlagern läuft, um denen der Bügel *B* schwingt.

Besteht irgend welcher Zweifel über die Festigkeit der Laschenverbindung mit der Säule, so kann man die Verbindung durch Unterstellen von Stützhölzern versteifen. Die Last wird mit der Hebevorrichtung angehoben und kann dann bis zur nächsten Säule in horizontaler Richtung bewegt werden. Je nach dem nun eine Weiterführung der Last in der angedeuteten Richtung oder rechtwinklig zu dieser erfolgen soll, wird die Last von einer andern Katze übernommen und weiter geführt. Man kann auf diese Weise bei Verwendung zweier Hebezeuge und einer entsprechenden Anzahl Laufrädern und Schienen die Last in jeder beliebigen Richtung und Entfernung transportiren.

Es ist dies in den Fig. 169 und 170 dargestellt, indem das eine Mal die Last ungefähr im rechten Winkel, das andere Mal in gerader Richtung fortgeführt wird.

Krahnseile.

Bei der Verwendung von Drahtseilen als Aufzugsseile ist vor Allem darauf Werth zu legen, dass die Leitrollen, wie auch die Windetrommeln keinen zu kleinen Durchmesser erhalten, indem hierdurch die Lebensdauer des Seiles bedingt ist. Jedes Seil besitzt eine gewisse Steifigkeit; wird das Seil über eine Scheibe von kleinem Durchmesser gezogen, so tritt ein Zusammenpressen der innersten, sowie ein Ausstrecken der äussersten Fasern ein. Es entsteht demgemäss eine Reibung zwischen den äussern und innern Fasern mit den mittleren, wodurch zum grössten Theil die Abnutzung des Seiles bewirkt wird. Hierzu kommt ferner noch die Reibung zwischen dem Seil und der Leitscheibe, wodurch eine weitere Abnutzung des Seiles bewirkt wird.

Diese Uebelstände können bis zu einem gewissen Grade dadurch vermieden werden, dass man die einzelnen Fasern des Seiles schwach wählt, die Gesammtstärke des Seiles gering hält und möglichst grosse Führungsscheiben anwendet. Die Steifigkeit des Seiles lässt sich auch dadurch etwas vermindern, dass man bei der Herstellung des Seiles die Kernfasern mit einer Graphitmasse überzieht, um so die durch die Bewegungen der inneren und äusseren Fasern erzeugte Reibung zu verringern. Die Zugkraft des Seiles wird hierdurch keineswegs erhöht, in gewissem Sinne sogar noch geschwächt, die Lebensdauer des Seiles jedoch bedeutend verlängert.

Ausglühen von Krahnketten.

Es ist stets mit der Gefahr zu rechnen, dass die Krahnkette bei einer starken Belastung reisst und so durch das Fallenlassen des Arbeitsstückes bedeutenden Schaden verursacht. Gegen ein Brechen der Kettenglieder kann man sich nur dadurch schützen, dass man die Kette von Zeit zu Zeit ausglüht und nachkalibrirt. Alles was man hierzu nöthig hat, ist, die Kette auf Rothgluth anzuwärmen und dann langsam abkühlen zu lassen. Dieses sollte man mit jeder Kette machen, selbst dann, wenn sie erst neu in Benutzung genommen und man annehmen kann, dass sie schon vom Fabrikanten geglüht worden ist.

Befestigung des Lastseiles am Krahnhaken.

Auf eine gute Befestigung des Lastseiles am Krahnhaken wird nicht immer das nöthige Gewicht gelegt. Ein Lösen des Seiles vom Haken ist unter Umständen von höchst unangenehmen Folgen für das Arbeitsstück, wie auch für die Bedienungsmannschaft begleitet.

Aus diesem Grunde erscheint es wohl angebracht, einige Seilbefestigungen am Krahnhaken zu zeigen, die neben dem

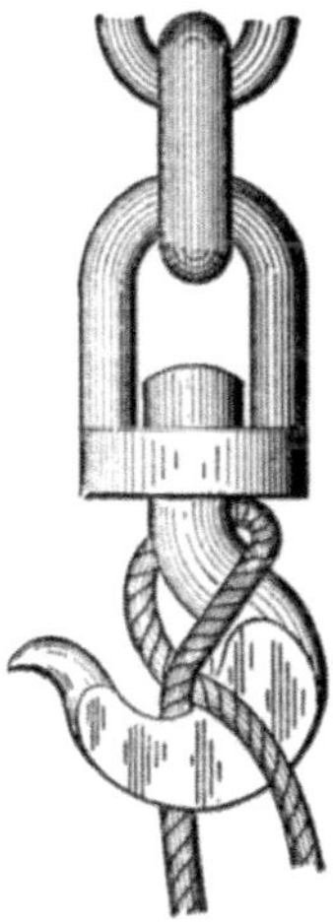

Fig. 171.

Fig. 172.

Vortheil des schnellen Anbringens und Abnehmens noch den der grössten Sicherheit gegen ein Abgleiten vom Haken bieten.

Die Fig. 171 zeigt eine dieser Befestigungsarten. Das freie Seilende wird hier quer in die Oeffnung des Hakens gelegt, während das feste Ende um den Hals des Hakens geschlungen und dann über das freie Ende geführt wird.

Die zweite Anordnung, die der ersten in vielen Fällen vorzuziehen ist, da hier ein Reissen des Seiles bei plötzlicher Belastung, die bei Benutzung von Kettenaufzügen kaum zu vermeiden, nicht zu befürchten ist, zeigt Fig. 172. Die Art und Weise, wie das Seil um den Haken herumgelegt werden muss, geht aus der Zeichnung klar hervor, sodass eine weitere Beschreibung überflüssig wird.

Ausbilden eines Auges am Drahtseil.

Um an einem Drahtseil ein Auge so auszubilden, dass das Seil an jeder beliebigen Stelle seine volle Stärke beibehält, ist es zweckmässig, das Seil um ein starkes Eisenauge zu legen und hierauf das freie Ende am Hauptseil entlang zu führen.

Die beiden Seile werden nun in der Weise verbunden, dass der Verbindungsdraht das Seil einmal von oben, einmal von unten fasst, und auf diese Weise, wie in Fig. 173 bei *A* ersichtlich, die zwei Seile in Form einer 8 umschlingt. Wenn dies in der ganzen Länge der Verbindung geschehen ist, werden die Befestigungsdrähte *B* resp. *C* umgelegt.

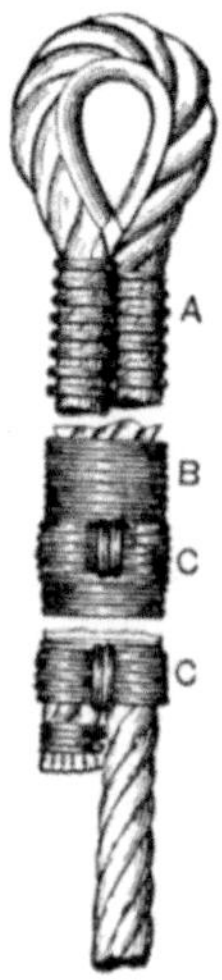

Fig. 173.

Verbinden zweier Masten.

Bei dem Verbinden zweier Masten mittelst Seiles hat man darauf zu achten, dass die Verbindung folgenden Anforderuugen genügt:

1) dass sie stark genug ist,
2) dass die Masten bei der Belastung weder auseinander- noch zusammengerückt werden, und
3) dass die Verbindung jederzeit leicht gelöst werden kann.

Es muss daran erinnert werden, dass von den beiden hier in Frage stehenden Verbindungen eine das Bestreben zeigt, die Masten bei der Belastung zusammenzurücken, während die andere ein Auseinanderspreizen begünstigt. Diesen Bestrebungen kann man schon während der Herstellung der Verbindung entgegenwirken, sodass sich hieraus ein Vortheil für die Verbindung selbst gewinnen lässt.

Fig. 174 zeigt zwei Masten *A* und *B*, welche so mit einander verlascht sind, dass sie das Bestreben zeigen, mit ihren freien Enden zusammenzurücken. Um diese Verbindung herzustellen, befestige man das Ende des Seiles um den Mast *A* in der aus Fig. 175 ersichtlichen Weise. Dann lege man das Seil in vielen Windungen von hinten nach vorn und von rechts nach links um die zwei Hölzer herum, ziehe das Ende zwischen den Masten durch und befestige es mittelst einer Schlinge, Fig. 176, an *B*. Bei der Herstellung dieser Verbindung müssen die Hölzer näher zusammengelegt werden, als es gefordert ist; erst beim Aufstellen werden sie auseinandergespreizt, sodass der Verbindung eine noch grössere Festigkeit verliehen wird.

Das Seil wird an den Mast *A* Fig. 175 in der Weise befestigt, dass man dasselbe um den Mast herumlegt, das freie Ende um das Festseil in mehreren Windungen schlägt

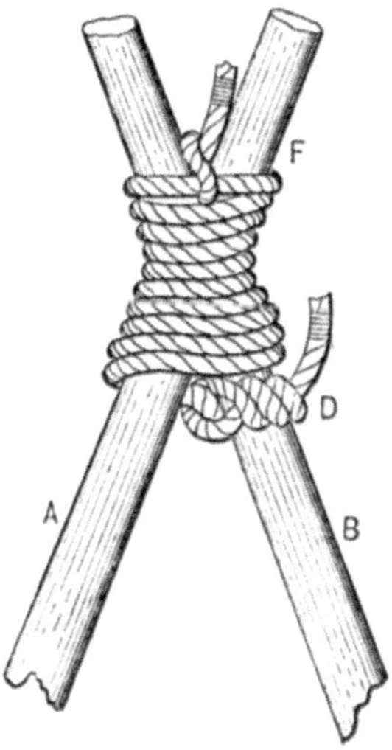

Fig. 174.

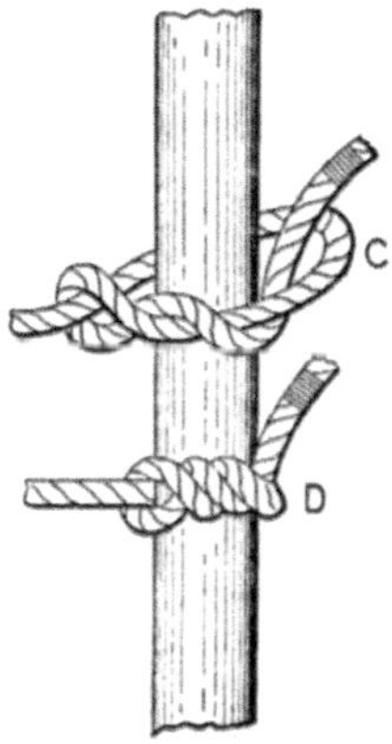

Fig. 175.

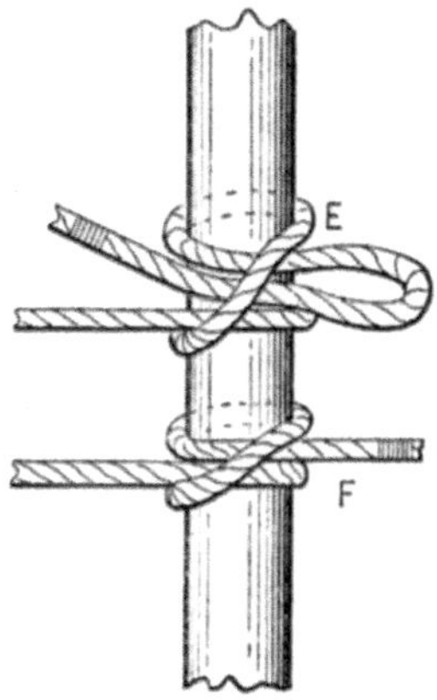

Fig. 176.

und dann festzieht. Die Schlussschlinge Fig. 176 kann man entweder in der Form von *E* oder *F* herstellen.

Die Anordnung *E* bietet den Vorzug, dass die Schlinge durch einen einfachen Zug an dem freien Ende gelöst wird.

In ähnlicher Weise lassen sich die beiden Hölzer so verlaschen, dass bei der Herstellung der Verbindung ein Bestreben zum Spreizen entsteht. Das freie Ende des Seiles wird zweckmässig, um das Ausfasern desselben zu vermeiden, mit einer dünnen Schnur umwickelt.

Lenkseile für Aufzüge.

In den Fig. 177 und 178 ist die Anordnung zweier Lenkseile für Aufzüge gegeben, mittelst deren ein Anhalten des Aufzuges an beliebiger Stelle erreicht wird. Wie aus der Figur ersichtlich, besteht die Anordnung aus den zwei Seilen *c*, *d*, die mit dem Lenkseil *f*, das bis zur untersten Haltestelle und von dort bis zur obersten geführt und befestigt wird, in Verbindung stehen. Bei der Bewegung des Fahrstuhles haben die beiden Seile die Stellung *a* und *b*, während beim Anhalten des Fahrstuhles durch Anziehen des Seiles *e* (*f*) sie in die Stellung *c*, *d* gebracht werden.

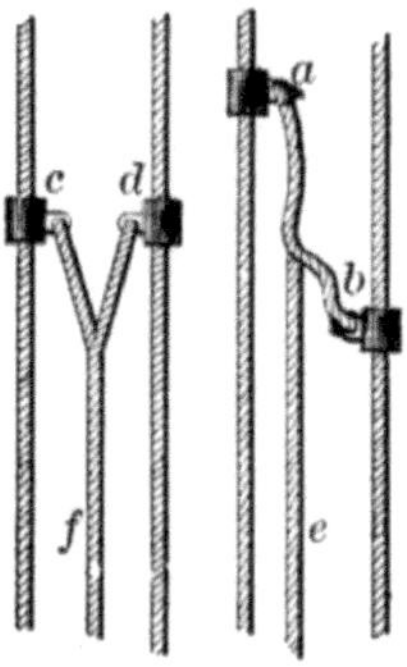

Fig. 177. Fig. 178.

Besteigen von Schornsteinen.

Bei dem Aufbauen des Schornsteines sind Steigeisen einzumauern, damit ein Besteigen des Schornsteines zu Reparaturzwecken ohne Schwierigkeiten und Gefährdung des Besteigers vorgenommen werden kann.

Ohne diese Vorrichtung ist die Besteigung eines Schornsteines eine äusserst schwierige und gefahrvolle Arbeit. Unter den Hülfsmitteln, die dann in Benutzung genommen werden, wenn keine Steigeisen vorgesehen sind, möge im Folgenden eine von der Firma Brown & Porter ausgeführte Vorrichtung, die hier in zwei Konstruktionen in Fig. 179 und 180 dargestellt ist, erwähnt werden. Die in Fig. 179 abgebildete Vorrichtung besteht aus den drei Balken *E*, die mittelst einer durch Drehkreuz bewegten Spindel zusammengehalten resp. gegen den Schornstein angepresst werden. Auf diesen mit Scharniren versehenen Balken baut sich auf vertikalen Streben das Stehgerüst für die Arbeiter sowie die Aufzugsvorrichtung für die Materialien auf. An den unteren Tragbalken sind drei Rollen *B* unter einem bestimmten Winkel vorgesehen, von welchen eine mittelst Schnecke und Schneckenrad in Umdrehung versetzt werden kann. Eine Drehbewegung der Rolle hat eine spiralförmige Aufwärtsbewegung des ganzen Gerüstes zur Folge.

Bei nach oben hin verjüngten Schornsteinen ist die Schraubenspindel *A* von Zeit zu Zeit nachzustellen, um der Drehrolle den zur Aufwärtsbewegung nöthigen Reibungsdruck zu geben.

Die Konstruktion Fig. 180 bietet gegenüber der oben

beschriebenen insofern einen Vortheil, als sie bei jeder beliebigen Form des Schornsteins Verwendung finden, sowie auch leichter gehandhabt werden kann. Die zwei oberen Balken werden mittelst zwei langer Bolzen gegen den Schornstein an jeder Seite fest angespannt. An diesen Balken sind mit vier Ketten zwei andere befestigt, die in gleicher Weise durch Bolzen an den Schornstein angeklemmt werden können.

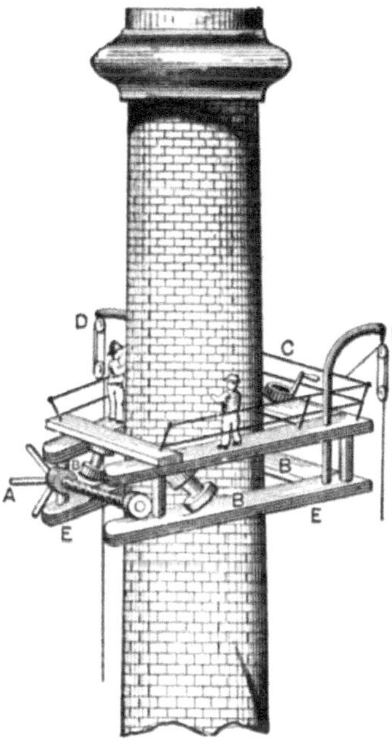

Fig. 179.

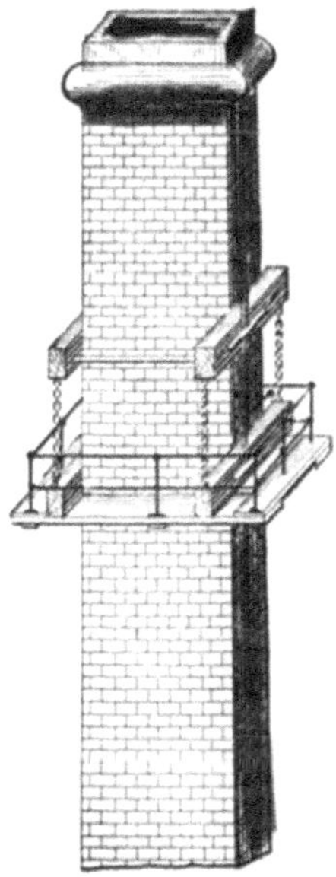

Fig. 180.

Auf diesen unteren Balken ist das Fussgerüst für die Arbeiter vorgesehen.

Abgesehen von den vier Ketten stehen die beiden Balkenpaare noch mit zwei Gewindespindeln in Verbindung. Die Besteigung des Schornsteines geschieht in folgender Weise. Zuerst werden die beiden oberen Balken festgestellt, und hierauf mittelst der Spindeln die unteren Balken mit dem Fussgerüst auf die gewünschte Höhe angehoben und dort durch Anziehen der Bolzen gehalten. Hierauf wird das obere Balkenpaar gelöst und, soweit es Rolle und Spindeln erlauben, in eine höhere Lage gebracht und dort befestigt. Auf diese Weise ist ein allmähliches Besteigen des Schornsteines ermöglicht.

Besteigen eines Schornsteines mittelst Leitern.

Vor einiger Zeit wurde in England ein 110 m hoher Schornstein mit bedeutender Verjüngung nach oben gebaut, dabei jedoch vergessen, Steigeisen einzumauern. Als nach einiger Zeit eine Reparatur an dem Blitzableiter nothwendig wurde, musste die Besteigung des Schornsteins mittelst Leitern vorgenommen werden (Fig. 181). Man bediente sich hierzu 15 Leitern, die je nach ihrer Länge 10—25 kg wogen und deren durchschnittliche Breite 300 mm am Fusse und 250 mm an der Spitze betrug. Hölzerne Unterlagstücke wurden an der Rückseite und am Kopfende der Leitern vorgesehen, um die Sprossen in gewissem Abstande von dem Schornstein zu halten. Die Befestigung der Leitern wurde in folgender Weise vorgenommen. In einer Entfernung von 1,20 m vom Erdboden sowohl, wie vom Kopfende der Leiter, wurde je eine Eisenklammer in den Schornstein eingeschlagen und an dieser die erste Leiter befestigt. Dann bestieg der Arbeiter die erste Leiter und schlug 1,20 m über Kopfhöhe derselben einen weiteren Haken ein, an welchen er einen Flaschenzug aufhing. Die zweite Leiter wurde nunmehr mittelst des Flaschenzugs aufgezogen und an der ersten vorübergehend befestigt; dann bestieg der Arbeiter diese zweite Leiter, schlug einen Haken in einer solchen Entfernung von der ersten Leiter ein, dass derselbe sich beim weiteren Aufwinden der zweiten Leiter ungefähr 1,20 m unterhalb ihres Kopfendes befand. Auf diese Weise wurde Leiter auf Leiter gesetzt und mittelst Haken am Schornstein befestigt, was denn auch bis zur Bekrönung des Schornsteins glatt vor sich ging. Die letzte Leiter unterhalb der Bekrönung wurde nun besonders fest angebracht, eine andere Leiter schräg gegen die vorspringende Kante angelegt und

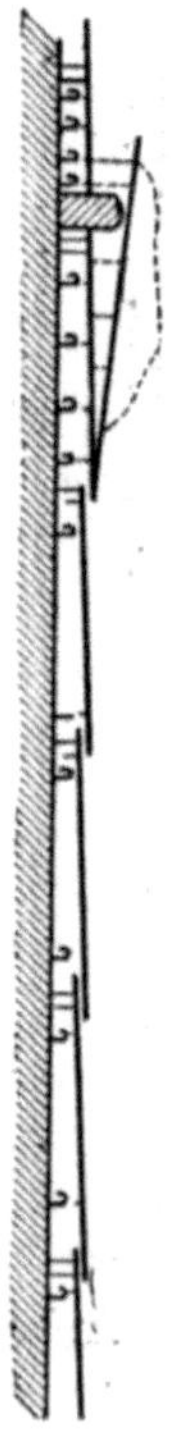

Fig. 181.

mit der erstgenannten Leiter mit Seilen fest verbunden. Hierauf wurde die letzte Leiter aufgezogen und gleich den anderen mittelst Haken festgelegt.

Das Besteigen des Schornsteins beanspruchte nur die kurze Zeit von fünf Stunden.

Anstreichen eiserner Schornsteine.

Fast jeder Fabrikbesitzer kommt einmal in die Verlegenheit, einen eisernen Schornstein, der womöglich noch leicht gebaut und schlecht gestützt ist, anstreichen zu müssen. Die Schwierigkeit wird oft noch dadurch erhöht, dass der Schornstein zu der Zeit, wo er gestrichen werden soll, heiss

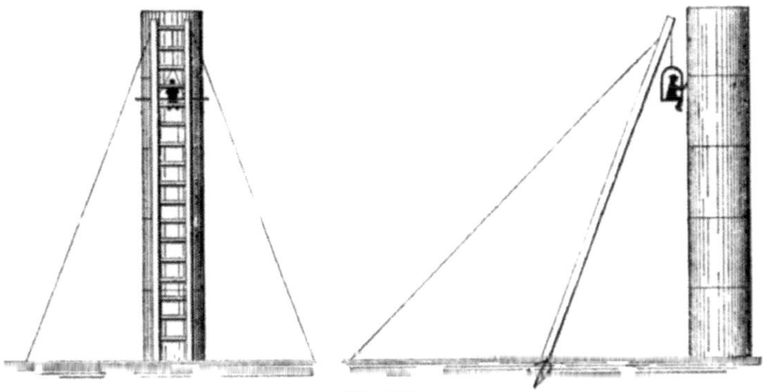

Fig. 182.

ist, was jedoch mehr eine Detailfrage für die Anwendung der Farben und Pinsel ist. Das Anlegen einer Leiter gegen den Schornstein selbst steht gewöhnlich ausser Frage; die Benutzung von Seilzügen ist auch nicht immer, selbst wenn Mannlöcher zur Besteigung des Schornsteins vorhanden wären, möglich; an einen Gerüstbau ist schliesslich der hohen Kosten wegen gar nicht zu denken. Die hier in Fig. 182 dargestellte Anordnung besteht aus einer Leiter, die etwas länger als der Schornstein hoch ist, einem dicken Seil von der dreifachen Länge der Leiter, zwei Spitzpfählen, um ein Ausgleiten der Leiter am Boden zu vermeiden, sowie dem für den Arbeiter nöthigen Hängegerüst. Letzteres besteht aus zwei U-förmigen Hängeeisen mit einem dazwischen gelegten Holzbrett sowie dem Flaschenzug.

Die Leiter wird beim Gebrauch in eine solche Lage gebracht und durch das Führungsseil festgehalten, dass ihr oberes Ende bei voller Belastung (durch Gerüst und Anstreicher) noch ungefähr 600 mm vom Schornstein entfernt bleibt. Die Höhenstellung des Arbeitsgerüstes wird durch den Arbeiter selbst regulirt, indem hierzu irgend welche einfache Vorrichtung, wie Rolle oder Flaschenzug, an der Leiter befestigt wird. Bei der jeweiligen Stellung der Leiter lässt sich ungefähr $^1/_3$—$^1/_4$ des Schornsteins anstreichen; es muss demnach nach Fertigstellung eines solchen Theiles die Leiter umgestellt werden.

Als Farbe werden verschiedenartige Mischungen verwendet. Häufig benutzt man eine Mischung von grobem Pottloth, wie es zum Polieren eiserner Oefen benutzt wird, mit Terpentinöl, oder aber man streicht den Schornstein erst mit Theer und wischt ihn dann mit Pottloth ab.

Eisenanstrich.

Beim Anstreichen von Eisentheilen kommt es weniger darauf an, die Farbe dick aufzutragen, als vielmehr vor dem Anstrich mittelst einer Drahtbürste allen Schmutz und Rost, der an dem Eisen anhaftet, zu entfernen. Nur so ist es möglich, eine direkte Verbindung zwischen Farbe und Eisen herzustellen, was, damit eine Rostbildung vermieden wird, durchaus nöthig ist.

Soll der Anstrich nur als Schutzmittel während des Transportes eines Theiles dienen, so sieht man besser von der Benutzung einer Farbe ab und verwendet einfaches Leinöl, das man mit einer harten Bürste aufträgt. Kleinere Stücke taucht man am besten in gekochtes Oel ein.

Rüsteisen.

Bei der Verwendung von Rundhölzern zum Gerüstbau ist es von besonderer Wichtigkeit, eine sichere und dabei doch leicht lösbare Verbindung der Einzelhölzer herzustellen.

Die Fig. 183 und 184 zeigen eine äusserst einfache und sichere Verbindung zweier Rundhölzer. Dieselbe bietet den wesentlichen Vortheil, dass sie mit derselben Leichtigkeit angebracht wie auch abgenommen werden kann. Wie aus der Figur ersichtlich, greift ein U-förmig gebogenes Rundeisen um die beiden Hölzer herum. Festgehalten wird dieses Eisen durch

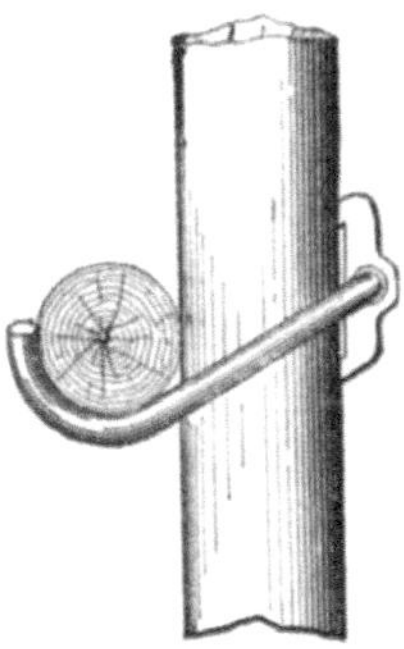

Fig. 183.

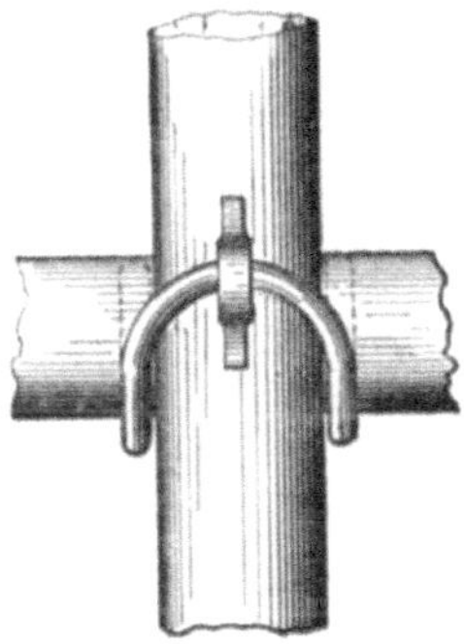

Fig. 184.

eine Doppelklammer, welche sich an der Rückseite des Mastes einzwängt. Die Verbindung ist derartig, dass mit Zunahme der Belastung des liegenden Holzes die Klammer tiefer in das Holz eindringt und hierdurch die Verbindung verstärkt.

Leitergerüst.

Im Folgenden (Fig. 185) sei auf eine gute Ausführung eines Leitergerüstes hingewiesen. Das Stehbrett für den Arbeiter wird mittelst zwei T-förmigen Eisen *D* befestigt, die an dem einen Ende bei *G* hakenförmig ausgebogen sind, um so die Leitersprosse umfassen zu können. Das andere Ende ist bei *F* hochgebogen und mit einem 8 mm starken Loch versehen. In ähnlicher Weise ist die Verbindungsstange bei *C* umgebogen, während bei *F* eine grössere Zahl 8 mm-Löcher vorgesehen sind. Letztere dienen dazu, die Schiene *D* und somit auch das Stehbrett unabhängig von der jeweiligen Schrägstellung der Leiter in der horizontalen Lage zu erhalten. Die Verbindung der Schiene *D* und der Zugstange *E* geschieht mittelst Bolzen und Splinten. An jedem Ende des Stehbrettes befindet sich eine derartige Hängekonstruktion, die durch je vier Schrauben in der Schiene *D* mit dem Stehbrett in Verbindung steht. Seine eigentliche Auflage findet das Brett auf den beiden Flanschen der Schiene *D*. In einer Entfernung von je 300 mm vom Kopfende der Bretter ist ein zweiter Unterzug, ähnlich wie *D*, jedoch von rechteckigem Querschnitt, angebracht, der mit einem Ende ebenfalls auf der Leitersprosse aufliegt und dessen anderes Ende in gleicher Weise wie bei *F* umgebogen ist. Mit je vier ver-

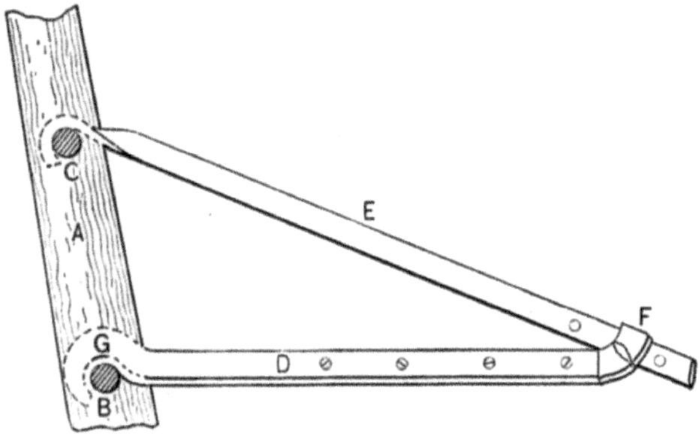

Fig. 185.

senkten Schrauben wird dieses Eisen an das Stehbrett in einer solchen Entfernung an *D* befestigt, dass das Eisen an der günstigsten Stelle der Sprosse zur Auflage kommt. In der Skizze ist die Zugstange *E* an der ersten über *B* befindlichen Sprosse aufgehängt. Die Zugstange ist jedoch zweckmässig so gross zu machen, dass sie unter Umständen auch um eine höhere Sprosse gelegt werden kann.

Gerüstbau.

Bei dem heutigen Bestreben, die einzelnen Gebäude thurmhoch zu bauen, ist auf die Ausführung eines guten Gerüstes weit mehr Werth zu legen als früher, wo es sich nur darum handelte, Häuser mit einer Höhe von zwei bis drei Stockwerken zu errichten.

Die höchste Stabilität bei Leichtigkeit in der Handhabung muss jetzt mit grösster Billigkeit Hand in Hand gehen.

Die alte Methode, Löcher in den Wänden zu lassen und darin Rüsthölzer einzustecken, scheint mehr und mehr verlassen zu werden. Auch errichtet man heutzutage keine Gerüste mehr, welche aus rohen Mastbäumen und Rüsthölzern, in einfacher Weise verklammert oder mit Seilen verbunden, hergestellt werden.

Es seien hier einzelne Beispiele von Gerüstbauten für Maurer, Anstreicher u. s. w. angeführt. Vorausgesetzt sei, dass eine Wand bis zur Fensterhöhe des ersten Stockwerkes aufgeführt ist, und dass sich ferner die Deckenbalken an ihrem Platze befinden. Es handelt sich nun darum, ein möglichst

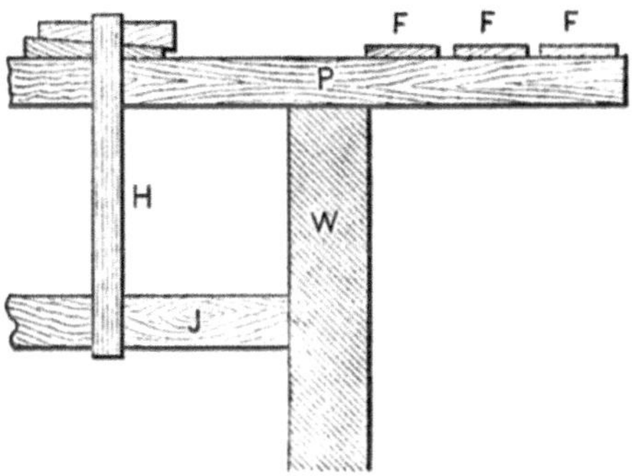

Fig. 186.

billiges, einfaches und doch sicheres Gerüst herzustellen. Es kann dieses nach Fig. 186 in der Weise ausgeführt werden, dass man quer über die Wand *W* einen Balken *P* von 75 mm Breite und 250 mm Höhe legt und diesen dann unter Be-

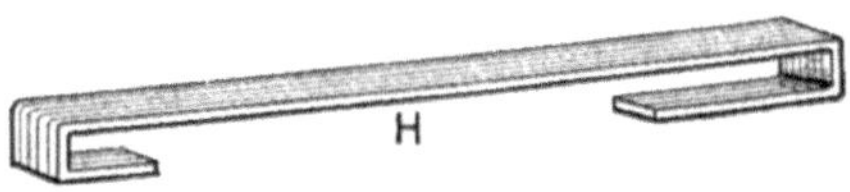

Fig. 187.

nutzung des doppelten Hakens *H* Fig. 187 und bei Verwendung zweier Keile mit den darunter liegenden Deckenbalken *J* fest verbindet. Bezüglich des Hakens sei erwähnt, dass man denselben zweckmässig aus einem 75 mm breiten und 12 mm starken Flacheisen herstellt, dessen Enden man in der angedeuteten Weise umschmiedet.

Irgend welche Seitenbewegungen sind ebenfalls durch Eintreiben von Keilen an der betreffenden Stelle aufzunehmen.

Auf die Balken *P* werden dann je nach Bedarf mehrere ca. 40 mm starke Fussbretter *F* aufgelegt.

Eine andere Methode, ein Aussengerüst anzubringen, zeigt die Fig. 188. Das Gerüst besteht hier aus zwei 25 mm dicken und 75 mm breiten, nach der Form *D E F C H K*, resp. *L M N* gebogenen Flacheisen, die mit einander durch Schraubenbolzen verbunden sind. Die ganze Anordnung wird, wie die Figur zeigt, auf die Mauer *W* aufgeschoben. Das Fussbrett *P* ist von Anstreichern, resp. den Arbeitern zu benutzen, denen kein Material in grösserer Menge zugeführt werden muss. Das Fussbrett *Q*, das an einem Weggleiten

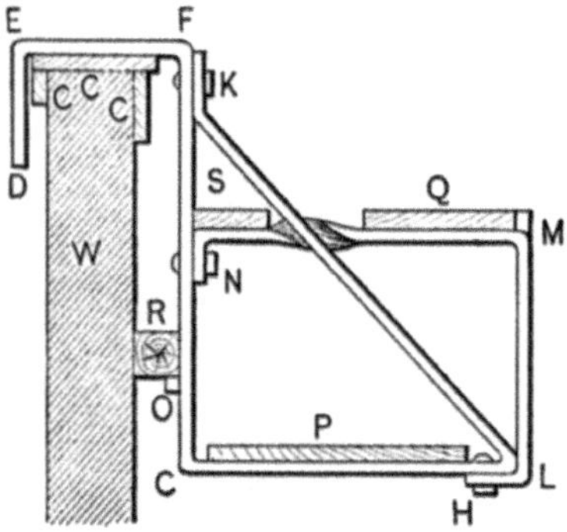

Fig. 188.

durch den Vorsprung *M* verhindert ist, bietet dem Arbeiter eine erhöhte Stellung. Mittelst der zwischen Wand und Gestell gelegten Bohle *R* wird die horizontale Lage des Hängers gewährleistet. Wenn es wünschenswerth erscheint, verlängert man den Schenkel *L M* so weit, dass man das Fussbrett *Q* auf die Höhe von *K* bringen kann; die Befestigung hätte alsdann mittelst eines Bolzens, der durch die drei Eisenstücke reicht, zu erfolgen. Die Konstruktion des Hängers ist so getroffen, dass auf das Fussbrett *S* Fussbänke resp. Unterlagkasten gestellt werden können. An Stelle der Ausbiegung im Schenkel *L M* lässt sich eine solche in der Stange *H K* einrichten, was den Vortheil hat, dass man das Fussbrett *Q* bedeutend breiter halten kann.

Verankern von Balken in felsigem Boden.

Eine gute Verankerung mehrerer aufeinander gelegter Balken zeigt Fig. 189. Dieselbe wird durch Verwendung einer konisch ausgebildeten Eisenstange, deren grösster Durchmesser gleich dem des in den Felsen eingebohrten Loches ist, und eines Gasrohres von demselben äusseren Durchmesser erreicht. Die konische Stange wird zuerst durch die Hölzer hindurch in das Felsenloch gesteckt. Hierauf wird das Gasrohr eingeführt und mittelst eines Hammers eingeschlagen. Sobald der untere Theil des Gasrohres auf den konischen Theil der Eisenstange stösst, wird er in gewissem Maasse erweitert, sodass das Rohr an dieser Stelle weiter wird als die Bohrung in dem Felsen. Das obere Ende des Gasrohres wird, wie aus der Figur zu ersehen ist, entsprechend umgebördelt.

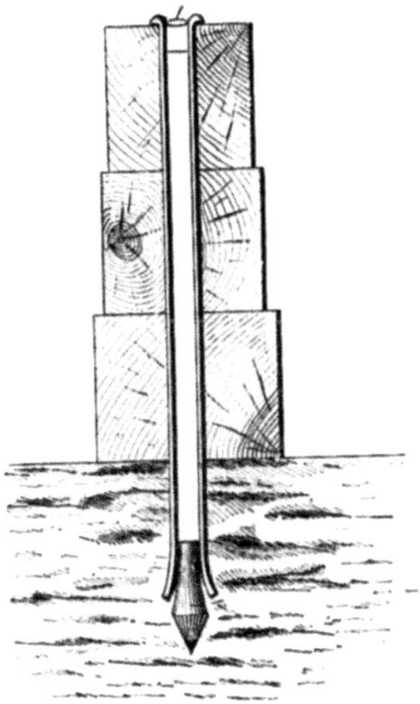

Fig 189.

VIII. Modelltischler- und Giesserei-Arbeiten.

Herstellung der Modelle.

Das Streben der Modelltischler muss heutzutage darauf gerichtet sein, die Modelle, die in Folge eintretender Verbesserungen mehr oder weniger grossen Veränderungen unterworfen sind und deswegen nur einen beschränkten Werth haben, möglichst billig herzustellen. So legt man insbesondere weniger Gewicht auf eine elegante Tischlerarbeit, als vielmehr darauf, dass das Modell entsprechend kräftig wird und seinen Zweck erfüllt. Die grösste Aufmerksamkeit wird hingegen auf Formenschönheit sowie auf die gute Ausführung in Bezug auf runde Ecken und konische Flächen gerichtet, alles Punkte, die auf das Formen von bedeutendem Einfluss sind. Ferner wird darauf geachtet, möglichst wenige äussere Verrippungen am Arbeitsstück anzubringen. Zur Herstellung des Modelles sollte man sich der besten Maschinen und Werkzeuge bedienen, das Holz auf das Genaueste auf der Maschine hobeln und wenn irgend möglich auf der Abrichtmaschine, Bandsäge u. s. w. weiter bearbeiten. In Holz ausgestochene Hohlkehlen sind möglichst zu vermeiden; die Ecken sind vielmehr mit Blei, Leder oder Kitt auszufüllen.

Häufig bedient man sich hierzu auch einer Masse, bestehend aus Lehm, Bleiglätte und Schellack, wobei es jedoch nöthig ist, die Ecken vorher mit Schellack auszustreichen. Bei grösseren Hohlkehlen steckt man behufs besseren Anhaftens der Masse einige Nägel ein.

Zum Ausstreichen der Masse in der Hohlkehle bedient man sich messingener Keulen, welche man in den betreffenden Radien entsprechenden Grössen vorräthig hält. Es hat sich herausgestellt, dass sich polirtes Messing für diese Arbeit weit besser eignet, als ein jedes andere Metall, da ersteres nicht an der klebrigen Masse haften bleibt, wie dies z. B. Eisen thut.

Runde Modelle.

Die Modelltischler nehmen bei der Herstellung eines Modelles nicht immer genügende Rücksicht auf die Bearbeitung des betreffenden Gussstückes. Ein Beispiel hierfür bildet die Herstellung eines sogenannten falschen Kopfes für einen Cylinderdeckel. Die Konstruktion dieses Theiles ist aus Fig. 190 zu ersehen, wo der Cylinderdeckel in punktirten und das Kopfstück in ausgezogenen Linien dargestellt ist. Ein solches Kopfstück hat gewöhnlich eine derartige Form, dass es mittelst der Spannklauen eines gewöhnlichen Drehbankfutters nicht

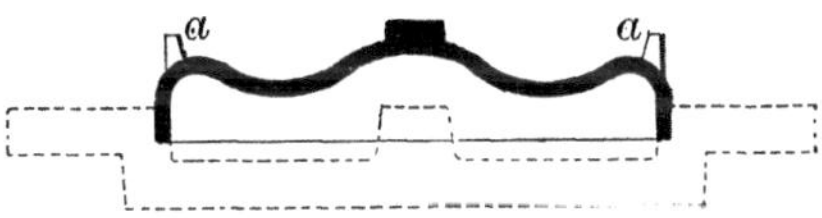

Fig. 190.

festgespannt werden kann, da letztere nicht weit genug über das Arbeitsstück übergreifen. Dieser Uebelstand lässt sich nun dadurch vermeiden, dass der Tischler einige kleine Ansätze *a* am Modell ansetzt. Mit diesen Ansätzen versehen, kann das Gussstück im Futter fest gespannt und auf das gewünschte Maass ausgedreht werden. Ist das Gussstück an der einen Seite fertig gedreht, so wird das Stück umgespannt und dann die Aussenseite in einer Operation bearbeitet. Auf diese Weise wird bei der Herstellung des Arbeitsstückes viel Zeit gewonnen.

In ähnlicher Weise können eine ganze Reihe von Modellen für Pumpenkörper, Ventile u. s. w. mit Ansätzen versehen werden, welche die nachfolgende Bearbeitung des Gussstückes bedeutend erleichtern.

Farben für Modelle und Kerne.

Um die Lage der einzelnen Kerne sowie die Kerne selbst am Modell ersichtlich zu machen, bedient man sich verschiedener Farben. So bezeichnet z. B. die „Ferracute Machine Co.“ diejenigen Stellen eines Modelles, wo ein Kern eingelegt werden soll, mit schwarzer Farbe; die Kernmarken hingegen sind, gleichgültig, ob sie am Modell vorstehen, oder im Schnitt sichtbar werden, roth angestrichen. Dieses Anzeichnen der Kernmarke mit rother Farbe ist häufig für den Former sowohl, als auch für den Tischler wichtig, indem hierdurch sofort ersichtlich wird, in welcher Weise, resp. wie tief der Kern eingesetzt wird. Die Naben, die späterhin als Lager für Wellen, Bolzen und andere Metallstücke dienen sollen, werden blau angezeichnet. Diese Farbe ist mit Rücksicht auf das Schmiedeeisen, welches für letzteren Zweck wohl am meisten Verwendung findet, gewählt. Sämmtliche Modelltheile, sofern sie nicht mit Kernzeichen versehen sind, erhalten eine gelbe Farbe, wie sie sich von selbst durch Ueberstreichen des Holzes mittelst Firnisses ergiebt.

In gleicher Weise werden diejenigen Stellen des Modelles, die zufällig aus anderem Material, Metall, Leder oder aus dunklerem Holze bestehen, mit Firniss überzogen. Bei diesem System ist es ausserordentlich leicht zu überschauen, ob das vorliegende Modell vollständig ist, oder nur einen Theil des Ganzen bildet. Bei der Benutzung von guten Farben (gewöhnlich wird eine Mischung von Lampenschwärze, Ultramarin, oder Englischroth mit Schellack benutzt) können selbst fehlerhafte Stellen am Modell, die in Folge einer billigeren Konstruktion und Ausführung entstehen, überdeckt, und auf diese Weise gefällig aussehende Modelle mit einer gleichmässig glatten Oberfläche hergestellt werden. In vielen Fabriken werden die Modelle und Kernmarken etwas anders bezeichnet, indem dort das ganze Modell gelb gestrichen wird und nur die Kernmarken schwarz bleiben, oder auch umgekehrt.

Schellackkannen.

Eine gute Konstruktion einer Schellackkanne ist in Fig. 191 dargestellt. Die eigentliche Kanne steht in einem mit Wasser resp. Oel gefülltem Gefäss, das ungefähr im Durchmesser um 25 mm grösser ist, als die Kanne selbst, um so ein Anhaften des Schellacks an der Kanne zu vermeiden. Das Aussengefäss ist 15 bis 25 mm niedriger als die Kanne. Letztere ist mit einem trichterförmigen Deckel versehen, in welchem die einzelnen Pinsel Platz finden.

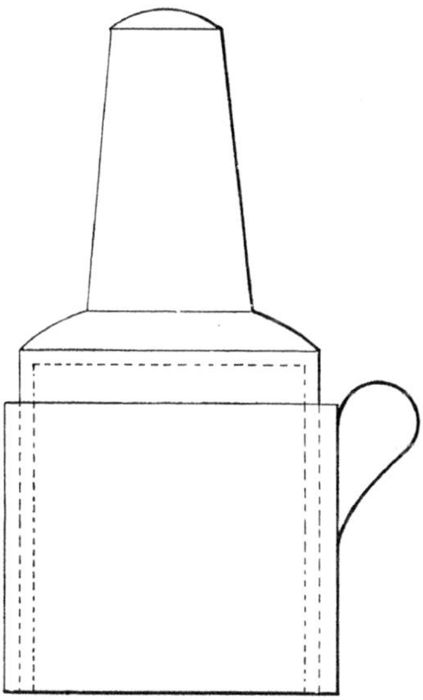

Fig. 191.

Aufnahmefutter für Drechslerarbeiten.

Fig. 192 zeigt die Anordnung eines Futters, welches sich be-

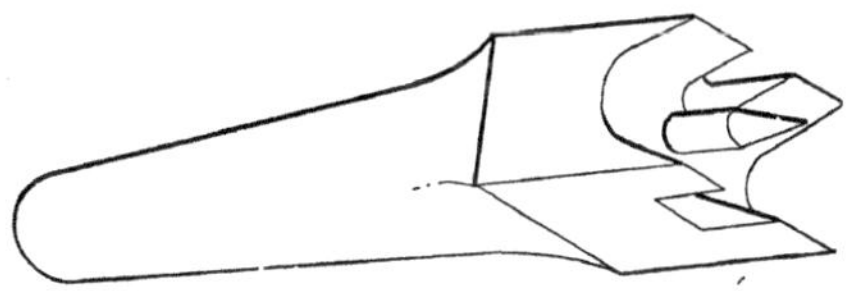

Fig. 192.

sonders zur Aufnahme kleinerer Stücke aus weichem Holz eignet. Die vier Spitzen sind an ihrer Aussenseite parallel zu einander und nur an der Innenseite konisch ausgebildet, in Folge dessen das dazwischen liegende Holz zusammengedrückt wird und somit ein Auseinandersprengen in der Faserrichtung nicht stattfinden kann.

Tiefenlehre für Bohrungen in Holz.

Eine Lehre für das Bohren eines Loches in Holz auf bestimmte Tiefe lässt sich in der Weise herstellen, dass man ein Loch von der Stärke des Bohrers in ein Holzstück bohrt und letzteres dann auf den Bohrerschaft aufschiebt. Die Länge dieses Holzstückes wird um einen Betrag gleich der Tiefe des zu bohrenden Loches kürzer gehalten als die des Schaftes. Es ist augenscheinlich, dass bei dieser Anordnung eine Tiefe gleich der Differenz der Bohrerlänge und der Länge des Holzstückes erzielt wird.

Vorschub schwerer Arbeitsstücke auf der Kreissäge.

Es ist wunderbar zu sehen, wie oft ein Arbeiter bei einer verhältnissmässig kleinen Arbeit seine Muskelkraft auf das Aeusserste anstrengt, obgleich er dieselbe bei einem geringen Nachdenken die Arbeit mit Leichtigkeit bewältigen könnte. So ist z. B. ein Mann damit beschäftigt, grosse, schwere Bohlen auf einem langen, rauhen Tisch ohne alle Hülfsmittel an die Kreissäge heranzuführen. Diese Arbeit ist selbstverständlich äusserst anstrengend. Würde der Mann nur einen Augenblick einhalten und eine Hand voll grober Sägespähne auf den Tisch streuen, so würde er bald empfinden, wie diese Sägespähne, die hier in gewissem Sinne wie Gleitrollen wirken und in Folge dessen die Reibung zwischen Tisch und Bohle vermindern, ihm bei seiner Arbeit behülflich sind. Hier, wie bei allen anderen Dingen, spielt die Gewohnheit eine grosse Rolle und darf man von einem Arbeiter, der eine Reihe von Jahren hindurch diese Arbeit verrichtet hat, kaum erwarten, dass er über derartige Hülfsmittel nachdenkt.

Hülfswerkzeug für Tischler.

Beim Lackiren kleinerer Modellstücke wird häufig das Modell in Folge des Eintreibens einer Ahle mehr oder weniger stark beschädigt; nebenbei setzt dieses Werkzeug dem Herausziehen nach dem Lackiren einen gewissen Widerstand ent-

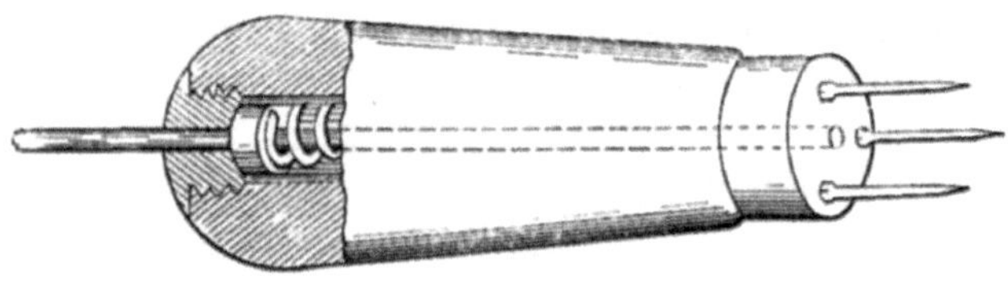

Fig. 193.

gegen. Zum Festhalten des Modelles eignet sich weit besser das im Folgenden beschriebene Werkzeug Fig. 193.

In die Stirnseite eines Holzgriffes sind drei lange, feine Spitzen eingesteckt. Der Griff selbst ist durchbohrt und mit einem durch eine Feder zurückgehaltenen Rundstahl versehen, mittelst dessen das betreffende Modellstück von den Spitzen abgehoben werden kann. Die Ausstossstange steht in Folge des Federdruckes etwas über den Handgriff vor, so dass das Abheben des Modelles von den Spitzen bei einem Eindrücken des Ausstossers in das Heft erfolgt, während bei einem Nachlassen des Druckes der Ausstosser an seine frühere Stelle zurückkehrt.

Formlehm.

Man wähle einen Formlehm, der möglichst frei von Eisen, Kalk, Magnesia, oder anderen ähnlichen Beimengungen ist. Ist kein natürlicher Formlehm zu haben, so stelle man einen solchen aus einem Gemenge von Sand und Thon her. Die alkalischen Bestandtheile eines armen Lehmes machen denselben zu hart und dicht und bewirken in Folge dessen einen blasigen Guss.

Entlüftung der Sandformen.

Bei dem Gebrauch von zu lehmhaltigem Formsand ist für eine genügende Lüftung nach oben sowohl, als nach der Seite hin durch Einstecken eines Drahtes Fürsorge zu treffen. Zu diesem Zwecke benutzt man wohl auch eine Unterlage von Asche.

Kohlenpulver.

Kohlenpulver, welches zum Ausstreuen der Formen Verwendung findet, lässt sich weit besser in der gewöhnlichen Trommel, als in der regelrechten Mühle herstellen. Die gewöhnliche Trommel, die auch zum Reinigen der Gussstücke dient, eignet sich hierzu ebenso gut, wie jede andere Vorrichtung. Die Kohle wird zusammen mit einigen schweren Eisenstücken, letztere womöglich in Kugelform, in die Trommel gebracht und diese in Umdrehung gesetzt. Bei geringerem Kraftaufwand werden in kürzerer Zeit gerade so viel, wenn nicht mehr Kohlen vermahlen, als in eigens hierzu konstruirten Mühlen.

Erneuerung des Formsandes.

Giesser sind allgemein der Ansicht, dass der Formsand mit dem Gebrauch seine Lebensfähigkeit verliert und von

Zeit zu Zeit erneuert werden muss. Der feinere Sand, mit dem die Form zuletzt ausgestreut wird, dient allerdings dazu, den gewöhnlichen Formsand zu verbessern, jedoch verbleibt er nicht in dem Maasse, in welchem er in die Form gebracht worden ist, in dem Sande; ein Theil wird verstreut, ein anderer Theil bleibt am Gussstücke haften; ferner kommt ein grosser Theil zu dem Stampfsand oder dem Bodenbelag. Eine fortwährende Erneuerung des Formsandes ist hiermit geboten. Versuche, den alten Sand ohne Zusatz von neuem wiederholt zu gebrauchen, haben nur zu Misserfolgen geführt. Früher oder später haben sich immer Hartgüsse ergeben. Durch das fortwährende Einbringen neuen Sandes wird allmählich der Fussboden der ganzen Giesserei erhöht, ein Zustand, der sich durch Abfahren des schlechten Sandes mit Leichtigkeit beseitigen lässt.

Auswechselbare Riemenscheibenform.

Im Folgenden sei auf ein Verfahren hingewiesen, welches in der Giesserei von Lane & Bodley zum Formen von Riemenscheiben Anwendung findet. Die einzelnen Riemenscheibenarme werden als Hohlkerne hergestellt, während der Kranz

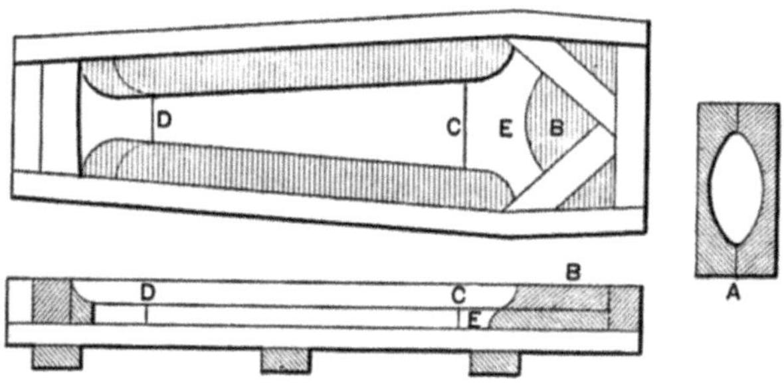

Fig. 194.

ausgedreht wird. Die Anordnung ist so getroffen, dass ein Kernkasten für verschiedene Armlängen Benutzung finden kann.

Jede beliebige Armzahl kann der Riemenscheibe gegeben werden. Wie die Fig. 194 zeigt, wird in dem Kernkasten jedes Mal ein halber Armkern geformt. Zwei dieser Kerne bilden demnach zusammengelegt einen vollständigen Arm und mehrere dieser Gesammtkerne die Arme für die Riemenscheibe. Das Nabenstück *E* ist dem jeweiligen Durchmesser entsprechend auswechselbar.

Zwei Theile dienen zur Bildung des Mittelstückes *C*—*D*, wie auch zwei Kernstücke für den Armanschluss an den Kranz vorgesehen sind. Die Herstellung der Gussform für ein Schwungrad geschieht z. B. in der Weise, dass, während die verschiedenen Kerne in der Kernmacherei hergestellt und getrocknet werden, der Former mittelst einer Schablone die Hauptform aus dem Sande ausdreht.

Die Fig. 195 zeigt die Anordnung der Schablone sowie

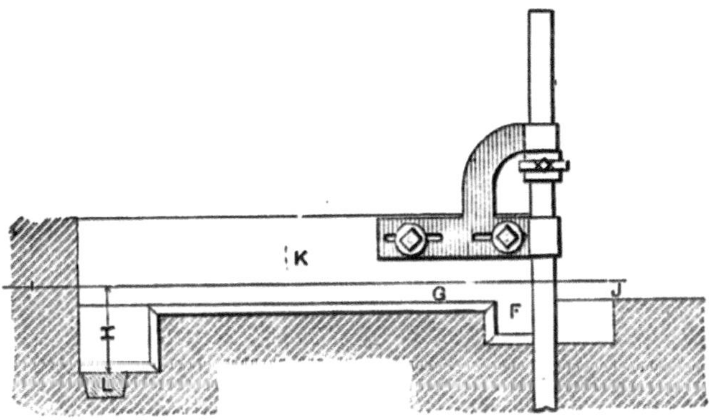

Fig. 195.

der Vertikalwelle, um welche erstere gedreht wird. *J* deutet die Mittellinie der Arme an, *F* die halbe Tiefe der Nabe, *G* die Tiefe des halben Armkernes und *H* die halbe Breite des Kranzes.

Nachdem die Form mittelst dieser Schablone ausgedreht ist, wird letztere herausgenommen und das Modell für die Nabe, wie aus Fig. 196 zu ersehen ist, auf die Spindel aufgeschoben. Die Armkerne werden nunmehr in der bestimmten Lage zu einander rund um die Nabe ausgelegt, das Kranzmodell, von welchem nur ein Segment vorhanden ist, eingelegt, durch den Dreharm *P* mit der Vertikalaxe in Verbindung gesetzt und dann der Sand an den Stellen *M*, *N*, *O* aufgestampft. Das Kranzsegment wird nun allmählig, immer um die Mittelaxe gedreht, rund herumgeführt und auf diese Weise die Form für den Kranz hergestellt. Die Sandmasse *M* wird nunmehr mittelst des Ringes *L* herausgehoben, das Modell entfernt und die Flächen bei *N* und *O* nachgeputzt. Es erübrigt jetzt nur noch einen Kern für die Nabe ein-

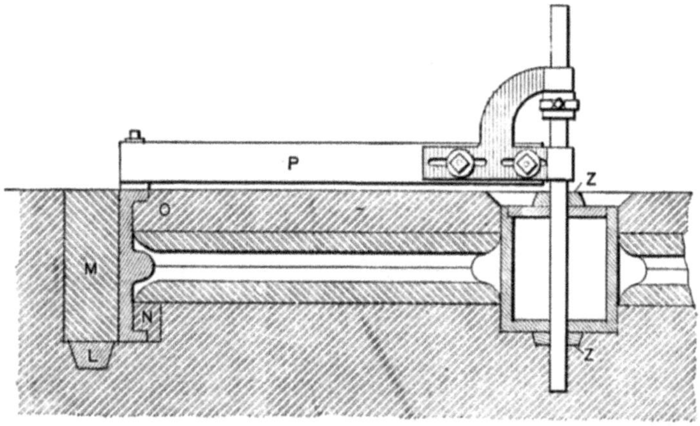

Fig. 196.

zusetzen, sowie die obere Kranzöffnung mittelst eines Flachkernes zuzulegen.

Soll eine getheilte Riemenscheibe gegossen werden, so müssen entsprechende Angüsse für die Schrauben an dem

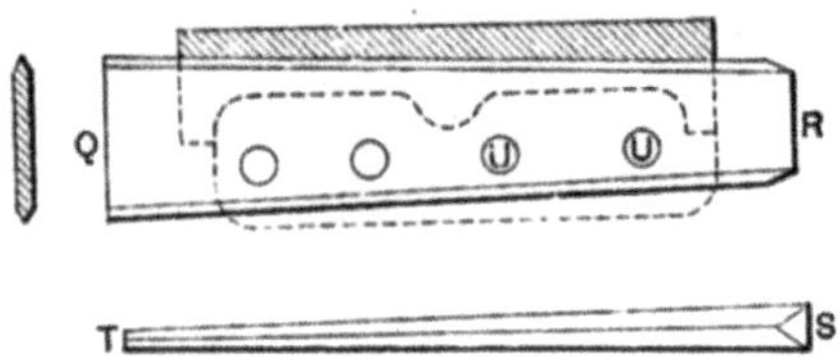

Fig. 197

Kranz und der Nabe vorgesehen werden. In den Kranz wird ein aus der Fig. 197 ersichtlicher, schmiedeeiserner Keil eingelegt, dessen untere Seite bei *Q* bedeutend breiter ist, als die obere bei *R*, während er bei *S* die grösste und bei *T* die geringste Stärke besitzt, sodass er also bei seinem Eintreiben in der Richtung nach *Q* keine Gelegenheit hat, die schmalen Eisenkanten nach beiden Seiten hin abzustossen.

Die Kerne für die Schraubenlöcher am Kranze werden in die Löcher *U* des überall gut mit Graphit bestrichenen Keiles eingelegt. Ist der Guss fertig und vom Sand gereinigt, so genügen einige leichte Schläge auf die obere Seite des Keiles, um den Kranz zu sprengen. Wird späterhin die Scheibe zusammengesetzt, so bilden die ausgebrochenen Kanten eine bessere Verbindung, als wenn sie gehobelt wären. Die Form der Nabenmodelle ist aus Fig. 198 ersichtlich. Die Naben sind hohl mit abnehmbaren Kopfstücken hergestellt, die, nachdem die Nabe in den Sand festgestampft worden ist, entfernt werden können.

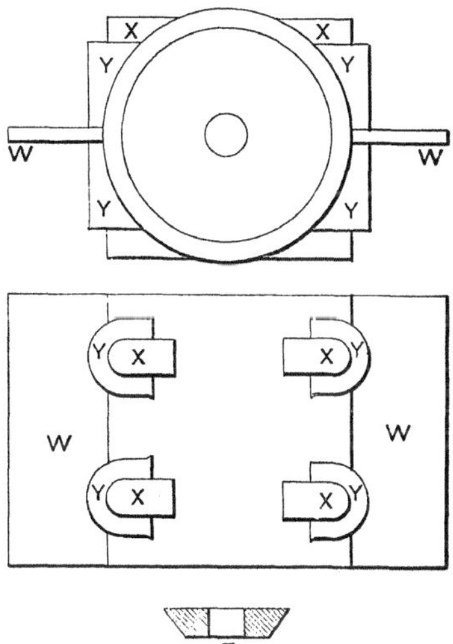

Fig. 198.

Die Stifte, welche die Angüsse *Y* mit der Kernmarke *X* verbinden, können nach innen zu herausgezogen werden. Nachdem die Nabe aus dem Sande genommen ist, werden die Ansätze *Y* sowie die Kernmarke *W*, an deren Stelle ein Kern eingelegt wird, entfernt. Der Kern für die Nabenbohrung wird unter Zuhülfenahme der vertikalen Axe eingelegt, die, wie bei Z zu ersehen ist, auch zum Ausrichten der Nabe dient.

Getheilte Kerne.

Runde Kerne werden meistentheils getheilt hergestellt, d. h. in zwei Hälften, die nach ihrem Fertigstellen mittelst einer dünnen Lehmschicht zusammengefügt werden. Hierbei ist zu beachten, dass die Hälften genau zu einander passen, weshalb an dem Kernkasten irgend welche Vorrichtung zu treffen ist, damit sich der obere zum unteren Theil in keiner Weise verschiebt. Eine Seitenleiste am Unterkasten wird gegen die seitliche Verschiebung die nöthige Sicherheit gewähren. Dagegen wird ein Verschieben in der Längsrichtung hierdurch nicht verhindert. Eingesetzte Dübel mit entsprechenden Löchern kosten zwar etwas mehr, sind aber der ersten Anordnung vorzuziehen. Am zweckmässigsten scheint es, eine Seitenverschiebung mittelst einer Anschlagleiste aufzunehmen und die Bewegung in der Längsrichtung durch einen Stift zu verhindern.

Abrichten eines Rundkernes.

Ein Rundkern mit Kernspindel wird am einfachsten in einer Vorrichtung abgerichtet, die aus einem doppelten Lagerbock mit offenen Lagerschalen besteht, in welche der Kern gelegt wird. Zum Abrichten bedient man sich eines Lineals, das etwas länger ist als der Kern und dessen eine Seite in einer geraden Linie schräg zugespitzt ist, so dass die ganze Kernlänge auf einmal abgerichtet werden kann. Besitzt die Kernspindel kein Vierkant, welches zur Aufnahme einer Kurbel dienen könnte, so ist letztere mittelst einer Klemmvorrichtung festzustellen.

Kernsand.

Wirklich guten Kernsand zu erhalten, ist bisweilen äusserst schwierig. Der Sand soll nämlich nicht nur porös, sondern vor allen Dingen adhäsiv sein. Am Besten eignet sich hierzu ein Sand, welcher durch die Verwitterung Feldspath enthaltender Steine entsteht. Namentlich dann, wenn er, was z. B. auf dem Bergesgipfel der Fall ist, noch nicht zu sehr vom Wasser ausgewaschen ist, da in einem solchen Sande weniger vegetabilische Körper enthalten sind, als in dem, den man im Thale findet. Wo solch guter, natürlicher Kernsand nicht zu haben ist, muss man sich mit dem gewöhnlichen Sand, oder mit gemahlener Hochofenschlacke, die mit Lehm, Pferdedünger oder dergleichen vermengt wird, begnügen. Es muss allerdings daran erinnert werden, dass jede vegetabilische Beimischung, die zur Erzielung einer grösseren Porosität erfolgt, eine Blasenbildung im Metall begünstigt. Der Sand, der zu kleinen Kernen und namentlich zu solchen, die nur von dünnen Metallwandungen umgeben werden, benutzt wird, muss vor allen Dingen überaus porös und so schwach wie möglich sein. Er muss so sein, dass er nach dem Guss mit Leichtigkeit entfernt werden kann, so dass er, wenn man an das Gussstück mit einem Hammer klopft, in einem Strahl herausfliesst. Vortheilhaft für den Kernsand ist es ferner, ihn, um eine möglichst gleichmässige Mischung zu erzielen, in einer Trommel zu mahlen.

Obacht ist darauf zu geben, dass der Sand beim Gebrauch vollständig trocken ist, da sonst das Metall blasig und runzlig wird. Die Temperatur zum Trocknen der Kerne richtet sich nach der Beschaffenheit des Sandes. Viele Former giessen in warmen Formen mit warmen Kernen und erzielen aus diesem Grunde äusserst glatte und gute Gussstücke. Selbstverständlich ist das Bedürfniss hierfür bei nassem Wetter und feuchten Räumen grösser als bei trockenem. Da der Kernsand in Folge der verlangten grösseren Porosität bedeutend gröber sein muss als der Formsand, so kann auch von einem Vermischen älteren Formsandes mit Kernsand keine Rede sein. Es muss daher auch der alte Sand, welcher aus den Gussstücken herausgestossen wird, möglichst entfernt gehalten werden. Eine gute Sandmischung für Kerne besteht aus 10 Theilen weissem Sand und 1 Theil Mehl, wobei nach Bedarf Wasser zuzugiessen ist. Diese Mischung eignet sich besonders für kleine runde und viereckige Kerne sowie dort, wo das Eisen nicht an den Kernen vorbeifliesst.

Bei der Herstellung von Kernen muss die Erfahrung in erster Linie als maassgebend anerkannt werden. Bestätigt wird dies dadurch, dass fast jeder gute Former auch ein guter Kernmacher ist, indem er jederzeit Gelegenheit hat, zu sehen, wie von der Güte des Kernes die ganze Arbeit abhängig ist.

Hölzerne Kernkasten.

Hölzerne Kernkasten sind für runde Kerne nicht empfehlenswerth. Wenn man sich die Mühe macht, diejenigen, welche schon eine Weile im Gebrauch sind, mit neueren zu vergleichen, so wird man eine bedeutende Veränderung an den alten wahrnehmen, indem sich das Holz ungleichmässig zusammengezogen hat. Wenn ein Kernkasten für runde Kerne in grösseren Zwischenräumen benutzt werden soll, so sollte derselbe unbedingt aus Gusseisen hergestellt werden, weil hierbei eine Formveränderung ausgeschlossen ist.

Ein anderer Punkt, der aber noch der Erwähnung werth ist, ist der, dass viele Arbeiter ihre Kerneisen, bevor sie dieselben in den Sand stecken, nicht genügend mit Lehmwasser anfeuchten. Der Sand wird in diesem Falle wohl kaum anhaften. Bei grossen Kernen sieht man häufig schmiedeeiserne Kerneisen in Verwendung, was ebenfalls zu vermeiden ist. Abgesehen von den Kosten eignet sich das Schmiedeeisen schon aus dem Grunde nicht, weil die Oberfläche nicht wie bei Gusseisen rauh genug ist, um das Anhaften des Sandes oder des Lehmes zu erleichtern.

Bezüglich der Kernherstellung sei noch erwähnt, dass sich bei grossen Kernen die Benutzung von Asche als innere Füllmasse sehr bewährt hat.

Entlüftung der Kerne.

Zur Erzielung eines blasenfreien Gusses ist die Entlüftung der Kerne von grösster Bedeutung. Kann der Kern nicht nach oben hin entlüftet werden, so sollte in die Form selbst unterhalb des Kernes ein Rohr von genügender Stärke eingelegt werden. Der Kern ist in diesem Fall mittelst einer Hakenklammer gut nach unten hin zu befestigen, damit durch den Rückstoss der Gase keinerlei Verschiebung des Kernes eintreten kann. In gleicher Weise muss in den Fällen, wo der Kern nach der Seite hin entlüftet wird, sei es im Sand oder Lehm, letzterer aus dem oben angegebenen Grunde in genügender Weise mittelst Bolzen oder Klammern festgelegt werden.

Beim Giessen ist darauf Acht zu geben, dass die Gase hell und blau, nicht aber gelb brennen. Eine gelbe Flamme zeigt gewöhnlich an, dass der Entlüftungskanal durch das Metall verstopft ist. Verursacht wird die gelbe Flamme dadurch, dass das Metall in den inneren Kern eindringt und dadurch Häcksel, Stroh, Kohle oder Koaks im Kerninnern in Brand setzt.

Je kälter das Metall gegossen wird, desto mehr ist für eine gute Entlüftung Sorge zu tragen. Ist es heiss und dünnflüssig, so ist es schon von selbst im Stande, die Form vollständig auszufüllen und den Druck, den die aus dem Kern entweichenden Gase ausüben, zu überwinden. Dickflüssiges Eisen hingegen kann dem Bestreben des Gasstromes, Eindrücke auf der Oberfläche des Metalles hervorzurufen, nur geringen Widerstand entgegensetzen, was eine schlechte Oberfläche zur Folge hat.

Der Gebrauch von Häcksel und Stroh zur Erzielung einer Entlüftung bei Kernen hat sich aus dem Grunde bewährt, weil einerseits der Kern leichter und andererseits die Herstellung vereinfacht wird. Allerdings bieten diese Kerne nicht die Sicherheit, wie solche mit Aschenfüllung. Bei Stroh- resp. Häckselkernen besteht immerhin die Gefahr, dass das Metall durchbricht und in Folge dessen den ganzen Guss in Frage stellt, was bei Kernen mit Aschenfüllung nicht in dem Maasse der Fall ist.

Kernlöcher in Angüssen.

Einige Werkstätten, die nicht genügend mit Bohrvorrichtungen und -Werkzeugen versehen sind, um Löcher in Naben und Flanschen aus dem Vollen auszubohren, giessen dieselben mittelst Kernes ein. Sehr häufig tritt dann der Fall ein, dass der Guss an dieser Stelle in Folge einer nicht genügenden Entlüftung des Kernes, oder aus Gründen einer mangelhaften Herstellung derselben blasig wird. Eine derartige schlechte Stelle im Guss kann unter Umständen, sofern dieser Anguss zum Heben eines schweren Stückes dient, Ursache eines ernsten Unfalles werden.

Anschweissen einer Kernspindel.

Das Anschweissen einer in zwei Theile gebrochenen, gusseisernen Kernspindel kann man vortheilhafter Weise so vornehmen, dass ein Kern von ungefähr 300 mm Länge, dessen äusserer Durchmesser gleich dem inneren Durchmesser des Rohres ist, so zwischen die beiden Enden, welche zusammengeschweisst werden sollen, eingeschoben wird, dass letztere in einer Entfernung von ungefähr 20—30 mm zusammen gelegt werden. An dieser Stelle wird nunmehr eine Aussenform gebildet, die drei Oeffnungen erhält. Das Metall wird in die eine Oeffnung eingegossen und kann an der zweiten, mittleren wieder austreten. Sodann lässt man das Metall an der zweiten ein- und an der dritten austreten. Nach zwei oder drei solcher Eingüsse werden die Enden beider Rohrstücke zu einer Verbindung zusammengeschmolzen sein, die weit stärker ist, als das Originalrohr selbst.

Richten von Kernspindeln.

Kernspindeln, die sich verzogen haben, lassen sich gewöhnlich mittelst Hämmerns gerade richten. Allerdings kann man dieses Verfahren höchstens ein oder zwei Mal anwenden, da ein weiteres Hämmern keinerlei Wirkung auszuüben vermag. In diesem Fall bleibt nichts anderes übrig, als das Rohr an der betreffenden Stelle durchzubrechen und die beiden Hälften, nachdem man sie zu einander ausgerichtet hat, wieder zusammen zu schweissen.

Entfernung von gewundenen Kernen.

An vielen Stellen ist die Entfernung eines Kernes wegen seiner gewundenen Lage mit Schwierigkeiten verbunden. In einem solchen Falle sind Kernlöcher vorzusehen, deren Durchmesser (bis zu 75 mm) sich aus den bestimmten Verhältnissen ergiebt. Die Seitenwände eines derartigen, zur Herausnahme eines Kernes dienenden Loches vergrössert man nach innen über die Wandstärke hinaus, um so einerseits eine Schwächung des Gesammtgussstückes durch diese Eingüsse zu vermeiden, und andererseits nach Entfernung des Kernes das Einsetzen eines Deckelstückes zu ermöglichen.

In manchen Werkstätten schraubt man ein gewöhnlich etwas konisch gehaltenes Stück ein, in anderen wiederum werden die betreffenden Schlussstücke, selbst bei Dampfcylindern (z. B. Bollinckx, Brüssel), hydraulisch eingepresst.

Bauschige Kerne.

Man hüte sich, die Kerne beim Trocknen einer zu grossen Hitze auszusetzen, da hierdurch ein Verziehen resp. ein Bauschigwerden der Kerne erleichtert wird. Durch das Zusammenziehen der Masse und das gleichzeitige Ausdehnen der Kerneisen zeigt der Kern das Bestreben, sich von der Spindel loszulösen.

Bei grossen Kernen muss man so vorgehen, dass man sie nach dem jedesmaligen Auftragen einer Lehm- und Strohschicht trocknet und auf diese Weise eine zu grosse Hitze vermeidet. Die Kerne erfordern zwar zu dieser Herstellung mehr Zeit, bieten dafür aber eine grössere Sicherheit und machen sich, da weniger Fehlgüsse eintreten, auch besser bezahlt.

Trockenofenthüren.

Die Straight Line Engine Co. besitzt für ihre Trockenöfen eine Thürkonstruktion, die in Fig. 199 dargestellt ist. Die Thüre ist mittelst Rollen und Seile in der Weise aus-

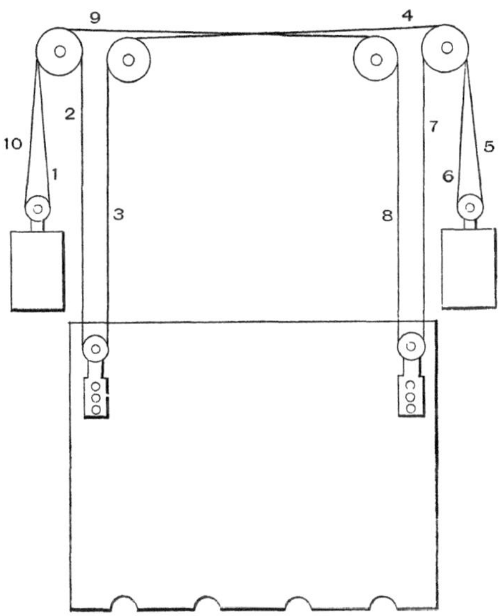

Fig. 199.

balancirt, dass eine Parallelverschiebung ohne jede Führung gesichert ist. Bei der Aufwärtsbewegung erfolgt die Bewegung der Seile in Reihenfolge der in der Figur angegebenen Zahlen.

Cylindrischer Trockenofen.

In den Werkstätten von Cresson in Philadelphia sind Trockenöfen von cylindrischer Form in Gebrauch, in deren Mitte sich eine Vertikalwelle befindet, an der eine Reihe von Regalen drehbar angeordnet ist. Die Anordnung der Regale ist eine solche, dass dieselben durch eine einfache Drehung vor die Ofenthür gebracht werden, wie sie auch der jeweiligen Grösse der Kerne entsprechend mittelst Stellschraube hoch oder niedrig eingestellt werden können. Geheizt wird dieser Ofen unter Benutzung der Abgase der Metallschmelzöfen.

Trockenofenwagen.

Eine gute Ausführung eines Wagens für Trockenöfen ist in Fig. 200 dargestellt. Dieselbe entstammt der Straight Line Co., wo die Anordnung derartig ist, dass in den betreffenden Ofen zwei Paar Schienen hineinführen, die unter einander gleiche Entfernung haben, sodass entweder zwei Wagen Seite an Seite, oder Kopf an Kopf für breitere oder längere Kerne, oder aber drei für grössere, runde Kerne aneinander ge-

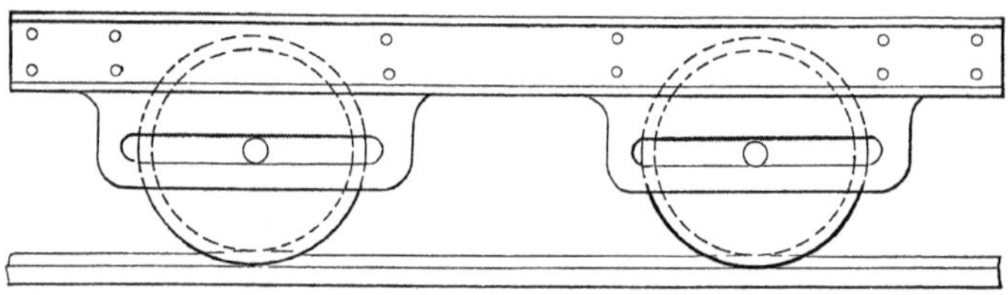

Fig. 200.

stellt werden können. Die Lagerungen sind so ausgeführt, dass sie keiner Oelschmierung bedürfen. Die Lagerführungsschlitze sind hinreichend gross gemacht, um die Bewegung des Wagens auf einer Strecke gleich der doppelten Ofentiefe zu gestatten. Die Räder besitzen nur Flanschen an der Aussenseite der Schiene. Diese Anordnung eignet sich besonders für Krähne oder Wagen dieser Art, welche nur auf geraden Strecken laufen.

Hauptpunkte beim Giessen.

Wenngleich es nicht möglich scheint, mit wenigen Worten eine Abhandlung über die Kunst des Eisengiessens zu geben, so lassen sich doch in wenigen Zeilen einige Hauptpunkte feststellen. Sehr viele Fehler werden gewöhnlich dadurch veranlasst, dass man den Einguss an eine falsche Stelle setzt. So findet man z. B. oft einen Former, welcher den Einguss an dem dünneren, anstatt an dem stärkeren Theile des Gussstückes einsetzt. Oft wieder giesst er das Eisen, obgleich die Form ausserordentlich tief ist, von oben her ein, oder aber z. B. bei einem Flanschenrohre an einer Stelle des Rohrkörpers, anstatt am Flansch. Lange, dünne und verzweigte Stücke sieht man vom Ende aus eingiessen, anstatt von der Mitte.

Mit wenigen Worten ist hier auf mehrere Fehler aufmerksam gemacht worden, die fast in jeder Giesserei zu finden sind, Fehler, die mit Leichtigkeit zu vermeiden und nur der Unachtsamkeit und Gleichgültigkeit des Arbeiters zu verdanken sind.

Gewichte der Gussstücke.

Bei der Gewichtsberechnung eines Gussstückes sind folgende drei Punkte in Erwägung zu ziehen:

1. das Gewicht des Modelles,
2. das specifische Gewicht des Modellholzes und
3. das specifische Gewicht des Metalles, aus welchem das Gussstück gegossen werden soll.

Man kann im Mittel annehmen, dass ein eisernes Gussstück 14 mal mehr wiegt, als ein Modell aus Fichtenholz, 13,4 mal mehr, als ein Modell aus Lindenholz, 12,8 mal so viel, als ein solches aus Erlen- oder Birkenholz, 10,2 mal so viel, als ein solches aus Birnbaum, 9,7 mal so viel, als das aus Buchen- und 9 mal mehr, als das aus Eichenholz.

Im Vergleich zu Metallmodellen wird ein Gussstück ungefähr dasselbe wiegen als ein Zinkmodell, 0,89 von dem Gewichte eines zinnernen mit 20—25 $^0/_0$ Bleibeimischung, 0,84 von dem eines Messing- oder Rothgussmodelles, 0,64 von dem eines bleiernen und rund 0,97 von dem eines eisernen.

Schmelzpunkte für die verschiedenen Metalle.

Die Schmelzpunkte der einzelnen Metalle hängen zu sehr von den Umständen und Verhältnissen ab, als dass hierüber genaue Angaben gemacht werden könnten.

Im Folgenden seien einige Mittelwerthe angegeben:

Gusseisen	1375° C.
Graues Roheisen	1275° "
Kupfer	1090° "
Gold	1090° "
Weisses Roheisen	1075° "
Silber	1000° "
Zink	415° "
Blei	337° "
Wismuth	267° "
Zinn	233° "

Kompositionsmetalle haben meistens einen tieferern Schmelzpunkt als die Einzelmetalle, aus denen sie zusammengesetzt sind. Eine Beimischung von Phosphor macht die meisten Metalle dünnflüssiger, während Schwefel das Gegentheil bewirkt. In gleicher Weise macht Zink Rothguss und Bronce, Blei Bronce und viele andere Zinnverbindungen schneller fliessend.

Hartguss.

Häufig hat man bei der Herstellung von Hartgusstheilen mit Schwierigkeiten zu kämpfen. Ein gutes Mittel zur Erzielung von hartem Eisen bietet die Beimischung von Spiegeleisen in einer der gewünschten Härte entsprechenden Menge. In einigen Fabriken werden Hartgussplatten mit einer durchgehenden Härte bis zu 200 mm Tiefe hergestellt, die namentlich als Panzerplatten u. s. w. Verwendung finden. Es ist einleuchtend, dass sich innerhalb gewisser Grenzen jede gewünschte Härte erzielen lässt. Zu beachten hat man allerdings dabei, dass die Härte des Gussstückes weniger durch den Einguss in eine Coquille, als vielmehr durch die Art und Zusammensetzung des Metalles bedingt ist, denn sonst müsste man im Stande sein, bei jedem beliebigen Metall, wie z. B. Blei, durch Eingiessen in eine Coquille einen Hartguss zu erzielen.

Schmiedbarer Guss.

Der Grund, warum sich viele vergebens abmühen, einen guten schmiedbaren Guss zu erhalten, liegt vielfach darin, dass sie hierzu nicht die nöthige Erfahrung besitzen. Weit billiger und besser ist es auf jeden Fall, den Guss bei den Fabriken zu bestellen, die sich speciell mit der Herstellung derartiger Gussstücke befassen. Man hat dann nicht mehr für die Versuche zu zahlen, die eine jede Giesserei zu Anfang ihres Bestehens machen muss. Da in der ersten Zeit der Ausschuss gewöhnlich sehr gross wird (bis zu $^1/_3$ der Arbeitsstücke), so hat der Auftraggeber einen Theil dieser Mehrkosten zu tragen, gleichgültig, ob der Ausschuss bei seinen Arbeitsstücken gross oder gering war. Diese Mehrkosten fallen bei einer gut eingerichteten und mit grosser Erfahrung arbeitenden Giesserei fast ganz weg, während sie bei einem Anfänger unverhältnissmässig hoch werden und in Folge dessen das Arbeitsstück vertheuert wird.

Hat man gleichwohl die Absicht, seine Versuche fortzusetzen, so nehme man ein Eisen, das möglichst frei von Phosphor und Schwefel ist, und schmelze dieses unter Luftabschluss in Tiegeln von 50—100 Pfund Inhalt. Gegossen werden muss das Eisen, wenn es so heiss ist, dass ein Tropfen, den man zum Versuch an einer Eisenstange herausnimmt, an dem Sauerstoff der Luft verbrennt.

Bezüglich des Cementirverfahrens lassen sich keine allgemeinen Angaben machen, indem die Stärke der zu erzielenden Kohlenstoffschicht im Wesentlichen von der Art der Packung, der Temperatur und der Zeitdauer des Glühens abhängig ist. Hierfür kann man eben nur durch die Erfahrung maassgebende Angaben erhalten.

Transportabler Messingschmelzofen.

Transportable Schmelzöfen für Messing sind zur Zeit in Paris bei A. Piat in Gebrauch. Die Schmelztiegel sind auf einer Feuerbrücke in dem mit feuerfestem Thon ausgefütterten, schmiedeeisernen Untergestell aufgestellt. Der Ofen selbst ist auf ein Räderuntergestell aufgesetzt. Beim Schmelzen des Messings, wofür ein Gebläse oder starker Zug nothwendig ist, wird der ganze Wagen in einen Schornstein eingesetzt. Ist das Metall geschmolzen, so wird der Ofen an den betreffenden Giessplatz gebracht, wo dann, da das Untergestell mitsammt dem Tiegel drehbar angeordnet ist, ein Ausgiessen mit Leichtigkeit vorgenommen werden kann.

Graphittiegel.

In Giessereien, die sich mit Tiegelguss beschäftigen, hört man sehr häufig die Klage, dass die Graphittiegel nicht mehr so lange aushalten als früher; dabei erinnert man sich aber nicht, dass die Tagesproduktion immer mehr gesteigert wurde und in Folge dessen die Tiegel auch mehr in Anspruch genommen wurden. Es wäre also wunderbar, wenn es sich anders verhielte, gerade so, als wenn die Lager einer Maschine, die sechs Stunden lang 60 Meilen in der Stunde läuft, nicht schneller ausgelaufen sein würden, als die einer anderen, von der nur die halbe Leistung gefordert wird. Um eine möglichst lange Lebensdauer eines Schmelztiegels zu erzielen, soll man darauf achten, den Tiegel, so lange er noch neu ist, nicht der grössten Hitze auszusetzen, sondern ihn vielmehr in der ersten Zeit in einer niederen Temperatur zu benutzen. Für die grösste Hitze benutze man ältere Tiegel.

Guss eines Flanschenrohres.

In der schon mehrfach erwähnten Straight Line Co. wurden vor einiger Zeit Flanschenrohre mit abgerichteten Flanschen und Schraubenlöchern gegossen. Die Stirnflächen der Flanschen wurden gegen eine Gussplatte abgegossen. Das Modell unterschied sich von den gewöhnlichen Rohrmodellen dadurch, dass es verschiebbare Flanschen besass, die der jeweiligen Länge des Rohres entsprechend eingestellt werden konnten. Ferner waren Kernmarken von der vollen Flanschenstärke und nicht wie gebräuchlich von der Stärke des Rohres angebracht.

Die Formkästen waren gewöhnlicher Art mit verstellbaren Zwischeneinlagen und Oeffnungen in den Stirnseiten, welche der Grösse der Rohrflanschen entsprachen.

Die Kernspindel war 25—50 mm kleiner als die Rohrbohrung, besass alle 40—50 mm Flanschen oder Ringe sowie in ihrer Längsrichtung vier Rippen, die auf einen bestimmten Radius abgedreht waren. Auf der Kernspindel waren als Form für die Flanschenstirnseiten zwei entsprechend ausgebildete Gussplatten verschiebbar angeordnet.

Die Stirnflächen dieser Platten waren abgesetzt und mit einer Anzahl von etwas konisch ausgebildeten Löchern zur Aufnahme der Schraubenlochkerne versehen. Diese Coquillenplatten waren auf denselben Durchmesser wie die betreffenden Flanschen abgedreht. Nur an der Aussenseite wurde ein Vorsprung von ungefähr 3 mm Stärke gelassen, um ein Ausfliessen des Metalles in den Sand zu verhindern. Die Coquillenstücke bildeten somit für den Kern Lagerstellen, mit welchen derselbe in entsprechend ausgebildeten Lagern in Umdrehung versetzt werden konnte.

Zur Herstellung des Kernes wurde gewöhnlicher Formsand verwendet. Sobald der Formkasten vollgestampft und das Modell herausgenommen worden war, verblieben nach beiden Seiten Oeffnungen, die der vollen Stärke des Flansches entsprachen. Letztere wurden durch Einsetzen der Coquillenstücke ausgefüllt. Nunmehr wurden Kernstücke für die Schraubenlöcher 75—100 mm lang durch die Coquillenstücke hindurch in den Sand eingesteckt. Auf diese Weise wurde die Lage der Schraubenlöcher zu einander genau festgelegt. Die Schraubenlochkerne wurden in Revolvercylinder ähnlichen Formen hergestellt und getrocknet.

Giessen von Vollkugeln.

Der Grund, weshalb eine Kugel nicht voll ausgegossen werden kann, liegt darin, dass das Metall zuerst an seiner Aussenseite abgekühlt wird und das innen befindliche Metall sich nach der Aussenseite hinzieht, wodurch im Innern ein Hohlraum entstehen muss. Wird die Kugel in „Coquille“ gegossen, so tritt dieser Uebelstand etwas mehr zu Tage als beim Sandguss. Abzuhelfen ist diesem Nachtheil dadurch, dass man die Kugel mittelst „Pumpens“ soweit als möglich nachfüllt.

Riemenscheiben mit geraden Armen.

Während zur Zeit Riemenscheiben mit geraden Armen fast allgemein gebräuchlich sind und hauptsächlich ihres leichteren Gewichtes und besseren Aussehens wegen bevorzugt werden, waren die Giessereien lange Zeit hindurch nur ungern zum Gusse derartiger Scheiben bereit. Der Grund, weshalb sie die Herstellung von Riemenscheiben mit geschweiften Armen vorzogen, lag in den Schwierigkeiten, die sich beim Gusse der geraden Arme in Folge der ungleichmässigen Abkühlung und dem dadurch bedingten ungleichmässigen Zusammenziehen von Kranz und Nabe ergaben. Heute jedoch, wo man mit den Gesetzen des Schränkens mehr vertraut ist und den hierbei auftretenden Kräften besser entgegen zu wirken in der Lage ist, können die oben angeführten Schwierigkeiten nicht mehr ausschlaggebend sein.

Dampfcylindermantel.

Die Herstellung des Dampfcylinders mit Mantel in einem Stück mittelst Kerngusses bietet nicht immer die nöthige Sicherheit für ein Gelingen der Arbeit, da man nicht im Stande ist, sich von der Beschaffenheit des Materials in der Kernnähe zu überzeugen. Da ferner ein Ausbohren des Mantels nicht möglich ist, so werden etwaige Risse oder Gussblasen unbemerkt bleiben. Ferner sind bei dem Giessen eines derartig komplicirten Stückes ausserordentlich hohe Köpfe aufzusetzen, die wiederum das Gussstück unnöthig vertheuern.

Viele Werkstätten, wie z. B. Bollinckx in Brüssel, suchen diese Uebelstände dadurch zu umgehen, dass sie diese Cylinder aus zwei einzeln gegossenen Stücken zusammenstellen. Das eine Gussstück stellt den eigentlichen Cylinder mit den Angüssen für die Steuerungstheile dar, während das andere den Dampfmantel mit den Arbeitsflächen für die Ventilführungstheile bildet. Das Cylinderstück wird von aussen abgedreht, während das Mantelstück auf denselben Durchmesser ausgebohrt wird. Beide Theile werden sodann hydraulisch auf einander gepresst, sodass ein durchaus dichter Luft- resp. Dampfmantel entsteht.

Ein weiterer Vortheil liegt darin, dass man Gelegenheit hat, sich von der Güte des Materials an jeder beliebigen Stelle überzeugen zu können.

Gegossene Gewinde.

Vor ungefähr zehn Jahren erhielt eine Fabrik den Auftrag, einige Verbindungsstücke für Saugrohre von 250 mm Durchmesser für einen Pulsometer, der zum Auspumpen eines Grabens dienen sollte, anzufertigen. Da sie derartige Kupplungen noch nicht gemacht hatte, und diese auch nicht mehr kosten sollten, als durchaus nothwendig wäre, indem die Arbeit immerhin eine mehr oder weniger überstürzte war und die Fabrik wohl schwerlich wieder einen ähnlichen Auftrag erhalten würde, so musste sie darauf sinnen, eine Rohrverbindung herzustellen, die, wenngleich billig, dennoch gut und sicher wirkte. Deshalb entschloss man sich, die Rohre in einander zu verschrauben und hierzu die Gewinde, sowohl das Aussen-, wie auch das Innengewinde zu giessen, wobei die Gewindegänge nur als ein Mittel zum Zusammenhalten der beiden Stücke betrachtet wurden, während es den Bundringen überlassen blieb, die Dichtung herzustellen.

Das Gewinde erhielt vier Gänge pro 1″ und war von dreieckigem Querschnitt; eventuell würde sich ein noch gröberes Gewinde hierzu besser eignen. Nach dem Ausgiessen wurden die Kupplungen in ein Futter gespannt und mittelst eines stumpfen Stahles von dem anhaftenden Sande befreit. Diese Ausführung scheint sich in der Praxis bewährt zu haben, da hierüber keinerlei Klagen gekommen sind.

IX. Betriebs-Arbeiten.

Leistungsfähigkeit einer Maschine.

Lange Zeit hindurch war bei der Beurtheilung einer Maschine das äussere Ansehen mehr oder weniger ausschlaggebend. Erst mit der wachsenden Anforderung an die Leistungsfähigkeit wandte man mehr und mehr das Augenmerk auf die Konstruktion und vor allen Dingen auf die Stabilität der Maschine. Die Fabrikanten wurden von den Abnehmern gedrängt, die einzelnen Maschinentheile und somit die ganze Maschine, zu verstärken. So wurde allmählich das Gewicht der Maschine vergrössert, die Wellen und Spindeln verstärkt, die Lager und Lagerstellen bedeutend verlängert, oder mit einem Wort gesagt, die Stabilität der Maschine in ein richtiges Verhältniss zur Leistungsfähigkeit gesetzt. Durch die Vergrösserung der Stabilität sowie in Folge der besseren Ausführung erhält die Maschine zwar ein von der ersten Konstruktion vollständig verschiedenes Aussehen, besitzt aber dafür der alten gegenüber den grossen Vorzug, dass sie weit befähigter ist, die ihr zugemutheten Arbeiten zu verrichten und in Folge dessen viel mehr und weit bessere Arbeiten zu liefern.

Einfachheit in Konstruktion und Herstellung.

Das Bestreben eines jeden Konstrukteurs geht heutzutage dahin, die Konstruktion einer Maschine oder eines Arbeitsstückes möglichst zu vereinfachen. Damit ist nun keineswegs gesagt, dass dadurch die Herstellungskosten der Maschine verringert werden; im Gegentheil lassen sich viele Fälle anführen, wo in Folge einer unwesentlichen Vereinfachung die Herstellung der Maschine mit so bedeutenden Schwierigkeiten verbunden war, dass man diese sogenannte Vereinfachung als einen grossen Fehler bezeichnen muss. Nicht die Stückzahl einzelner Theile darf bei der Beurtheilung der Maschine als maassgebend hingestellt werden, sondern vor allem ist darauf zu achten, dass die Bearbeitung der Arbeitsstücke auch in einer den Hülfswerkzeugen der Werkstätte entsprechenden Weise vorgenommen werden kann.

Im Folgenden sei ein Beispiel einer solchen Vereinfachung angeführt. Es erscheint oft auf den ersten Blick zweckmässig, die Führungen für den Kreuzkopf an das Maschinengestell mit anzugiessen, da in diesem Fall nur gerade Flächen zu hobeln sind. Bedenkt man dabei aber, dass es über kurz oder lang nöthig sein wird, die Flächen in Folge der Abnutzung nachzuhobeln, so erscheint die Einfachheit der Konstruktion schon zweifelhafter. Denn, anstatt dass man die Führungsflächen abnehmen kann, muss man sich jetzt nach einer Vorrichtung umsehen, um dieselben an Ort und Stelle nachhobeln zu können. Dass eine derartige Vorrichtung unter Umständen an dem betreffenden Orte, wo die Maschine steht, nicht zu beschaffen ist, braucht wohl nicht weiter ausgeführt zu werden. Auf jeden Fall scheint es bei diesem Beispiel weit vortheilhafter zu sein, Bett und Führung getrennt herzustellen und womöglich letztere auswechselbar zu machen.

Ein anderes Beispiel, das zeigen soll, wie durch ein Zuvielthun nach der einen Richtung hin, der ganzen Sache mehr geschadet als genützt wird, sei hier noch erwähnt. Bei den ersten Pulsometern, die in Gebrauch kamen, wurde als besondere Empfehlung angegeben, dass sie aus einem Stück gegossen seien, keine komplicirten Theile vorhanden wären u. s. w.

Der Pulsometer wurde zum Auspumpen eines Schachtes benutzt. Die gewöhnliche Pumpe war, da sie 1,2 m unter Wasser stand, unbrauchbar geworden, und schien in Folge dessen der Pulsometer die einzige Rettung zu sein. Er wurde also aufgestellt und arbeitete auch ganz den Erwartungen entsprechend. Er förderte das schmutzige, sandige, mit Schwefelsäure versetzte Wasser in einer Weise, als wenn er eigens hierzu konstruirt worden wäre, und arbeitete so zur Zufriedenheit, dass sich fast alle umliegenden Werke Pulsometer bestellten.

Aber es dauerte nicht lange, da trat schon eine allgemeine Sinnesänderung in Bezug auf die Leistung des Pulsometers ein. „Nur ein Gusskörper und drei gewöhnliche Gusskugeln“ klang ja sehr gut und schien auch jedwede Reparaturkosten auszuschliessen; bald aber kam die Zeit, wo die Ventile und ihre Sitze soweit abgenutzt waren, dass die Ventile überhaupt nicht mehr schlossen. Da musste denn der ganze Apparat ausser Dienst gestellt werden, weil keine Möglichkeit vorhanden war, denselben durch Nacharbeiten wieder gebrauchsfähig zu machen. Letzterem Uebelstand wurde freilich späterhin durch Neukonstruktion und Zufügung neuerer Theile abgeholfen.

Diesen Ausführungen gegenüber muss aber immer wieder betont werden, dass es keine Entschuldigung dafür giebt, zehn Teile an einem Arbeitsstück anzubringen, wenn zwei genügen, selbst dann nicht, wenn die zehn Teile in ihrer Herstellung nicht mehr kosten sollten als die zwei.

Man kann dies gewissermassen mit einem Arbeiter vergleichen, der schlechte Arbeit macht, weil sie billig ist; selbst an geringwerthigen Arbeitsstücken sollte nur die beste Arbeit geleistet werden, da sonst der Wert des Arbeitsstückes selbst bedeutend vermindert wird. Man gehe z. B. nur nach einer wirklich guten Fabrik und frage dort nach einer rohen Arbeit. Man wird zweifellos die Antwort erhalten, dass die Arbeiter nicht verständen, eine solche zu machen und man ihnen auch nicht Gelegenheit geben wolle, dies zu lernen.

Wenn man sich die Sache genau überlegt, so wird man finden, dass häufig einfache Methoden besser sind als komplicirte. So z. B. giebt es wohl nur wenige Fälle, wo man zwei Lagerstellen nicht durch untergelegte Papier- oder Eisenstreifen an Stelle eines Keiles mit seiner komplicirten Vorrichtung der Stell- und Befestigungsschrauben nachstellen könnte. Mit Hülfe einer Stellschraube, die ein Gewinde von 16 Gang pro 1″ hat, lässt sich praktisch vielleicht $^1/_{20}$ mm einstellen;

denselben Betrag kann man auch durch Auflegen eines entsprechend starken Papierstreifens erreichen.

Oft sieht man einen Konstrukteur sich abplagen, die Konstruktion einer ganzen Maschine einem einzelnen Theil, welches er vorher fertig gestellt hat, anzupassen. Dass eine derartige Konstruktionsweise wohl nicht zu billigen ist, liegt klar auf der Hand, da man wohl einzelne Stücke der Gesammtkonstruktion anfügen kann, nicht aber umgekehrt.

Richtige Wahl der Hülfsmittel.

Von der richtigen Wahl der Hülfsmittel hängt oft nicht nur die Güte der Arbeit ab, sondern wird auch der Preis mehr oder weniger beeinflusst. Hier gilt vor allen Dingen der Satz: je einfacher, je besser. Als Beispiel sei hier auf den sehr kostspieligen Luftbremscylinder zur Aufnahme der lebendigen Kraft eines hin- und hergehenden Maschinentisches hingewiesen. Ein Cylinder muss ausgebohrt, sowie ein Kolben abgedreht werden, beides Arbeiten, die verhältnissmässig sehr theuer sind; damit aber noch nicht genug, der Cylinderboden muss noch, dem jeweiligen Druck entsprechend, einstellbar, also mit Gewinde versehen sein. Während letztere Anordnung allein schon 50 bis 60 M. kostet, würde sich genau dieselbe Wirkung mittelst eines gewöhnlichen Wasserhahnes, der vielleicht 2 M. kostet, erzielen lassen. Will man den Widerstand vergrössern, so braucht man nur den Hahn zu öffnen, oder im entgegengesetzten Fall zu schliessen.

Die Konstruktion des nachstellbaren Kolbenbodens ist geistreicher, die Anwendung des Wasserhahnes jedoch weit einfacher.

Revision der Arbeitsstücke.

Die Revision der Arbeitsstücke spielt heutzutage im Maschinenbau, wo es sich um Arbeiten mit $^1/_{10}$—$^1/_{100}$ mm Genauigkeit und um die Herstellung von auswechselbaren Theilen handelt, eine grosse Rolle. Es muss Werth darauf gelegt werden, dass die Revision der einzelnen Theile sowie der ganzen Maschine gründlich vorgenommen wird und vor Allem mit möglichst geringen Kosten verknüpft ist.

Es giebt nun eine grosse Zahl von Maschinen, wie Dynamomaschinen, Werkzeugmaschinen etc., die ihrer Grösse und Schwere wegen nicht gut zu dem Revisor hingebracht werden können; in welchem Falle demnach der Revisor nach der Stelle, wo die Maschine steht, gehen muss, um dort die Revision vorzunehmen.

Um letztere möglichst einfach zu gestalten, ohne dabei irgend welchen Platz auf den Arbeitsbänken der Arbeiter zu beanspruchen, hat man bei Brown & Sharpe ein Revisionspult

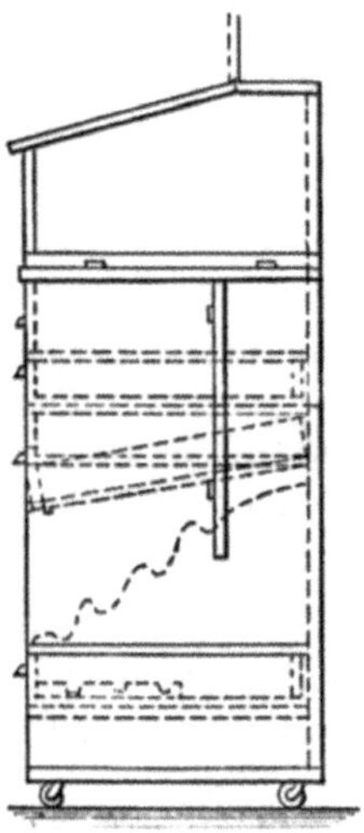

Fig. 201.

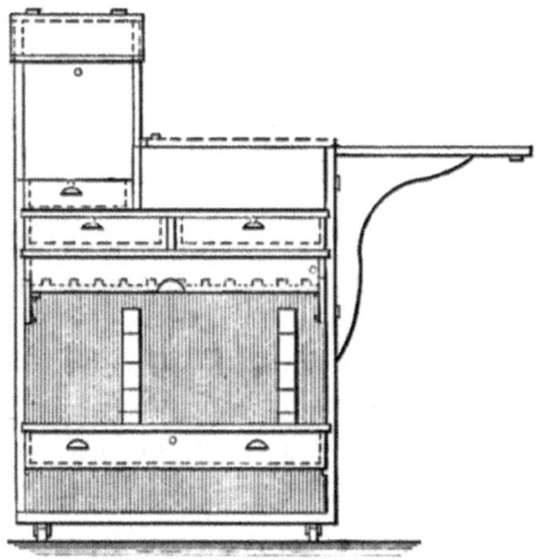

Fig. 202.

eingeführt, das in den Fig. 201 und 202 dargestellt ist. Das Pult mit der Platte, die zum Auflegen der Arbeitsstücke dient, ist ca. 850 mm hoch, während die hier schräg angeordnete Schreibunterlage sich in einer passenden Höhenlage befindet. Der eigentliche Arbeitstisch kann durch Aufklappen eines in Charniren gewöhnlich nach unten hängenden Brettes erweitert werden.

An der Seite befinden sich eine Anzahl Kästen, die zur Aufnahme der nöthigen Bücher, Tabellen sowie der Bohrer und Hülfswerkzeuge dienen, während weiter unten ein Regal für lange Schraubenzieher, Messstangen etc. vorgesehen ist.

Die Darstellung spricht so für sich, dass eine jede weitere Erklärung wohl überflüssig ist. Der Gebrauch eines derartigen auf Rollen gesetzten Pultes empfiehlt sich ebenso für die Revision von Dampfmaschinen, Werkzeugmaschinen etc., als bei der Fabrikation von kleinen Präcisionsmaschinen, wie Schreibmaschinen etc.

Fabrikationskosten.

Wer sich damit beschäftigt hat, die Fabrikationskosten für ein bestimmtes Arbeitsstück festzustellen, weiss, wie schwierig es ist, auch nur ein annähernd richtiges Resultat zu erhalten. Mit ziemlicher Sicherheit kann man die Kosten der Rohmaterialien berechnen, ferner lassen sich die Arbeitslöhne für das betreffende Stück aufstellen; die Werkstattsunkosten hingegen werden wohl nur in den seltensten Fällen wirklich genau angegeben, denn diese bilden einen Faktor, der sich stetig mit den betreffenden Werkstatts- und Arbeitsverhältnissen ändert.

Ueber die Werkstattunkosten äusserte sich ein Fachmann mit mehr oder weniger Recht: „Die Werkstattunkosten lassen sich nur am Schlusse des Jahres festsetzen, indem man von den Gesammtausgaben die Summe der Kosten der Materialien und Arbeitslöhne in Abzug bringt. Dividirt man in diese Differenz die Kosten der im Jahre hergestellten Arbeiten, so giebt der Quotient das durchschnittliche Verhältniss der Arbeits- und Werkstattunkosten für das verflossene Jahr. Dieses Verhältniss ist, so weit nicht bedeutende Betriebsänderungen vorgenommen werden, für das kommende Jahr in Rechnung zu setzen.“

Diese Rechnung erinnert sehr an die Geschichte von dem Manne, der das Gewicht von Roheisen äusserst genau anzugeben verstand, indem er einfach das Eisen gegen einen Stein, den er auf einer langen Stange hielt, abbalancirte und dann das Gewicht des Steines rieth.

Auf dieser Basis werden sich die Betriebsunkosten in grösseren Werkstätten im Verhältniss zu kleineren, bedeutend höher stellen, da ja bei gleichen Einkaufspreisen für die Rohmaterialien die grössere Werkstätte in der Lage ist, die

Arbeitskosten der kleineren gegenüber zu verringern. Aber trotzdem kann eine kleinere Werkstätte in den meisten Fällen eine Arbeit zu einem Preise herstellen, der für eine grössere Werkstätte mit einem Verluste gleichbedeutend wäre.

Ein ungleich besserer Weg zur Bestimmung der allgemeinen Unkosten scheint der zu sein, eine jede Maschine als einen Arbeiter anzusehen, der so und soviel für den Tag erhält. Zu diesem Betrage sind dann die Kosten für die Betriebskraft, der Procentsatz für die Verzinsung und Amortisation der Maschine sowohl, wie auch des betreffenden Gebäudetheiles, unter dem die Maschine Schutz findet, hinzuzufügen.

Allerdings ist auch für die Zeit, die die Maschine ausser Betrieb ist, der Procentsatz für die Verzinsung und Amortisation des Gebäudes, wie auch theilweise der Maschine selbst, in Rechnung zu setzen. Es würde somit auch hier der Procentsatz für die Betriebsunkosten in einer grösseren Werkstätte etwas höher ausfallen als in einer kleineren.

Ob man nun die Kosten auf dem einen oder anderen Wege feststellt, das Resultat wird stets nur ein annäherndes sein; aber es ist doch immerhin besser, innerhalb 25 $^0/_0$ auf die wirklichen Kosten zu kommen, als in 50 $^0/_0$.

Unkosten und 10 $^0/_0$ Verdienst.

Vor einigen Jahren hatte ich Gelegenheit, in einer grösseren Werkstelle eine Arbeit vornehmen zu lassen. Da die Arbeit häufigen Abänderungen unterworfen war, indem hier und da ein Stück geändert, versucht oder ganz weggeworfen wurde, so wurde ein Abkommen getroffen, dass ich die Unkosten und 10 $^0/_0$ als Verdienst für die betreffende Fabrik zahlen sollte.

Als die Rechnung kam, schien mir dieselbe so unverhältnissmässig hoch, dass ich um eine detaillirte Aufstellung bitten musste, die mir dann auch viele interessante Auskünfte über die Art der Berechnung darbot. Z. B. wenn eine Arbeit von einem Lehrling, der nur ganz geringwerthig bezahlt wurde, ausgeführt worden war, so hatte ich den Lohn für einen geschickten Arbeiter zu bezahlen, was sich allerdings damit begründen liess, dass derartige Arbeiten in anderen Fabriken von geübten Arbeitern vorgenommen wurden. Der Lehrling hatte in diesem Falle die Erfahrung, die Fabrik den Nutzen und ich den Schaden; aber gleichwohl erhielt ich eine dem Gelde entsprechende Arbeit. Der Hauptgrund, weshalb ich der betreffenden Fabrik die Arbeit übertragen hatte, war der, weil ich wusste, dass die Lehrlinge mit den Fräsmaschinen etc. wohl vertraut wären, und ich hoffte, nur für die Lehrlinge bezahlen zu müssen.

Jede Arbeit, die in einer Specialabtheilung der betreffenden Fabrik für mich gemacht wurde, kam sowohl dieser Specialabtheilung, wie auch in zweiter Linie dem ganzen Werke zu Gute. Dagegen liess sich nichts einwenden, da ich ja wieder durch Benutzung der Tischlerei, Giesserei u. s. w. Vortheile zog. Was mir aber am Sonderbarsten erschien, waren die Belege, die für die Generalunkosten angegeben waren.

Verzinsung,
Amortisation,
Abnutzung, Reparaturen,
Steuern und Zoll,
Versicherungen,
Betriebsleitung,
Korrespondenz und Abrechnung,
Heizung,
Gasbeleuchtung und zu guter letzt noch
Allgemeines.

D. h. ich hatte während der Zeit, in welcher die Arbeit hergestellt wurde, an allen Unkosten der Fabrik meinen Antheil zu zahlen. Ich bezahlte nicht nur einen Theil der Verzinsung des Gebäudes, in welchem meine Arbeit vorgenommen wurde, sondern auch noch einen Beitrag für alle umliegenden.

Ich bezahlte ferner unter der Rubrik „Allgemeines" einen Theil der Löhne für jeden Schreiber, Meister, Heizer, Tagelöhner u. s. w., der in „meiner Abtheilung" beschäftigt war, ebenso wie für den Wächter, der meine Arbeit vor dem Verbrennen oder Gestohlenwerden bewahren sollte.

Und wieviel Procente hatte ich zu zahlen? Das änderte sich jeden Tag. Wurden z. B. für 15000 M. Waaren pro Tag hergestellt und kamen dabei auf meinen Antheil für ungefähr

150 M., so zahlte ich 1 % der Gesammtsumme; wären dagegen nur für 1500 M. Waaren hergestellt worden, so hätte ich 10 % zu zahlen gehabt. (Eine Thatsache, die allerdings in der Zeit nicht eingetroffen ist.) Das Einzige, was mich an der Sache freute, war, dass ich während der Zeit nicht der einzige Abnehmer der Fabrik gewesen bin.

Kalkulation in der Werkstatt.

Im Folgenden sei auf ein System der Werkstattkalkulation hingewiesen, wie es bei Pratt & Withney in Gebrauch ist. Eine jede Maschine sowie jeder einzelne Maschinentheil ist mit einer fortlaufenden Nummer versehen, die alle in ein bestimmtes Buch eingetragen sind, in welchem neben der Bezeichnung des betreffenden Theiles die Arbeitsstunden und die bezahlten Löhne in folgender Weise verzeichnet sind.

16″ Schraubenmaschine.

No. der Maschine.	No. des Theiles.	Name des Theiles.	Arbeitsstunden	Lohn M.	Lohn Pf.
24	3	Anschlag für die Leitspindel.	2	1	—
	4	Ring auf der Spindel.	3	1	50
	6	Einrücker für den Vorschub.	1	—	50
	7	Spindel.	5	2	50
	24	Spindelkasten.	10	5	—
	25	Spindelkastenrad.	4	2	—
	27	Wechselrad.	2	1	—

Die einzelnen Operationen an dem Arbeitsstück werden von Zeit zu Zeit mittelst Zeichen im Buche festgelegt. So z. B. zeigt (—) an, dass das Arbeitsstück geschmiedet oder gegossen, (×) dass es centrirt, (*) dass es ausgeschrubbt, (* —) dass es ungefähr fertig, (* — ×) dass es fertig zum Zusammensetzen ist.

Die Zeiten, welche die einzelnen Operationen erfordern,

werden von dem Arbeiter auf Karten vermerkt, diese dem Meister abgeliefert und von demselben eingetragen.

Die Arbeitskarten sind in folgender Weise vorgedruckt und ausgefüllt.

Arbeit für ....

von ....

16″ Drehbank.

No. der Maschine.	No. des Theiles.	Gesammtzahl des Theiles	Name des Theiles
24	5	60	Wechselradbolzen.

Datum	Arbeit bei	Stunden-zahl	Operation
Jan. 19.	Tuttle	5	Ausschrubben
„ 20.	„	10	„

Gesammtzahl der Stunden ....

Gesammtkosten ....

Durchschnittliche Kosten ....

Die drei letzten Rubriken werden von dem Meister oder Abrechnungsbeamten ausgefüllt.

Werkzeug-Verzeichniss.

Die Anforderungen an die Leistungsfähigkeit einzelner Fabriken in Bezug auf die grösste Gleichmässigkeit aller Theile sowie der äussersten Genauigkeit der Arbeit unter

Aufwendung möglichst geringer Arbeitskosten hat neben der Benutzung der besten Werkzeuge und Vorrichtungen bestimmte Systeme gezeitigt, die zur Feststellung der Betriebskosten sowohl, wie besonders zur Ermöglichung eines rationellen Betriebes durchaus nothwendig sind.

Namentlich Brown & Scharpe besitzen Arbeitssysteme, die wohl der Nachahmung werth sind. Der Besucher, der durch die Werkstätten geht, kann sich wohl nicht der Thatsache verschliessen, dass hier nicht nur die vorzüglichste Arbeit geliefert, dass nicht allein aus Liebe zur Sache, sondern auch um einen Vortheil zu erzielen, gearbeitet wird.

Nur die billigere Herstellung der Einzeltheile, die nicht durch Drücken der Löhne, sondern nur durch Verbesserung der Arbeitsmethoden erreicht wurde, konnte es ermöglichen, dass die Fabrik heute Maschinen um 50 $^0/_0$ billiger verkaufen kann, als vor zehn Jahren, wobei die Qualität der Arbeit und des Materials nicht nur nicht geringwerthiger geworden ist, sondern in jeder Beziehung den höchsten Anforderungen genügt.

Eine mustergültige Ordnung in der Aufbewahrung verbunden mit einer sorgfältigen Benutzung der einzelnen Werkzeuge und Vorrichtungen geht hier mit der Verwendung der besten Arbeitsmethoden Hand in Hand.

Für das Instandhalten der Werkzeuge sorgt schon die Anordnung, dass man den einzelnen Arbeiter für das ihm übergebene Werkzeug verantwortlich macht. Der Arbeiter ist für jedes Werkzeug, bis zum kleinsten Meissel herab, mit einem bestimmten Werthsatz belastet. Auf diese Weise wird ihm eingeprägt, dass das Werkzeug nicht nur so und soviel an Material werth ist, sondern dass auch die Herstellung desselben Geld gekostet hat und dass es vor Allem dazu verfertigt ist, Geld zu verdienen.

Dieses System verdient vor allen andern in Maschinenbauwerkstätten eingeführten so sehr den Vorzug, dass gewiss eine jede Einzelheit Interesse und Nutzen darbieten wird. Im Folgenden sei deshalb die Kopie einer Werkzeugliste wiedergegeben, die eine genaue Uebersicht dessen giebt, was jedem Arbeiter übergeben wird, wieviel es kostet, resp. was er hierfür zu ersetzen hat.

Brown & Sharpe Co.

Werkzeug-Liste.

Schublade-No. ....

.... 189

Jeder Arbeiter ist im Besitz einer verschliessbaren Schublade und wird für die ihm übergebenen Werkzeuge im beigefügten Werthe verantwortlich gemacht.

No.	Benennung	Werth	
	Brett für die Stähle		
	Drehstähle		
	Oelkanne		
	Bankbürsten		
	Handbesen		
	Gewindebürste		
	Feilen		
	Schraubenzieher		
	Handstahle		
	Schaber		
	Centrirbohrer		
	Centrirsenker		
	Spannstücke		
	Meissel		
	Bleihämmer		
	Kupferhämmer		
	Schubladenschlüssel etc. etc.		

Jedes andere Werkzeug kann vom Werkzeuglager gegen Schein erhalten werden.

Werkzeuge werden nur dem Besitzer des Scheines ausgehändigt und müssen, damit andere Leute nicht darauf zu warten haben, sofort wieder abgeliefert werden.

Jede Beschädigung des Werkzeuges wird dem Besitzer des Scheines angerechnet, sofern nicht der Verschleiss durch den Gebrauch selbst bedingt ist.

Verbrauch an Materialien.

Selten ist ein Fabrikbesitzer in der Lage, sich ein klares Bild von den Kosten zu machen, die durch eine bestimmte Arbeit bedingt werden. Nur selten kann er direkt übersehen, ob der Materialverbrauch an Oel, Putzwolle, Feilen u. s. w. gerechtfertigt ist oder nicht. Gewöhnlich herrscht das System, so viel zu gebrauchen, als gerade nothwendig ist, d. h. jeder Arbeiter kann sich so viele Materialien holen, als es ihm beliebt. Es liegt wohl auf der Hand, dass bei einer derartigen Einrichtung die Wahrscheinlichkeit sehr gross ist, dass entweder die Materialien vergeudet, oder gar gestohlen werden. Dass in dieser Beziehung bei einer regelrechten Ausgabe gespart werden kann, zeigen die Fabriken, die nicht nur genau Buch darüber führen, was ein jeder Mann pro Woche erhält, sondern auch wieviel er davon verbraucht, die sogar so weit gehen, den Betrag, den ein jeder erhalten soll, genau festzulegen.

Bei Brown & Sharpe ist ein Ausgabesystem zur Anwendung gebracht, welches ebenso einfach wie vollständig ist. Um nur eines anzuführen, so befindet sich z. B. in jeder Abtheilung ein Verzeichniss, in welchem die Materialien für einen jeden Arbeiter, für eine gewisse Zeit ausgerechnet, eingetragen sind. Das Kopfstück eines derartigen Verzeichnisses, in diesem Fall für den Werkzeugraum des so und so vielten Gebäudes, ist hier beigefügt.

Werkzeug-Raum.

No. .... Gebäude.

Materialverbrauch für 4 Wochen, endigend mit 189

No.	Name	Kannen Oel			Feilen			Blatt Schmirgelleinen	Putzwolle	Diverse	Diverse	
		Fett	Wallöl	No. 2.	Neu-Bastard	do. aufgehauen	Schlicht					

Wird der Verbrauch irgend eines Materials unverhältnissmässig gross, so stellt sich das sofort heraus und lassen sich die Ursachen hierfür auffinden. Ebenso leicht ist es herauszufinden, ob ein Arbeiter die Gewohnheit hat, seine Hände in Oel zu waschen, oder einige Feilen mit nach Hause zu nehmen. Zeigt sich ein unverhältnissmässig grosser Verbrauch an Feilen, so mag dies die Veranlassung sein, entweder ein grösseres Lager von Feilen zu halten, oder das eine oder das andere Stück auf einer Arbeitsmaschine bearbeiten zu lassen.

Auf einem anderen Blatt werden die Materialien verzeichnet, die von den einzelnen Abtheilungen aus den Werkzeugraum entnommen werden. Der Kopf dieses Blattes zeigt folgende Eintheilung:

Werkzeug-Raum.

No. .... Gebäudes.

Materialverbrauch innerhalb 4 Wochen, endigend mit 189

Materialien	Parterre	I. Etage	II. Etage	III. Etage	Schmiede	Härterei	Modell-tischlerei	Giesserei	

In der ersten Spalte werden die verschiedenartigen Materialien wie Putzwolle, Oel, Feilen u. s. w. eingetragen und unter den betreffenden Vertheilungsspalten der jeweilige Verbrauch derselben in Liter, Pfund, Stückzahl u. s. w. angegeben, sodass auf diesem Blatte alle in dem betreffenden Werkzeugraum ausgegebenen Materialien genau verzeichnet sind.

Schmiermaterialersparniss.

Der Verbrauch von Schmiermaterialien in der Werkstätte ist bei der Berechnung der Betriebskosten ein nicht zu verachtender Faktor und ist darum eine jede Ersparniss an Schmiermaterialien wünschenswerth. Es soll damit keineswegs gesagt werden, an der Menge der Schmiermaterialien, die zum

Instandhalten der Lager und Führungen nötig ist, zu sparen, sondern es soll nur einer unnützen Verschwendung entgegengetreten werden. Der wirklich nothwendige Oelverbrauch kann nicht von vorn herein festgelegt werden, da er sich nach dem Material, den Dimensionen sowie nach der Beschaffenheit der Lager richtet. Aber über diesen wirklichen Bedarf hinaus wird eine grosse Menge Oel in Folge der Nachlässigkeit des Wärters oder einer unregelmässigen Schmierung, indem die Maschine eine Zeit lang trocken läuft und dann wieder in Oel schwimmt, vergeudet.

Eine gewisse Menge Oel wird ferner durch Unachtsamkeit, an allen möglichen Stellen, wo es gar nicht nöthig, verschüttet, was noch durch ein eventuelles Lecken der Oelbehälter vergrössert wird.

Es empfiehlt sich, den durchschnittlichen Oelverbrauch einer Maschine, die unter bestimmten Verhältnissen arbeitet, festzusetzen, hiernach die Menge des pro Tag erforderlichen Oeles zu bestimmen und nur diesen Betrag dem Arbeiter auszuhändigen.

Es wird sich stets herausstellen, dass, wenn es dem Arbeiter anheim gestellt wird, Oel nach seinem Belieben zu gebrauchen, ein grösserer Oelverbrauch stattfindet, als wenn demselben ein bestimmtes Maass zugemessen wird.

Selbstverständlich hat man darauf zu achten, dass sich die Oelbehälter und -Kannen immer in gutem, gebrauchsfähigem Zustande befinden und an keiner Stelle undicht sind. Das grösste Gewicht ist auf ein regelmässiges Schmieren zu legen, indem hierdurch die Lagerstellen vor dem Heisslaufen bewahrt werden, was eine bedeutende Oelersparniss bedingt, da ja im anderen Falle dem Lager eine unverhältnissmässig grosse Oelmenge zum Abkühlen zugeführt werden muss. Abgesehen hiervon wird in der Zeit, wo das Lager fast ohne Schmierung läuft, die Reibung und somit auch die Abnutzung eine weit grössere sein.

Ein häufiges Wechseln mit den Oelarten wird ebenfalls einen Mehrverbrauch zur Folge haben, nicht etwa weil das eine Oel schlechter wäre als das andere, sondern weil der betreffende Arbeiter nicht mit der Beschaffenheit des Oeles und seiner Schmierfähigkeit vertraut ist.

Einige Oele sind sehr dünnflüssig und werden in Folge dessen noch bei fest angezogenen Lagern wirksam sein, andere dagegen sind dickflüssiger und können daher, da sie nicht immer an die richtige Stelle gelangen, nicht zur vollen Wirkung kommen. Manche Oele wiederum geben nur bei bestimmter Geschwindigkeit und Druck günstige Ergebnisse, während sie bei veränderten Verhältnissen ungünstig wirken; so giebt es Oele, die für einen gewissen Dampfdruck und nassen Dampf vorzüglich zu benutzen sind, während andere wiederum sich nur für höheren Druck und trockenen Dampf eignen.

Wer an Schmiermaterial sparen will, richte demnach sein Hauptaugenmerk auf die richtige Wahl des Oeles sowie auf eine möglichst genaue Bestimmung der zur Schmierung erforderlichen Oelmenge.

Ueberstundenarbeit.

Es soll hier weniger auf die Vor- und Nachtheile der Ueberstundenarbeit in Bezug auf das Arbeitsmaterial und die Arbeiter hingewiesen (Streitigkeiten, ob eine Lohnerhöhung für diese Zeit zu gewähren ist, hängen meist von örtlichen Verhältnissen ab), als die hierdurch bedingten Betriebsänderungen erwähnt werden. Bezug genommen sei hier auf ein Beispiel, bei dem man in einer Fabrik nur in einer Abtheilung, hier der Modelltischlerei, mit Ueberstunden arbeiten wollte. Dabei stellte sich heraus, dass man, da keine Kupplung vorhanden war, sich genöthigt sah, die Haupttransmission des 60 m langen Gebäudes mitlaufen zu lassen, obgleich sich die Tischlerei am Ende des Gebäudes befand und die Betriebsmaschine in deren nächster Nähe aufgestellt war. Der Umstand, dass bei einer derartigen Anordnung die Betriebskosten bedeutend vergrössert werden, dass ferner die Gefahr vorhanden ist, durch Heisslaufen eines Lagers in dem nicht benutzten Theile des Gebäudes den Betrieb in Frage gestellt zu sehen, muss mehr oder weniger für die Einrichtung der Ueberstundenarbeit ausschlaggebend sein. Auf jeden Fall ist bei derartigen langen Transmissionsleitungen das Einschalten von Kupplungen eine dringende Nothwendigkeit.

Praktische Werkstatts-Anordnungen.

Nur in den wenigsten Fabriken wird auf die richtige Lage der Arbeitsräume, der einzelnen Maschinen oder Hülfsmittel zu einander ein der Wichtigkeit der Sache entsprechender Werth gelegt.

Die Folge einer schlechten Anordnung und Einrichtung

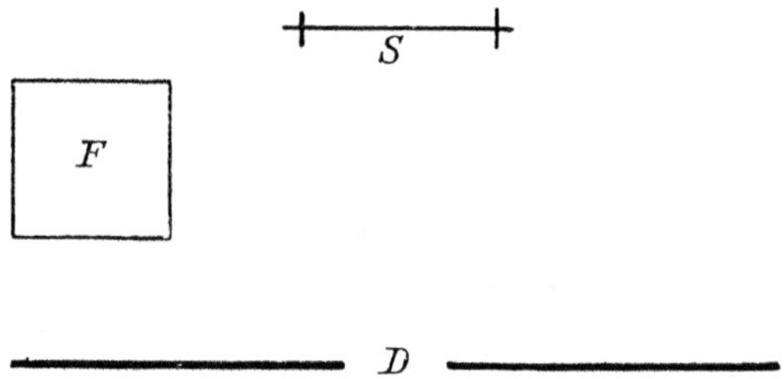

Fig. 203.

wird sich bei näherer Betrachtung in Gestalt erhöhter Unterhaltungs- und Betriebskosten äusserst fühlbar machen.

Auf ein einfaches und dennoch schlagendes Beispiel einer solchen falschen Anordnung sei hier hingewiesen. Durch das Thor *D* eines Fabrikgebäudes Fig. 203 wurden täglich eine grosse Anzahl von Packeten im Gewicht von 6 bis 900 kg

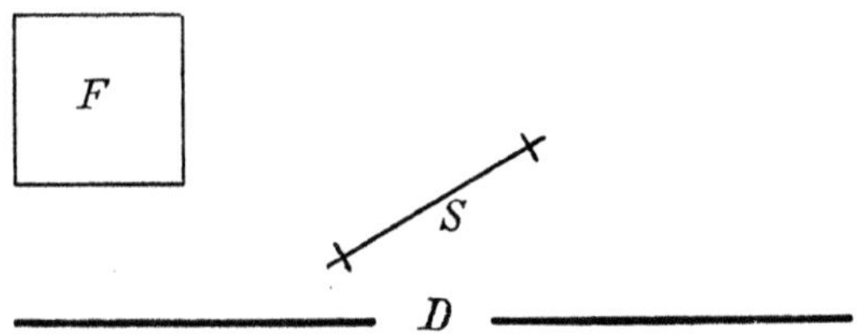

Fig. 204.

eingebracht. Bevor ein jedes dieser Packete mittelst des Aufzuges *F* nach einem der höheren Stockwerke gebracht werden konnte, musste es auf der Waage *S* nachgewogen werden. Dass nun deren Lage zu dem Fahrstuhl *F* und zur Thüre *D* keine günstige ist, lehrt die Abbildung. Ein jedes Packet musste erst nach der Waage gebracht und hierauf in

Richtung des Aufzuges gedreht werden, um dann erst nach dem Aufzuge transportirt werden zu können. Da Platz genügend vorhanden war, ist kein Grund zu finden, warum gerade diese Anordnung gewählt wurde.

Die Abbildung Fig. 204 giebt zweifellos eine bedeutend bessere und praktischere Anordnung des Aufzuges, indem sich hier die Waaren, sobald sie nach der Waage gebracht sind, schon in Höhe des Aufzuges befinden und in Folge dessen keinerlei Rücktransport nöthig wird.

X. Bureau-Arbeiten.

Befestigung des Zeichenpapieres auf dem Reissbrett.

Während man lange Zeit hindurch in einzelnen Fabriken das Zeichenpapier fast durchgehends aufklebte, benutzt man heutzutage nur noch Reisszwecken, die sich mit derselben Leichtigkeit in das Brett einstecken wie auch herausnehmen lassen und die der Bewegung der Reissschiene und der Dreiecke in keiner Weise hinderlich sind. Allerdings ist bei der Wahl derselben darauf zu sehen, dass sie eine Kopfplatte besitzen, da sonst die Gefahr vorhanden ist, dass der Stift beim Einstecken in eine harte Stelle des Reissbrettes in den Finger eindringt.

In den Zeichensälen von Brown & Sharpe, wo auch lange Zeit hindurch diese Reisszwecken benutzt wurden, wendet man jetzt ein anderes Verfahren an, welches in mancher Beziehung vorzuziehen sein soll. Man benutzt dort kleine, gummirte Papierstreifen 20—25 mm lang und 6 mm breit und stellt auf diese Weise eine enge Verbindung zwischen der betreffenden Zeichnung und dem Reissbrett her. Gegen 1886 kam ein besonderes System des Aufklebens des Zeichenpapieres auf dem Reissbrett in Anwendung. An dem betreffenden Zeichenpapiere wurde ein Rand von ungefähr 25 bis 40 mm rund herum mit Leim bestrichen und hierauf aufgeklebt. Innerhalb dieses Randes wurde ein Zwischenraum von 25 mm freigelassen der zum Probiren der Ziehfeder und ähnlichen Zwecken diente. Es hatte dieser Rand immerhin den Vortheil, dass er dieselbe Beschaffenheit zeigte, als der betreffende Theil des Papieres, auf welchem gezeichnet werden sollte. Es liegt jedoch auf der Hand, dass ein derartiges zeitraubendes und kostspieliges Verfahren für die Werkstattszeichnungen selten in Betracht kommen kann, sondern höchstens da Verwendung findet, wo es, wie bei künstlerischen Arbeiten, auf eine äusserst genaue Unterlage ankommt.

Karrirtes Skizzirpapier.

Karrirtes Skizzirpapier bietet, insofern die Karreaux maassstäblich ausgeführt und eingetheilt sind, bei der Aufnahme von Maschinen- oder anderen Arbeitsstücken eine grosse Annehmlichkeit und Erleichterung für den Zeichner. Ebenso kann bei Reparaturarbeiten manches Arbeitsstück ebenso gut, wenn nicht noch besser, auf diesem Papiere dargestellt werden, als auf einer regelrechten Zeichnung.

Auch bei Aenderungen an Maschinen, wo die sämmtlichen Linien der Originalzeichnung doch nur, da sie zum grössten Theil Arbeitsprocesse angeben sollen, die längst vollendet sind, den betreffenden Arbeiter stören würden, ist die Darstellung der hier gerade in Betracht kommenden Aenderungslinien auf einfachem Skizzirpapier überaus empfehlenswerth.

Werkstattzeichnungen.

Bei der Herstellung von Werkstattzeichnungen ist vor Allem darauf zu achten, dass die Zeichnung das betreffende Arbeitsstück möglichst deutlich wiedergiebt und dass sämmtliche hierzu nöthigen Ansichten möglichst auf einem Blatte vorhanden sind. Ein zweiter wichtiger Punkt ist der, dass die Maasse in richtiger Reihenfolge von Mitte zu Mitte, resp. von Ansatz zu Ansatz ein und desselben Stückes gegeben und noch durch Gesammtmaasse ergänzt werden. Die Maasse müssen mit anderen Worten so eingeschrieben werden, dass der betreffende Arbeiter ohne jedes Nachrechnen die Abmessungen jedes einzelnen Theiles vor Augen hat. Sehr häufig findet man die Maasszahlen so schlecht geschrieben, dass verschiedene derselben kaum von einander zu unterscheiden sind. Die Darstellung der Zeichnung selbst mittelst ausgezogener resp. punktirter Linie ist wohl heutzutage fast in allen Ländern gleichartig. Ausgezogene Linien dienen zur

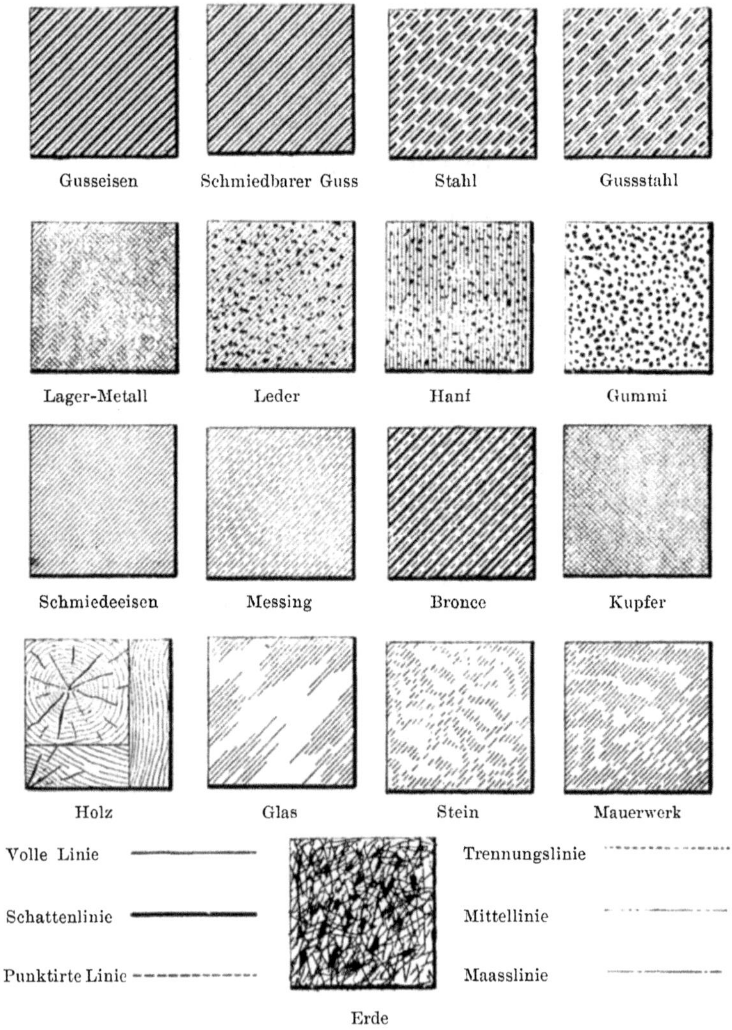

Fig. 205.

Darstellung der Aussenseiten sichtbaren Theile, punktirte Linien für Theile, die hinter den sichtbaren gelegen sind, aus Strichen und Punkten bestehende Linien hauptsächlich für Mittellinien. In gleicher Weise scheint auch die Anwendung von Farben zum Bezeichnen der einzelnen Materialien in allen Gegenden fast die gleiche zu sein.

In letzter Zeit kommt neben der Originalzeichnung immer mehr die Blaupause in Gebrauch. Da es hierbei aber nicht möglich ist, die verschiedenen Metalle durch Farben zu unterscheiden, so muss man dieselben mittelst Kombinationen von Punkten und Strichen kenntlich zu machen suchen. In Fig. 205 ist eine Reihe von Bezeichnungen für die verschiedenen Materialien wiedergegeben.

Zeichnungen, die in die Werkstatt gegeben werden, müssen möglichst steif und flach sein; dieselben dürfen unter keinen Umständen gerollt werden. Der beste Weg dies zu verhindern, besteht in einem Aufziehen der Zeichnungen auf Karton, dünnen Holzplatten oder Weissblech. Namentlich letzteres eignet sich hierzu wegen seiner Leichtigkeit und Haltbarkeit ganz besonders. Nach dem Aufziehen werden die Zeichnungen zweckmässig mit Firniss überzogen. Hierbei ist es vortheilhaft, zunächst die Zeichnung zu firnissen, dann die Ordre- und Fabrikationsnummer aufzutragen und hierauf das Ganze nochmals mit Firniss zu überziehen, sodass es bei einer Aenderung der Nummern nur nöthig wird, die Firnissschicht abzuwaschen oder mittelst Sandpapier zu entfernen, ohne hierdurch die eigentliche Zeichnung im Geringsten zu verletzen.

Metrisches Maasssystem.

Das metrische Maasssystem hat zur Zeit bei den englisch sprechenden Völkern noch wenig Eingang gefunden. Allerdings tritt das Bestreben nach einem einheitlichen Maasssystem immer mehr auf; namentlich in England findet man in vielen Fabriken neben dem Zollsystem auch schon Millimetermaassstäbe vor. Dort, wo einmal das metrische System, wenn auch nur versuchsweise, Eingang gefunden hat, ist man sich der Vorzüge dieses Systems gegenüber dem anderen voll bewusst und sucht man dasselbe, wenn es die Verhältnisse irgend erlauben, zu behalten und weiterhin einzuführen. Ein Jeder, der mit dem metrischen System zu thun gehabt hat und dann zu den Zolleintheilungen in Zweiunddreissigstel und Vierundsechzigstel zurückzugehen gezwungen ist, wird sicherlich Alles daran setzen, das metrische System für Maasse und für Gewichte benutzen zu dürfen.

Hauptdimensionstabelle.

Bei Abänderung von Maschinentheilen tritt sehr häufig der Fall ein, dass mehrere Dimensionen auf verschiedenen Zeichnungen nicht mehr übereinstimmen. Wenn nun bei der Herstellung dieser einzelnen Theile nicht äusserst vorsichtig vorgegangen wird, so können leicht grobe Fehler entstehen, indem z. B. der Lagerdurchmesser grösser wird als die Wellenstärke, oder das Lager kürzer gehalten wird als die Lagerstelle an der Axe. Um derartige Versehen zu vermeiden, ist es zweckmässig, auf einer Reihe von Blättern sämmtliche Hauptdimensionen möglichst in der Reihenfolge, in der sie zur Anwendung kommen, zusammenzustellen, sodass mit der grössten Schnelligkeit die einzelnen Dimensionen verglichen und auf diese Weise Widersprüche in denselben vermieden werden können.

Eine gute Form derartiger Dimensionstabellen zeigt Rubriken für die Längen, Breiten, Stärken oder Durchmesser sowie solche für die Gewichte. Manchmal wird es vortheilhaft sein, die Nummer oder Bezeichnung eines Arbeitsstückes sowie der zu diesem zugehörigen Einzeltheile anzugeben. Ferner wird es unter Umständen angenehm sein, die Maasse und Gewichte der fertigen und rohen Theile zu erhalten.

Zu viele Ansichten auf einem Blatte.

Aeusserst schwierig sind diejenigen Konstrukteure zu verstehen, die alle vier Seiten ihrer Konstruktion auf einer Zeichnung darzustellen für gut befinden. Um eine Zeichnung klar darzustellen, genügen im Allgemeinen drei Ansichten; höchstens sind noch einige Schnitte wünschenswerth.

In einigen Fabriken geht man so weit, Photographien herzustellen, die gleichzeitig die Vorder- und Rückseite einer Maschine wiedergeben. Es geschieht dies unter Benutzung eines Spiegels, der so aufgestellt wird, dass die Vorder- und Rückansicht des Theiles übereinander zu stehen kommt.

Ausgabe der Zeichnungen.

In jeder Werkstätte, in der eine grössere Anzahl von Zeichnungen, besonders Detailzeichnungen, vorhanden ist, insbesondere da, wo ein Blatt für mehrere Maschinenarten Verwendung findet, ist es durchaus nothwendig, ein System zu haben, nach welchem die Zeichnungen von einem bestimmten Platze aus ausgegeben werden, sodass man jeder Zeit in der Lage ist, zu erfahren, wo sich die betreffende Zeichnung befindet, resp. wer dafür verantwortlich gemacht werden kann.

Bei Brown & Sharpe ist ein Kartensystem in Gebrauch, welches dem in grösseren Bibliotheken angewandten Systeme ähnlich ist. Jede einzelne Zeichnung, sei es Originalzeichnung, Weiss- oder Blaupause, wird auf einer Karte eingetragen, die 120 mm lang und 50 mm breit ist. Inmitten der Karte, 10 mm von der Kante entfernt, befindet sich ein 4 mm grosses Loch, sodass ungefähr 6 mm der Karte stehen bleiben. Die Karte selbst ist folgendermaassen bezeichnet:

Zeit. No. od. Name u. Bezeichnung. Brown & Sharpe Mf. Co. Prov. R. I.

Zeichnungs-Verzeichniss.

Titel ....

....

....

....

Bezeichnet .... Eingetragen unter ....

....

Bemerkungen: ....

....

Die Karten werden in drei Farben ausgestellt, weiss, blau, hellroth. Die gewöhnlichen Zeichnungen werden auf den weissen Karten verzeichnet, Blaupausen auf blauen und Weisspausen auf den hellrothen. Die Karten werden alphabetisch geordnet und auf kleine Stäbe gesteckt, um so ein Herausfallen aus den Schubladen zu verhindern. Jede neue Karte, die hinzukommt, kann an ihren Platz gelegt werden, ohne mit den anderen irgend wie in Berührung zu kommen, sodass also die ganze Einrichtung stets vollständig in Ordnung ist.

Bei der Ausgabe von Zeichnungen werden Karten benutzt, die folgendermaassen bezeichnet sind:

Zeit: ....

....

Zeichnung No. | 1 | 2 | 3 | 4 | 5 | 6 | 7 | 8 | 9 | 10 | 11 | 12 | 13 |

| 14 | 15 | 16 | 17 | 18 | 19 | 20 | 21 | 22 | 23 | 24 | 25 | 26 | 27 | 28 | 29 | 30 | 31 |

| 32 | 33 | 34 | 35 | 36 | 37 | 38 | 39 | 40 | 41 | 42 | 43 | 44 | 45 | . . . . . .

Art der Zeichnung	Tusche-Zeichnung	Blei-Zeichnung	Skizze	Blau-Pause		Datum
Weisses Papier				lose		
Gelbes „				aufgezogen auf Karton		
„				aufgezogen auf Holz		189
„				Abgeliefert an		
Paus- „				für H.		

Bevor eine Zeichnung von ihrem Platze genommen wird, um nach der Tischlerei, Schmiede oder sonst irgend einer Werkstatt zu gehen, wird sie genau auf einer dieser Karten verzeichnet, die so als stiller Beleg für die Ausgabe der Zeichnung dient. Erst nach Rückgabe der Zeichnung wird die Karte vernichtet.

Es ist wirklich wunderbar, wie manche grosse Werkstätten, die ein genaues Checksystem haben, um die Ausgabe und Rückgabe eines Bohrers, der vielleicht 50 Pf. Werth hat, zu kontrolliren, Zeichnungen, die häufig mehr als 100 M. Werth haben, jedem Arbeiter in die Hand geben, ohne auf die Aus- oder Rückgabe derselben zu achten.

Bedeutung der Mittellinie.

Die erste Aufgabe eines Konstrukteurs ist, bevor er irgend welche Detailkonstruktionen macht, mittelst Mittellinien die Lage der einzelnen Theile zu einander festzulegen. Nur auf diese Weise kann er die Sicherheit haben, dass die einzelnen Theile, die ihre Lage zu einander stetig ändern, nicht einander hemmen. Stellt sich schon beim Aufzeichnen der Mittellinie heraus, dass sich mehrere Linien mit einander kreuzen, so hat es gar keinen Zweck, die Zeichnung weiter auszuführen; in diesem Falle müssen die Mittellinien verlegt, oder die ganze Konstruktion aufgegeben werden.

Schablone einer menschlichen Figur.

Im Folgenden sei einer originellen Idee Erwähnung gethan, Schablonen herzustellen, die eine menschliche Figur im Profil in beliebigem Maassstabe darstellt. Veranlassung hat hierzu die Konstruktion und Ausführung einer Reihe von Specialpressen und ähnlichen Maschinen gegeben, bei deren Benutzung der betreffende Arbeiter in der Lage sein muss, neben seinen beiden Händen auch noch den Fuss zu verwenden, um gleichzeitig verschiedene Operationen verrichten zu können. Die Schablonen wurden nun aus dem Grunde angefertigt, um sich schon bei der Konstruktion der Maschine zu überzeugen, ob alle die verschiedenen Hebel, Griffe u. s. w. in solcher Lage wären, dass sie von dem Arbeiter mit Leichtigkeit benutzt werden können. Ist die Schablone in demselben Maassstab wie die Zeichnung hergestellt, so kann man sich hierüber sofort klar werden, und ist es auf diese Weise möglich, nothwendig werdende Aenderungen schon an der Zeichnung vorzunehmen.

Graphische Darstellung.

Wo es nothwendig ist, eine Reihe von Arbeitsstücken in verschiedenen Grössen, die alle in einem bestimmten Verhältnisse zu einander stehen, wie z. B. Keile, herzustellen, lassen sich die Einzeldimensionen am Besten auf graphischem Wege ermitteln. So z. B. habe ein Arbeitsstück die Dimensionen *AB, AC, AD, AE*, Fig. 206. Gewünscht wird nun ein Arbeitsstück, welches sämmtliche Dimensionen in einem bestimmten Verhältnisse verkleinert erhalten soll. Man trage

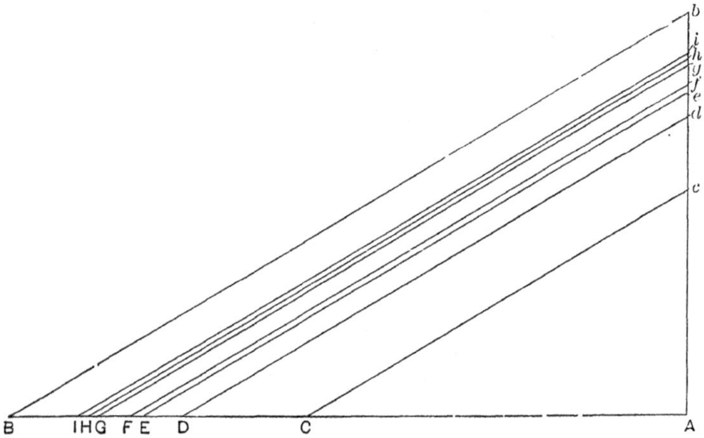

Fig. 206.

die verschiedenen Maasse auf einer Horizontalen auf, errichte in *A* eine Senkrechte *Ab*, deren Länge in dem gegebenen Verhältnisse zu *AB* steht, verbinde man *B* mit *b* und ziehe zu der Linie durch die Punkte *C*, *D*, *E* u. s. w. Parallelen.

Die Entfernung von *A* bis zum Schnittpunkt dieser Linien mit der Vertikalen, *Ac, Ad, Ae* u. s. w. geben die in dem bestimmten Verhältniss zu *AB, AC, AD, AE* u. s. w. stehenden kleineren Maasse an. Wird noch ein drittes kleineres Verhältniss verlangt, so nehme man das der Entfernung *AB* entsprechende kleinere Maass in den Zirkel und schlage hiermit um *A* als Mittelpunkt einen Kreis, der die Diagonale *Bb* in einem Punkte treffen wird. Verbindet man diesen Punkt mit *A*, so erhält man in den Schnittpunkten dieser Linie mit den vorher erwähnten Diagonalen die äussersten Grenzpunkte für die verlangten Entfernungen *Cc*, *Dd* u. s. w.

Kreisringe von gleichem Inhalt.

Ab und zu ist die Aufgabe gestellt, einen gegebenen Kreis in eine Anzahl von centrischen Kreisringen mit gleichem Inhalt zu theilen (Fig. 207). Rechnerisch kann man die je-

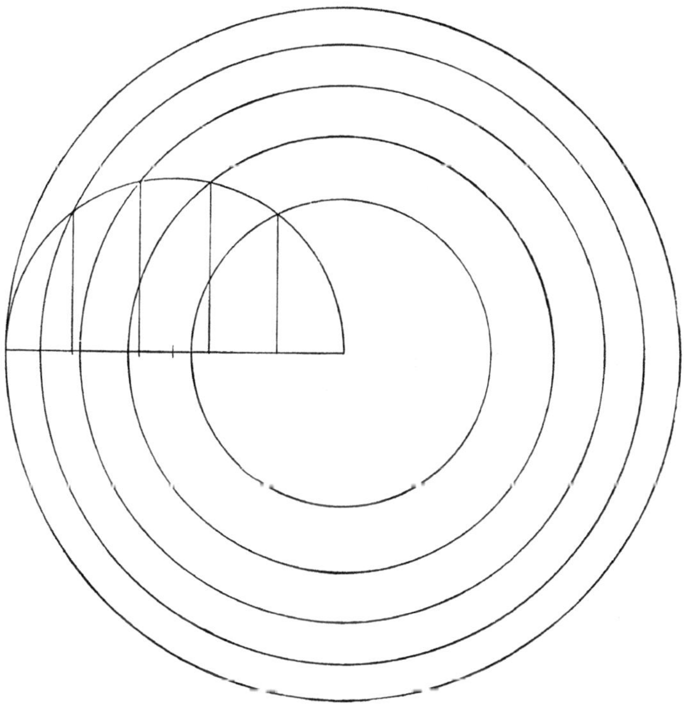

Fig. 207.

weiligen Radien dadurch feststellen, dass man den Inhalt der Kreisfläche durch die Zahl der Theilungen dividirt, den erhaltenen Quotienten mit $^1/_4\,\pi$ multiplicirt, hieraus die Quadratwurzel zieht und somit den Durchmesser für den inneren Kreis erhält. Der Durchmesser des nächsten Kreisbogens ergiebt sich aus der Quadratwurzel des doppelten Quotienten u. s. w.

Dasselbe Resultat lässt sich zeichnerisch viel schneller

und ebenso genau erzielen, indem man den Radius des gegebenen Kreises in die entsprechende Anzahl Theile theilt, über den Radius als Durchmesser einen Halbkreis schlägt und in den Theilpunkten des Radius Senkrechte errichtet. Zieht man durch die Schnittpunkte letzterer mit dem Halbkreis koncentrische Kreise zu dem Aussenkreis, so erhält man die gewünschte Anzahl Kreisringe von gleichem Inhalt.

Kurvenanschlüsse.

Kurvenanschlüsse werden in den seltensten Fällen in richtiger Weise, d. h. ohne jeden Knick hergestellt. Um zwei Kurven genau an einander anzuschliessen, braucht man sich nur des Satzes zu erinnern, dass zwei Kurven, die einander berühren sollen, eine gemeinsame Tangente haben müssen. Im Folgenden (Fig. 208) sei als Beispiel ein Oval (nicht Ellipse), welches aus einem Halbkreis und drei Kreisbogen besteht, zur Ausführung gebracht. Die drei Kreisbogen sollen sich hier mit dem Halbkreis ohne jeden Knick vereinigen. Man schlage einen Kreis und ziehe zwei senkrecht zu einander stehende Durchmesser. Die untere Kreishälfte dient zur Bildung des Ovals. Von den beiden Endpunkten des Halbkreises ziehe man zwei gerade Linien beliebiger Länge durch den Schnittpunkt des senkrechten Durchmessers mit dem punktirten Halbkreis. Um jeden der Endpunkte des horizontalen Durchmessers als Mittelpunkt schlage man einen Kreis, dessen Durchmesser gleich dem erstgenannten ist. Durch den Schnittpunkt der beiden Diagonallinien mit dem punktirten Halbkreis schlage man einen dritten Kreisbogen, dessen Radius durch den Schnittpunkt mit den beiden vorerwähnten Linien gegeben ist. Wie leicht aus

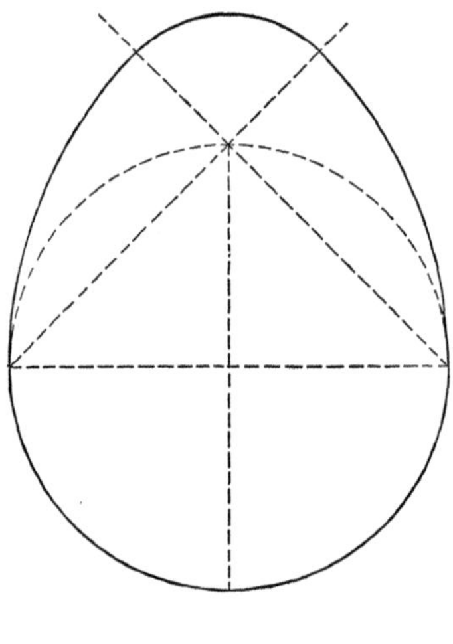

Fig. 208.

der Konstruktion ersichtlich ist, haben sowohl die beiden Einzelbogen, als auch die Kreisbogen mit dem Halbkreise je eine gemeinsame Tangente, in Folge dessen der Anschluss ohne jeden Knick vor sich gehen wird.

Versteifungsprincip.

Die einzigste Möglichkeit, einen Gegenstand richtig zu versteifen, ist die Anwendung von Diagonalversteifungen, denn das Dreieck ist die einzigste Form, die kein Ausbiegen seiner Seiten ohne ein Brechen derselben zulässt. Das Viereck z. B. kann jede beliebige Formveränderung erleiden, indem seine Verbindungsecken so lange als Drehpunkte wirken, bis alle vier Seiten flach auf einander liegen.

Handliche Dreiecke.

In den Ferracute-Werken sind grössere Dreiecke in Gebrauch, in deren Seiten die Profile der gebräuchlichsten Gewinde und Schraubenköpfe eingeschnitten sind; eine Anordnung, die die Ausführung von Skizzen bedeutend erleichtert.

Stangenzirkel.

Die Schienen an den Stangenzirkeln werden gewöhnlich mit rechteckigem Querschnitt ausgeführt, was wohl daher kommen mag, dass hierzu meistens Holz verwandt wird. Es liegt wenigstens kein Grund vor, dieselben bei Verwendung von Stahl nicht als Rohre auszubilden. Ebenso scheinen die Stellschrauben zum Feststellen der Schenkel überflüssig zu sein, sofern nur für eine gute Klemmvorrichtung Fürsorge getroffen ist. Denn, wenn bei einem Spitzzirkel von 150 mm Länge keinerlei Vorrichtung dieser Art getroffen ist, warum sollte sich denn eine solche bei einem Stangenzirkel als nothwendig erweisen?

Zeichenschablonen.

In den Ferracute-Werken bedient man sich zur Herstellung von Skizzen mannigfacher Hülfsmittel; so unter anderen einer

Schablone, die aus Pappdeckel hergestellt ist und eine vollständige Schraube mit flachem Kopf darstellt. Die einzelnen Gewindegänge sind scharf eingeschnitten, sodass sie mit einem Bleistifte nachgezogen werden können. Verschiedene Schraubengrössen sind auf diese Weise dargestellt, sodass bei ihrem Gebrauch die Arbeit des Zeichners wesentlich erleichtert wird.

Im Folgenden seien noch einige Hülfsmittel beim Zeichnen angegeben. So bedient man sich z. B. beim Ausradiren einer einzelnen Linie oder eines Theiles einer Linie eines Kartonstückes (Fig. 209), in welches man einen Schlitz von entsprechender Länge und Breite eingeschnitten hat. Bei Ver-

Fig. 209.

wendung dieses Kartons ist man in der Lage, jedes beliebige Wort oder jede Linie theilweise oder ganz ausradiren zu können.

Eine andere Einrichtung, die das Einfüllen der Tusche in die Ziehfeder erleichtert, besteht darin, dass man an einem mit Spitze versehenem Glasröhrchen ein Stück Gummischlauch anbringt. Die Tusche wird hierdurch vor dem Trocknen bewahrt, spritzt nicht herum und kann mit Leichtigkeit in die Feder eingeführt werden. Fernerhin kann das Röhrchen, sobald ein Gummi- oder Korkpfropfen aufgesteckt wird, in der Tasche mitgeführt werden.

Vorrichtung zum Anzeichnen von Zahnformen.

In Fig. 210 ist eine Vorrichtung dargestellt, welche das Anzeichnen der Zahnformen der Cykloidenverzahnung auf der Zeichnung sowohl, als auf der Schablone wesentlich vereinfacht. Dieselbe, in den Industrial Works in Philadelphia in Gebrauch befindlich, besteht, wie die Figur zeigt, aus einem Radsegment W, dessen Peripherie einen Theil des erzeugenden Kreises darstellt, und einer in der Peripherie angeordneten Reissnadel P. Letztere ist in einer schwalbenschwanzförmigen

Nuthe verschiebbar angeordnet, um so jeder Beschädigung vorzubeugen. Ein und dasselbe Rad kann zum Festlegen der

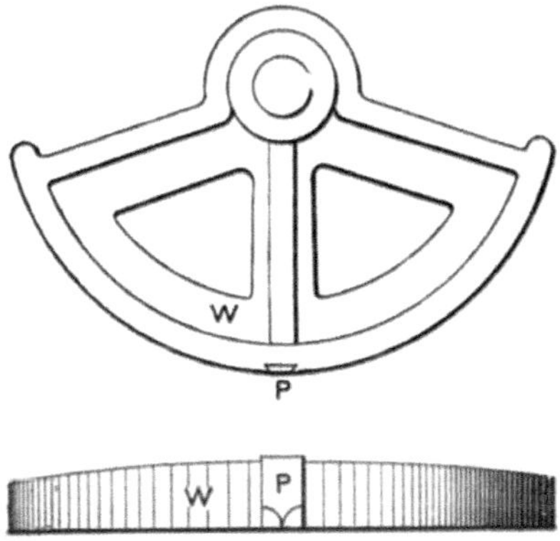

Fig. 210.

Zahnprofile für Innen- oder Aussenverzahnung dienen, je nachdem es auf der äusseren oder inneren Peripherie eines Kreises abgewickelt wird.

Herstellung von Weiss- und Blaupausen.

Der Gebrauch von Weiss- und Blaupausen hat sich in letzter Zeit so ausserordentlich entwickelt, dass sich fast jedes Zeichenbureau mit der Herstellung derartiger Pausen befassen muss. Der Unterschied in der Herstellung von Weiss- und Blaupausen besteht darin, dass bei der Blaupause die lichtempfindliche Masse zersetzt und die vom Sonnenlicht nicht getroffenen Stellen abgewaschen werden, während bei der Weisspause das Bild erst durch ein Fixirbad entwickelt wird. In beiden Fällen wird die Originalpause mit dem präparirten Papier in den Kasten gelegt und dieser den Sonnenstrahlen ausgesetzt. Hierbei ist es wünschenswerth, dass die Sonnenstrahlen möglichst senkrecht auffallen, in Folge dessen die besseren Pauskasten so ausgeführt werden, dass sie, an einem Drehgestell befestigt, unter jedem beliebigen Winkel eingestellt, und mittelst Rollen mit Leichtigkeit an jeden Platz gebracht werden können.

Bei der Weisspause erhält das gelbe Papier unter der Einwirkung der Sonnenstrahlen eine weissgraue Farbe. Zeigt der Rand ungefähr dieselbe Farbe wie das unter dem Original liegende Papier, so ist es Zeit, die Pause herauszunehmen und ins Fixirbad zu bringen. Dort lässt man sie so lange liegen, bis die Linien scharf und schwarz heraustreten, worauf man sie 20 bis 30 Minuten in reinem Wasser ausspült und dann zum Trocknen aufhängt. Erhält der Hintergrund eine mehr oder weniger graue Farbe, so ist dies ein Zeichen dafür, dass die Pause nicht genügend exponirt war, während ein zu langes Aussetzen einen weissen Grund, jedoch verschwommene Linien giebt. Das Entwickelungsbad, dessen Zusammensetzung sich nach der betreffenden Papierart richtet, kann so lange benutzt werden, bis es schwarz und schmutzig ist.

Bei der Herstellung der Originalpausen, die späterhin zur Bereitung von Lichtpausen Verwendung finden sollen, ist vor Allem darauf Werth zu legen, dass alle Linien mit tiefschwarzer Tusche gezogen werden; je dicker die Tusche aufgetragen wird, desto besser werden auch die Pausen. Erscheint die Tusche nicht undurchlässig genug, so füge man etwas Chromgelb oder gebrannte Sienna zu.

Blaupausen von festen Körpern.

Der beste Weg eine äusserst genaue Zeichnung von einem unregelmässigem, stark profilirtem Arbeitsstück zu erhalten, ist der, eine Blaupause von dem Stück selbst zu nehmen. Uhrmacher und Fakrikanten von Maschinen, die zur Herstellung von Uhrtheilen dienen, bedienen sich dieses Mittels mit bestem Erfolge, da auf diesem Wege jede Unregelmässigkeit der Form genau wiedergegeben wird.

Druck auf Sicherheitsventile.

Abgesehen von der Berechnung lässt sich der Druck am Sicherheitsventil am leichtesten mittelst einer guten Waage ermitteln, die an dem Punkte, wo die Ventilstange mit dem Hebel verbunden ist, aufgehängt wird. Man hat darauf zu achten, dass, wie Fig. 211 zeigt, der Hebel horizontal zu liegen kommt. Die Waage wird den Druck anzeigen, den das Eigengewicht des Hebels auf das Ventil ausübt. Man hat es nun in der Hand, durch Aufschieben oder Anhängen der

Ventilbelastung den gewünschten Druck mittelst der Waage festsetzen zu können. Das Gewicht des Ventiles selbst mit der Stange wird für sich ermittelt und ist dem sich aus Hebeleigengewicht und Belastung ergebenden Drucke zuzufügen. Den ermittelten Betrag hat man durch den Flächeninhalt des Ventiles zu dividiren, um bei richtiger Wahl der

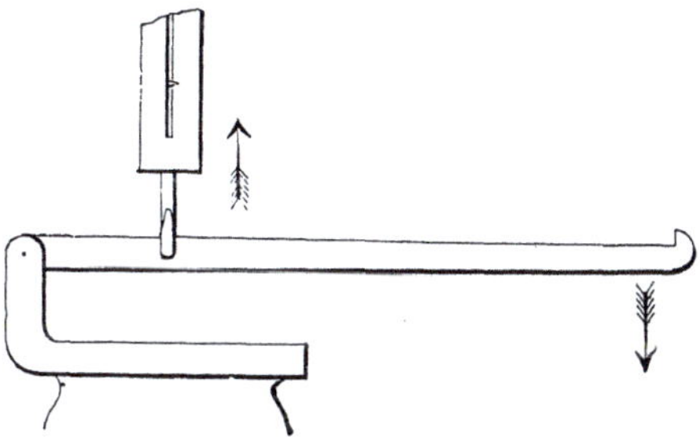

Fig. 211.

Einheiten (kg und cm) den Druck in Atmosphären zu erhalten. Gewöhnlich kommt das umgekehrte Verfahren zur Anwendung, wonach bei gegebenem Druck, bei welchen das Ventil abblasen soll, Gewicht und Stellung desselben bestimmt werden.

Erscheint es wünschenswerth, die Einwirkung des Gewichtes rechnerisch festzustellen, so sind hierzu die Entfernung des Drehpunktes des Hebels und diejenige des Aufhängepunktes der Ventilstange bis zum Drehpunkte des Hebels

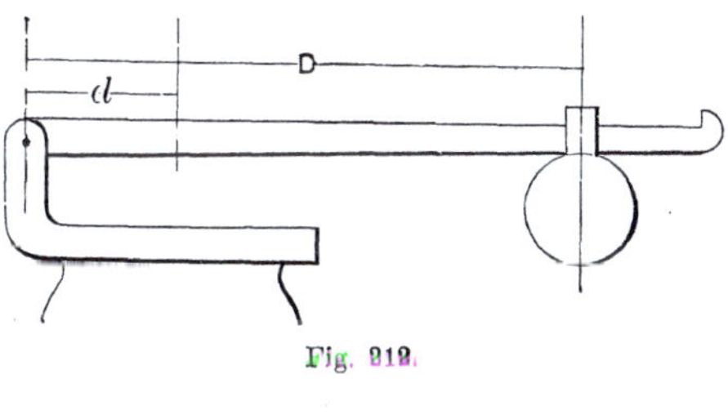

Fig. 212.

erforderlich. In diesem Verhältniss $D:d$ wird das Gewicht des Belastungskörpers auf den Ventilsitz übertragen (Fig. 212). Hierbei muss jedoch daran erinnert werden, dass das Gewicht des Ventilkegels nebst Stange sowie der durch das Eigengewicht des Hebels hervorgerufene Druck mit in Rechnung zu setzen ist.

Wird z. B. der Schwerpunkt dieses Hebels, was am leichtesten durch Ausbalanciren geschieht, in einer Entfernung von 450 mm vom Drehpunkte gefunden und beträgt die Entfernung vom Drehpunkt bis zum Aufhängepunkt der Ventilstange 150 mm, so wirkt das Eigengewicht des Hebels in dem Verhältniss von 3 : 1 auf den Ventilsitz ein. Unter dieser Voraussetzung und unter der Annahme, dass der Hebel selbst 7 kg, der Ventilkörper mit Stange 6 kg wiegt, dass das Belastungsgewicht 50 kg beträgt, dass ferner das Verhältniss $D:d = 4$ ist, erhalten wir auf den Ventilsitz einen Gesammtdruck von:

4 · 50 (durch die Gewichtsbelastung) plus 3 · 7 (Eigengewicht des Hebels), plus 6 (Gewicht des Ventiles nebst Stange)

$$= 200 + 21 + 6 = 227 \text{ kg}.$$

Querschnitt für gusseiserne Träger.

Bei der Querschnittbestimmung eines gusseisernen Trägers muss die Erwägung massgebend sein, dass die zulässige Beanspruchung auf Druck ungefähr doppelt so gross ist, als die auf Zug. Hieraus ergiebt sich, dass, um eine gleichmässige Beanspruchung des Gusseisens zu erzielen, das Verhältniss der statischen Momente bezogen auf die neutrale Axe = 2:1 sein muss. Vielfach werden die Träger nach der in Fig. 213 dargestellten Anordnung ausgeführt. Mit diesem Querschnitt ist dann die günstigste Beanspruchung für die Belastung gegeben.

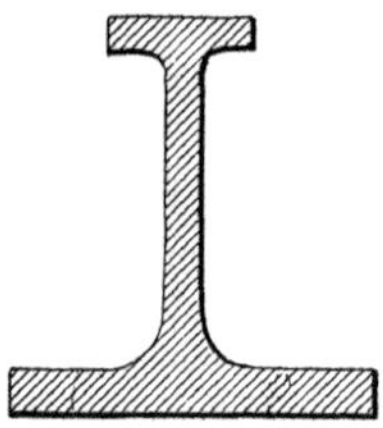

Fig. 213.

Doppelgängige Schraube.

Bei Verwendung von doppelt- und mehrgängigen Schrauben wird sehr häufig der Fehler begangen, dass man glaubt, mit der Verdoppelung der Gewindezahl auch eine Vergrösserung der Arbeitsleistung erzielt zu haben. Ein Blick auf die beigefügte Abbildung Fig. 214 wird die Sache klar machen. Bei einer jeden Schraube giebt die Steigung die Mittenentfernung zweier Windungen ein und desselben Gewindeganges, auf einer parallel zur Mittelaxe laufenden Linie gemessen, an. Die Schraube wird demnach bei einer jeweiligen Umdrehung in der Mutter um eine Entfernung gleich der Steigung herausgeschraubt.

Die Arbeitsleistung der Schraube ergiebt sich, abgesehen von der Reibung, aus dem Verhältniss des Weges, den die Kraft, am Umfang der Schraube wirkend, zurücklegt und dem Betrage, um den die Schraube in der Längsrichtung verschoben wird. Besitzt demnach die Schraube eine Steigung = 1 und wirkt an derselben ein Hebel, rechtwinklig zur Schraubenaxe, mit einer Länge = 12 (von der Mittellinie des Schraubenganges aus gemessen), so ergiebt sich das

Fig. 214.

Uebersetzungsverhältniss der Schraube unter Vernachlässigung der Reibung zu: $\frac{12 \cdot 2\pi}{1} = 75{,}398$; d. h. die Kraft, die an dem Hebelarme wirkt, muss einen Weg von 75,398 zurücklegen, um die Schraube um 1 fortzubewegen.

Ist die Schraube nun doppelgängig, so ist es einleuchtend, dass bei derselben Weite der Schraubengänge die Steigung doppelt so gross sein muss, dass also bei jeder Umdrehung des betreffenden Hebels die Schraube nicht um 1, sondern um 2 fortbewegt wird. Während es auf den ersten Blick nun scheinen mag, dass die Leistung der Schraube verdoppelt wird, wird sie in Wirklichkeit halbirt.

Wirkt eine Kraft von 1 kg an dem betreffenden Hebelarme auf den Weg von 75,398 cm, so wird hierdurch eine Fortbewegung der Schraube oder Mutter von 2 cm erzielt; es ist demnach das Uebersetzungsverhältniss nur $\frac{75{,}398}{2} = 37{,}699$.

Der Verlust an Reibung ist auch hierbei ausser Acht gelassen. Bei einer dreifachen Schraube würde sich das

Verhältniss noch ungünstiger gestalten, indem es hier nur $\frac{75,398}{3} = 25,133$ betragen wird.

Umgekehrt wird durch Verkleinerung der Steigung bei der eingängigen Schraube das Uebersetzungsverhältniss in demselben Maasse vergrössert.

So wird z. B. unter dem oben angegebenen Verhältnisse bei einer eingängigen Schraube mit $^1/_2$ cm-Steigung das Uebersetzungsverhältniss $\frac{75,398}{^1/_2} = 150,796$ sein.

Auf jeden Fall ist das Uebersetzungsverhältniss der Schraube, gleichgültig, wieviel gängig die Schraube und wie gross die Steigung ist, immer gleich dem Quotienten aus dem Wege der Kraft bei einer Umdrehung und dem Betrag, um welchem die Schraube bei einer Umdrehung bewegt wird.

Schwerpunktsbestimmung.

Zur Schwerpunktsbestimmung einer unregelmässig geformten Figur wendet man ein einfaches Verfahren an, indem man die betreffende Figur aus einem gleichmässig starken Pappdeckel ausschneidet und dann auf einer Schneide in zwei rechtwinkelig zu einanderstehenden Ebenen ausbalancirt. In den Schnittpunkten dieser beiden Ebenen kann man eine Nadel stecken und auf dieser den betreffenden Pappdeckel in Umdrehung versetzen.

Konen.

Eines der Hauptzeichen für die Fortschritte der Technik besteht in der Einführung bestimmter, allgemein gebräuchlicher Systeme für Gewindeformen, Zahnformen, Drahtlehren u. s. w. Nur in Bezug auf die Konen, die doch im Maschinenbau so mannigfache Verwendung finden, scheint man noch kein einheitliches System festgestellt zu haben. Die Schwierigkeiten, die sich der Einführung eines derartigen Systems entgegensetzen, sind eben in der Mannigfaltigkeit der vorhandenen Konen zu suchen.

Im Folgenden sei der sogenannte „Jarnokonus“, der auch bei Brown & Sharpe Verwendung findet, erwähnt.

Wie die Fig. 215 zeigt, ist die Konicität bei sämmtlichen Konen die gleiche, nämlich 1 : 20. Die Konen sind der Reihe nach nummerirt und geben die betreffenden Nummern die Dimensionen des Konuses in $^1/_{10}''$ an der schmalen, und in $^1/_8''$ an der breiten Seite an, während sich das Längenmaass aus der Multiplikation der betreffenden Nummer mit $^1/_2''$ ergiebt. Es hat somit Konus No. 1 $^1/_{10}''$ Stärke an der schmalen Seite, $^1/_8''$ an der breiten Seite bei $^1/_2''$ Länge,

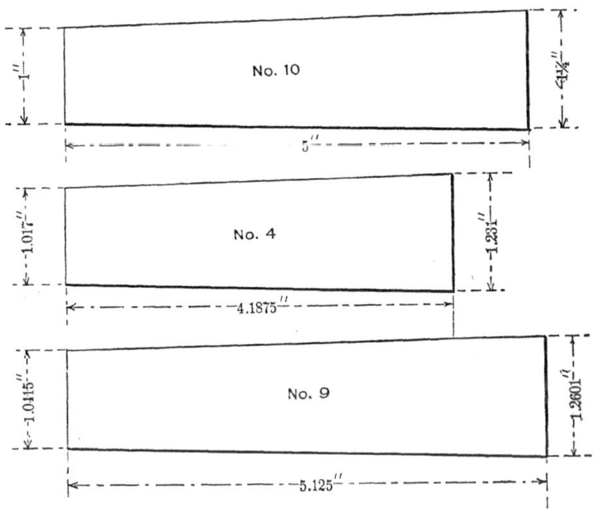

Fig. 215—217.

während der Konus No. 10 die Dimensionen 1'', $1^1/_4''$ und 5'' aufweist. Im Gegensatz zu diesem einheitlichen Konussystem stehen die in Fig. 216 und 217 angegebenen Konen, die sich allmählich aus der Praxis ergeben haben, deren Einzeldimensionen jedoch in keinem Verhältniss zu einander stehen.

Rädergetriebe.

Es genügt nicht, dass die Zähne zweier Räder gleicher Theilung mit einander arbeiten und dass durch den Zahndruck des einen Rades das andere in Umdrehung versetzt wird, sondern vor Allem muss die Bewegung der Räder leicht, geräuschlos und ohne Stösse vor sich gehen. Ebenso soll die

Abnutzung der beiden Räder auf ein Minimum beschränkt, sowie ein jedes Einzwängen des einen Zahnes in die entsprechende Zahnlücke des anderen Rades vermieden werden, da sonst in Folge des Axendruckes eine übermässige Abnutzung der Axen und der Lagerstellen bei einem entsprechend grossen Verlust an Kraft unter unnöthiger Vergeudung von Schmiermaterial die Folge wäre. Ferner ist darauf zu achten, dass irgend ein Rad beliebiger Theilung mit jedem anderen Rad derselben Theilung von der Zahnstange abwärts bis zu einem Rad mit zwölf Zähnen gleichmässig zusammen arbeitet.

Ungleichmässige Abnutzung der Radzähne.

Sehr häufig hört man klagen, dass sich die Zähne eines Rades ungleichmässig abnutzen und die Räder in Folge dessen ungleichmässig und geräuschvoll laufen. Es tritt dies gewöhnlich bei dem Rade ein, dessen Zähnezahl ein Vielfaches des anderen ist. Hier kommt nach der so und so vielten Umdrehung jedesmal dasselbe Paar Zähne wieder in Eingriff. Sind nun einige der Zähne, was sehr leicht vorkommen kann, etwas härter als die anderen, so muss bei dem jedesmaligen Zusammenarbeiten des harten mit dem weichen Zahn eine grössere Abnutzung des weicheren stattfinden. Das beste Mittel gegen eine derartige schlechte Wirkung liegt in der Wahl der Zähne, indem man dieselbe so annimmt, dass sie Primzahlen zu einander bilden.

Gegossene resp. geschnittene Räder.

In Bezug auf die gegenseitigen Vortheile der Räder mit gegossenen und geschnittenen Zähnen mag zu Gunsten der letzteren erwähnt werden, dass die Zähne des geschnittenen Rades weit genauer und gleichmässiger in Grösse, Form und Theilung sind, dass sie weniger todten Gang besitzen, vor allem aber gleichmässiger, ruhiger und mit weit geringerer Reibung laufen als gegossene Räder. Ferner giebt es bei dem geschnittenen Rad kein Rechts und Links wie bei dem geformten, während hingegen letzteres, da die harte Gusshaut verbleibt, der Abnutzung einen grösseren Widerstand entgegensetzt. Von den gegossenen Rädern, namentlich von grösseren, verdienen diejenigen den Vorzug, die mit der Maschine geformt sind, da bei diesem Verfahren die Zähne sorgfältiger und genauer geformt werden können als bei Benutzung eines mit Zähnen versehenen Radmodelles. Hierzu kommt noch, dass, sobald einmal die nöthigen Theil- und Hülfsvorrichtungen vorhanden sind, die Herstellungskosten des Zahnrades viel geringer sind als bei Verwendung des Radmodelles.

Theilung, Zahnstärke und Form der Zahnräder.

Da sich in neuerer Zeit, namentlich in Deutschland, vielfache Bestrebungen, ein gleichmässiges System in der Bestimmung der Theilung und Durchmesser eines Rades einzuführen, geltend machen, so sei im Folgenden kurz auf die drei Hauptmethoden aufmerksam gemacht.

Nach der einen Methode wird eine bestimmte Theilung angenommen und hiernach der Durchmesser des Rades bei gegebener Zähnezahl festgesetzt. Dieses Verfahren ist bei Benutzung von Millimetermaassen wohl anwendbar, stösst jedoch bei Zolltheilungen auf Schwierigkeiten, da im gegebenen Falle der Durchmesser in Bruchtheilen des Zolles angegeben werden muss und letztere Maasse sich schlecht festlegen lassen. Dies mag denn wohl der Grund sein, weshalb man in Amerika und England von dieser Dimensionsbestimmung der Zahnräder fast ganz abgesehen und ein anderes Verfahren eingeführt hat, welches die Theilung in Zoll vom Theilkreisdurchmesser abhängig macht.

Die Theilung 16, 12, 10, 8, 6, 5, 4 Zähne pro 1″ Theilkreisdurchmesser bieten genügende Abstufungen in der Grösse und geben neben dem Vortheil der allgemeinen Einführung für die Ausführung in der Werkstatt gute Abmessungen. Die zwischen den oben angegebenen Zahlen liegenden Theilungen besitzen jedoch den Nachtheil, dass sie den Durchmesser in dem Arbeiter ungewöhnlichen Bruchtheilen von Zollen festlegen; derselbe Uebelstand tritt bei der Verwendung von grösseren Theilungen unter 4 Zähnen pro 1″ ebenfalls ein, sodass also in dieser Hinsicht, wenngleich diese Abmessungen nur selten in Frage kommen, das System nicht geringe Mängel zeigt.

Ein anderes System, das vor allem in Deutschland eingeführt ist, stellt die Dimensionen nach der Modultheilung fest. Hier ist die Theilung selbst ein vielfaches von π, in Folge dessen erhält man bei gegebener Zähnezahl eine höchst einfache Berechnung zur Bestimmung des Durchmessers, indem man den Modul nur mit der Zähnezahl zu multipliciren hat. Wird z. B. für ein Rad von 40 Zähnen Modul 5 gewählt, so ist die Theilung gleich 5 π und der Durchmesser gleich $40 . 5 = 200$ Theile des gewählten Maassstabes. Der äussere Durchmesser des Rades ist gleich dem Theilkreisdurchmesser plus dem doppelten Modul; in diesem Falle also gleich $200 + 2 . 5 = 210$.

Viele Fabriken verwenden nun je nach der Grösse des Rades und der Theilung beide Systeme. Bis zu einer Theilung entsprechend 4 Zähne pro 1″ Theilkreisdurchmesser benutzen sie das System der Zähne pro Zoll, während sie bei grösseren Theilungen die Modulrechnung verwenden und hierbei Abstufungen von $^7/_8$″ zu $^7/_8$″ gestatten.

Bezüglich der Berechnungsweise der Zähne pro Zoll Theilkreisdurchmesser sei noch erwähnt, dass sich die Berechnung eines Rades von gegebener Zähnezahl so gestaltet, dass man, um den Durchmesser zu erhalten, die gewählte Zähnezahl pro Zoll Theilkreisdurchmesser in die Gesammtzahl dividirt. Wird z. B. für ein Rad, das 40 Zähne erhalten soll, eine Theilung entsprechend 5 Zähne pro 1″ Theilkreisdurchmesser gewählt, so ergiebt sich der Durchmesser des Rades gleich $40 : 5 = 8''$, sodass also ein Rad mit einer Theilung gleich 5 Zähne pro 1″ eine gewisse Anzahl „$^1/_5$″“ im Durchmesser, hier 40, erhält, während der Umfang eines Rades mit 6 Zähnen pro 1″ durch „$^1/_6$″“ theilbar sein muss. In dieser Bedingung liegt, wie schon oben erwähnt, die Schwierigkeit der Rechnung resp. der Festlegung der Durchmessergrössen. Nimmt man z. B. ein Rad mit 7 Zähnen pro 1″, so würde der Durchmesser des Rades in „$^1/_7$″“ gegeben werden. Da die Bruchtheile des Zolles entweder in $^1/_2$, $^1/_4$, $^1/_8$, $^1/_{16}$ etc. oder nach dem Decimalsystem in 0,1, 0,2, 0,3 etc. gegeben werden, so hat der betreffende Arbeiter kein Mittel an der Hand, die Theilung des Rades genau aufzutragen. Letzterer Uebelstand wird bei Verwendung der Modultheilung vollständig vermieden, indem man hier je nach der Wahl des Moduls Bruchtheile in $^1/_2$, $^1/_4$, $^1/_8$ etc. erhält.

Der äussere Durchmesser des Rades bestimmt sich gewöhnlich aus der Addition von 2 Theilen der Theilung in Zähnezahl pro 1″ und dem Theilkreisdurchmesser. So ist z. B. der äussere Durchmesser eines Rades von 30 Zähnen und einer Theilung von 8 Zähnen pro 1″ Theilkreisdurchmesser gleich dem Theilkreisdurchmesser $^{30}/_8{}'' + {}^2/_8{}'' = 4''$. Für ein Rad mit 40 Zähnen und einer Theilung von 10 Zähnen pro 1″ Theilkreisdurchmesser ist der äussere Durchmesser gleich $4^2/_{10}{}'' = 4{,}2''$.

Die Dimensionen des Zahnes selbst ergeben sich nach Willis bei einer Theilung 1 (auf den Theilkreis gemessen) für die Kopfhöhe des Zahnes zu $^3/_{10}$, für die Arbeitstiefe zu $^6/_{10}$, die Gesammttiefe zu $^7/_{10}$, die Zahnstärke am Theilkreis zu $^5/_{11}$ und die Zahnlücke zu $^6/_{11}$. Eine englische Firma giebt folgende Verhältnisse an: Theilung 100; Gesammttiefe 75; Arbeitstiefe 70; Zahnstärke 45; Zahnlücke 55.

Um die Mittenentfernung zweier Räder zu bestimmen, addire man die Zähnezahlen und dividire die Summen durch die doppelte Zahl der Theilung pro 1″ Theilkreisdurchmesser. Arbeiten z. B. zwei Räder mit 48 resp. 36 Zähnen bei einer Theilung von 5 Zähnen pro 1″ zusammen, so ergiebt sich eine Mittenentfernung von

$$\frac{48 + 36}{10} = 8{,}4''.$$

Zur Bestimmung der Zahndimensionen ist noch zu bemerken, dass sich die Stärke der Zähne nach dem Material des Rades sowohl, wie nach der Art seiner Beanspruchung richtet. Je schneller die Räder laufen und je grösser die Wahrscheinlichkeit ist, dass sie plötzlich in Gang gesetzt oder umgeschaltet werden, um so stärker sind auch die Zähne zu halten. Die Form der Zähne ist meistentheils durch die Zähnezahl, sowie bei der Cycloidenverzahnung durch die Grösse des Verzahnungskreises bestimmt.

Die Räderfabrikanten, die sich mit dem Schneiden von Zähnen befassen, haben für eine bestimmte Zähnezahl und Theilung gleiche Fräser, sodass Räder mit gleicher Zähnezahl und Theilung gleiche Zahnformen erhalten. Um Räder von der kleinsten gebräuchlichen Zähnezahl 12 aufwärts bis zur Zahnstange schneiden zu können, ist ein Satz von 8 Fräsern erforderlich. So schneidet man z. B. mit dem ersten Fräser Räder von 12 und 13 Zähnen, mit dem zweiten 14—16, mit dem dritten 17—20, mit dem siebenten 55—134, mit dem achten solche mit mehr als 135 Zähnen.

Unter Umständen erscheint es jedoch zweckmässig, die Zahnform des Rades den besonderen Arbeitsbedingungen entsprechend auszubilden. Wird z. B. ein Rad an einer Maschine benutzt, bei der es auf eine grosse Kraftübertragung weniger ankommt, vielmehr die Reibung auf ein Minimum beschränkt werden muss, so ist es vortheilhaft, die in Fig. 218 dargestellte Zahnform in Anwendung zu bringen, die dadurch entsteht, dass man dem Rollkreise einen grösseren Durchmesser giebt, als der Durchmesser des Rades selbst beträgt. Die auf diese Weise erzielte Zahnform ist weder gefällig noch sehr widerstandsfähig, erfüllt jedoch in diesem Falle ihren Zweck, indem sie die Reibung wesentlich verringert.

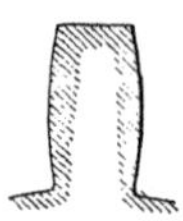

Fig. 218.

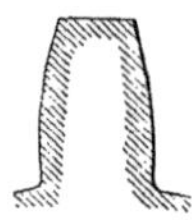

Fig. 219.

Ist jedoch ein äusserst kräftiger Zahn erforderlich, was besonders dann der Fall ist, wenn das Triebrad unverhältnissmässig klein ist, so verwendet man die in Fig. 219 dargestellte Form, indem man den Rollkreisdurchmesser kleiner als den Theilkreisradius des Zahnrades macht.

Aufreissen der Zähne für ein Kettenrad.

Um die Zähne für ein Kettenrad zu einer vorhandenen Kette aufreissen zu können, bestimme man zunächst die Entfernung der Kettenglieder. Dieses Maass, welches die Theilung für das Kettenrad giebt, ist selbstverständlich für alle Räder, mit welchen die Kette arbeiten soll, genau einzuhalten. Sodann bestimme man den Durchmesser des Kettenrades, indem man die gegebenen Zähnezahlen mit der Theilung multiplicirt und das Produkt durch π dividirt. Nunmehr schlage man einen Kreis mit dem gefundenen Durchmesser, um auf diese Weise den Theilkreisdurchmesser des Rades festzulegen. Hierauf ziehe man als Grundkreis einen Kreis, dessen Durchmesser um die Höhe eines Kettengliedes kleiner ist als der Theilkreisdurchmesser. Den Theilkreisdurchmesser theile man in eine der Zähnezahl entsprechenden Anzahl gleicher Theile und schlage um diese Theilpunkte Kreise von einem Durchmesser gleich dem der Kettenbolzen. Zwischen den einzelnen Kreisen reisse man nunmehr, ohne jedoch die Kreislinie zu schneiden, die einzelnen Zähne auf. Die Zahnform bildet man am Fusse möglichst stark aus und rundet sie an der Spitze entsprechend ab.

Hobeln der Zähne konischer Räder.

Das Einfräsen von Zähnen in konische Räder mittelst eines Profilfräsers giebt so ausserordentlich schlechte und ungenaue Zahnformen, dass das Einhobeln der Zähne sich für genaue Räder als eine Nothwendigkeit erweist. Erwähnt mag hier jedoch noch werden, dass sich auch ein genaues Fräsen von konischen Rädern auf einer von dem Amerikaner Warren konstruirten Maschine, allerdings mittelst zweier Scheibenfräser, erzielen lässt.

Bei Benutzung eines Profilfräsers treten folgende Uebelstände zu Tage. Besasse der Fräser die dem äusseren Theil (grösserer Durchmesser des Rades) entsprechende Form, so würde er die Zahnflanken an der inneren Seite (kleinster Durchmesser des Rades) zum grössten Theil wegschneiden. Im andern Falle, wo der Fräser die genaue Form für das innere Ende des Zahnes besitzt, wird er an der Aussenseite entweder zu viel Material stehen lassen, oder aber beim zweimaligen Durchschneiden die Seitenform der Zähne verändern.

Mittelst derartiger Fräser können die gewöhnlichen Evolventen- und Cycloidenverzahnungen nicht geschnitten werden. Aus diesem Grunde ist man gezwungen, die konischen Räder nach dem Vorfräsen fertigzuhobeln.

Die konischen Räder erhalten wie die Stirnräder in den meisten Fällen eine Verzahnung, die sich daraus ergiebt, dass ein Rad von 12 oder 15 Zähnen mit allen übrigen zusammen arbeiten muss. So z. B. arbeiten alle bei Brown & Sharpe und Pratt & Withney verfertigten Räder mit einem Rade von 15 Zähnen und in Folge dessen auch alle mit einander zusammen.

Bei dem System von Willis erhält das Erzeugungsrad 12 Zähne, eine Zähnezahl, die dem kleinsten Triebrad entspricht.

In gleicher Weise könnte man auch zu dem andern Extrem übergehen, an Stelle des kleinsten, das grösste Rad als „Erzeugungsrad“ verwenden, was in diesem Fall eine Zahnstange ergiebt. Alle Räder, die mit der Zahnstange als „Erzeugungsrad“ arbeiten, müssten sodann auch mit einander arbeiten. Es kann somit die Zahnstange resp. einer ihrer Zähne als ein Schneidwerkzeug zur Herstellung der Zähne in allen Stirn- und Kegelrädern dieses Systems verwandt werden.

Fig. 220 zeigt den Arbeitsvorgang bei der Benutzung eines Zahnstangenzahnes als Schneidwerkzeug zur Erzielung

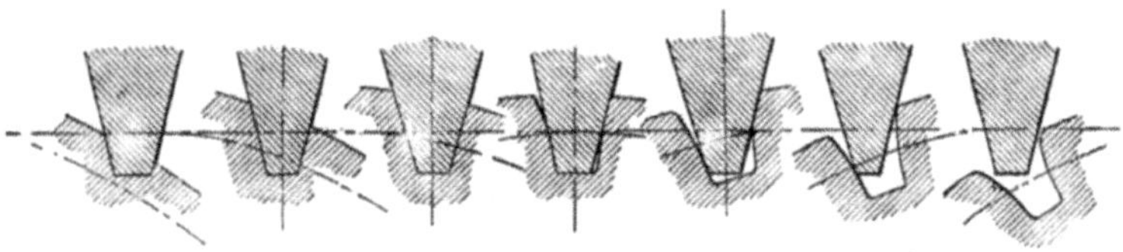

Fig. 220.

einer Zahnlücke. Die punktirten Linien geben die Theillinien für Rad und Zahnstange an. Man hat es also an der Hand, bei einer hin- und hergehenden Bewegung des als Zahnstangenzahn ausgebildeten Werkzeuges und einer Drehbewegung des zu schneidenden Rades, Zahnräder herzustellen.

Da nur die Evolventenverzahnung für dieses Verfahren in Frage kommt, so ist demgemäss auch der Zahnstangenzahn als Evolventenzahn auszubilden. Das Werkzeug muss selbstverständlich nicht parallel zum äusseren Begrenzungskonus des Rades, sondern zu dem des Zahnfusses arbeiten. In den Werkstätten von Bilgram, Philadelphia, werden alle konischen Räder nach diesem System auf einer Specialmaschine geschnitten. Die Maschine, die, ähnlich wie bei der Shapingmaschine, dem Werkzeug eine hin- und hergehende Bewegung ertheilt, ermöglicht es einerseits, das aufgespannte Rad der

Zähnezahl entsprechend zu schalten und andererseits demselben noch eine rechtwinkelig zur Mittelaxe schwingende Bewegung zu geben. Auf diese Weise wird es erreicht, konische Räder verschiedener Zähnezahl z. B. mit 12, 18, 24 und 36 Zähnen herzustellen, die alle mit einander arbeiten. Selbstverständlich kommt die Mittelaxe des Rades von 12 Zähnen näher an die Stirnseite des Rades mit 36 Zähnen zu liegen, als die des Rades mit 18 Zähnen.

Es kann nun wohl als selbstverständlich angenommen werden, dass die konischen Räder nur dann zusammenarbeiten, wenn sie gleiche Breite und gleichen Uebersetzungswinkel haben, da nur unter dieser Voraussetzung die Zahnstärken an der inneren und äusseren Seite entsprechend gleich werden können.

Einsetzen der Zähne in Stirnräder.

Häufig kommt es vor, dass in Folge einer schlechten Materialstelle, einer plötzlichen Belastung, oder aus anderen Gründen ein Zahn aus einem grösseren Stirnrad ausbricht. Je kleiner nun der Durchmesser des Rades im Verhältniss zu seiner Theilung ist, um so grösser werden die Schwierigkeiten bei der weiteren Benutzung des Rades. Oft wird einem derartigen Zufall dadurch Rechnung getragen, dass man Vorkehrungen trifft, einen Theil des Radkranzes herauszunehmen, resp. durch einen anderen zu ersetzen. Am einfachsten und schnellsten jedoch hilft man sich in derartigen Fällen, wenn man an Stelle des gebrochenen einen neuen Zahn einfügt. Man stellt eine Schablone aus dünnem Eisenblech her, deren Form sich nach den vorhandenen Zähnen richtet und die unterhalb des Zahngrundes mit einem schwalbenschwanzförmigen Einschnitt versehen ist. An dem Zahnkranz meisselt man die Reste des ausgebrochenen Zahnes weg, stösst mittelst einer geeigneten Vorrichtung eine entsprechende schwalbenschwanzförmige Nuthe ein und befestigt in dieser den nach der Schablone in Schmiedeeisen hergestellten Ersatzzahn mit von unten oder der Seite eingesetzten Schrauben.

An Stelle des schmiedeeisernen Ersatzzahnes verwendet man auch solche, die aus Kanonenmetall, d. h. aus 8 Theilen

Kupfer und 1 Theil Zink, oder auch solche, die aus bestem Gusseisen hergestellt sind.

Einschleifen von Zahnrädern.

In manchen Fabriken ist es gebräuchlich, Zahnräder, hauptsächlich solche mit schrägen Zähnen, unter Benutzung feinen Schmirgelstaubes einlaufen zu lassen.

Dieses Verfahren kann nicht genug verurtheilt werden, da hier vor Allem die richtige und genaue Zahnform an dem einen oder anderen Rade oder auch an beiden verloren geht. Die Räder mögen ja zu zweien ruhig und glatt zusammenlaufen, bringt man jedoch mehrere Räder in Abhängigkeit zu einander und lässt das erste sich mit gleichmässiger Geschwindigkeit umdrehen, so wird man finden, dass das letzte nur höchst ungleichmässig und mit Stössen arbeitet. Ein weiterer Uebelstand, der durch das Einschleifen bedingt wird, ist der, dass ein Theil des Schmirgelstaubes in den Poren der Räder sitzen bleibt und so beim Zusammenarbeiten der letzteren die Zähne fortwährend abschleift, wodurch die Räder nach kurzer Zeit wegen ihres unruhigen Ganges unbrauchbar werden.

Es soll hiermit keineswegs von der Verwendung von Rohgussrädern abgerathen, sondern nur darauf hingewiesen werden, dass ein gutes Arbeiten der Räder nur dadurch zu erzielen ist, wenn man schon in der Zeichnung, wie auch im Modell die nöthige Sorgfalt auf die Bestimmung der Form und Grösse der Zähne legt. Ebenso muss das Einformen des Modelles sowie das Eingiessen des Metalles in die Form in vorsichtiger Weise geschehen. Will man wirklich genaue Zahnräder erzielen, so empfiehlt sich die Verwendung von Zahnradformmaschinen, die bei einer guten Theilvorrichtung äusserst genau gegossene Zahnräder liefern. Bei diesen Zahnrädern ist die Zahnform überall ein und dieselbe, und ist somit ein ruhiges und stossfreies Arbeiten der Räder gewährleistet. Ein grosser Vortheil ist ferner noch darin zu sehen. dass die Gusshaut, der beste Theil des Gussstückes, dem Rade verbleibt und nicht durch Einschleifen der Räder entfernt wird.

Rohhaut-Räder.

Schon seit vielen Jahren sind Zahnräder, aus Rohhaut verfertigt, mit bestem Erfolg in Gebrauch. Namentlich seit der Einführung der elektrischen Strassenbahnen, wo man auf die Verwendung eines Materials hingewiesen war, das dauerhafter als Stahl, Bronce oder Gusseisen wäre, sich dabei aber besonders für hohe Geschwindigkeiten eignete, hat das Rohhautrad allgemeine Verwendung gefunden. Gerade für diesen Zweck eignen sich die Räder, nicht nur, weil sie dauerhafter sind als die metallenen und geräuschloser laufen, sondern auch, weil die Abnutzung des mit ihm in Eingriff stehenden Rades weit geringer ist. Eine Oelschmierung ist gleichfalls nicht nöthig. Sie laufen sogar ohne Schmierung besser, als mit derselben. Ferner wird eine Vibration des Rades fast ganz vermieden, was bei den Elektromotoren wieder von Vortheil ist, indem dadurch der Motor bedeutend mehr geschont wird.

Sachregister.

Verlag von **Julius Springer** in **Berlin** und **R. Oldenbourg** in **München.**

Praktische Dynamokonstruktion.

Ein Leitfaden für Studirende der Elektrotechnik.

Von

Ernst Schulz.

Mit 42 in den Text gedruckten Figuren und einer Tafel.

In Leinwand gebunden Preis M. 3,—.

Vertheilung des Lichtes und der Lampen

bei elektrischen Beleuchtungsanlagen.

Ein Leitfaden für Ingenieure und Architekten.

Von

Jos. Herzog und **Cl. P. Feldmann.**

Mit 35 in den Text gedruckten Figuren.

In Leinwand geb. Preis M. 3,—.

Die elektrischen Wechselströme.

Zum Gebrauche für Ingenieure und Studirende

bearbeitet von

Thomas H. Blakesley, M. A.

Aus dem Englischen übersetzt von Clarence P. Feldmann.

Mit 31 in den Text gedruckten Figuren.

In Leinwand geb. Preis M. 4,—.

Magnetismus und Elektricität

mit Rücksicht auf die Bedürfnisse der Praxis.

Von

Dr. **Gustav Benischke.**

Mit 202 Figuren im Text.

Preis M. 6,—; in Leinwand gebunden M. 7,—.

Einführung in die Elektricitätslehre.

Vorträge von

Bruno Kolbe,

Oberlehrer der Physik an der St. Annenschule in St. Petersburg.

I. Statische Elektricität.

Mit 75 in den Text gedruckten Holzschnitten.

Preis M. 2,40; in Leinwand gebunden M. 3,20.

II. Dynamische Elektricität.

Mit 75 in den Text gedruckten Holzschnitten.

Preis M. 3,—; in Leinwand gebunden M. 3,80.

Zu beziehen durch jede Buchhandlung.

Verlag von **Julius Springer** in **Berlin** und **R. Oldenbourg** in **München.**

Leitfaden zur Konstruktion von Dynamomaschinen
und zur Berechnung von elektrischen Leitungen.

Von

Dr. **Max Corsepius.**

Zweite vermehrte Auflage.

Mit 23 in den Text gedruckten Figuren und einer Tabelle.

Gebunden Preis M. 3,—.

Anordnung und Bemessung

elektrischer Leitungen.

Von

Carl Hochenegg,
Ober-Ingenieur.

Mit in den Text gedruckten Figuren.

Zweite vermehrte und verbesserte Auflage unter der Presse.

Dynamomaschinen für Gleich- und Wechselstrom
und Transformatoren.

Von

Gisbert Kapp.

Autorisirte deutsche Ausgabe von Dr. L. Holborn und Dr. K. Kahle.

Mit zahlreichen Abbildungen im Text.

Zweite vermehrte Auflage unter der Presse.

Elektrische Kraftübertragung.

Ein Lehrbuch für Elektrotechniker.

Von

Gisbert Kapp.

Autorisirte deutsche Ausgabe von Dr. L. Holborn und Dr. K. Kahle.

Zweite verbesserte und vermehrte Auflage.

Mit zahlreichen in den Text gedruckten Figuren.

In Leinwand gebunden Preis M. 8,—.

Transformatoren für Wechselstrom und Drehstrom.

Eine Darstellung ihrer Theorie, Konstruktion und Anwendung.

Von

Gisbert Kapp.

Mit 13 in den Text gedruckten Abbildungen.

In Leinwand gebunden Preis M. 7,—.

Zu beziehen durch jede Buchhandlung.

Verlag von **Julius Springer** in **Berlin N.**

Die Steuerungen der Dampfmaschinen.

Von

Emil Blaha.

Mit zahlreichen lithographischen Tafeln.

Vierte, von Prof. C. Leist bearbeitete Auflage unter der Presse.

Hilfsbuch für Dampfmaschinen-Techniker.

Unter Mitwirkung von Professor Adalbert Kás

verfasst und herausgegeben von

Josef Hrabák,

Oberbergrath und Professor an der k. k. Bergakademie in Pribram.

Dritte Auflage.

Mit in den Text gedruckten Figuren.

In zwei Bänden. In Leinwand geb. Preis M. 16,—.

Berechnung der Leistung und des Dampfverbrauches

der Eincylinder-Dampfmaschinen.

Ein Taschenbuch zum Gebrauch in der Praxis.

Von

Josef Pechan,

Professor des Maschinenbaues und Fachvorstand der mechan.-techn. Abtheilung an der k. k. Staatsgewerbeschule in Reichenberg.

Mit 6 Textfiguren und 38 Tabellen.

In Leinwand gebunden Preis M. 5,—.

Das Maschinen-Zeichnen.

Begründung und Veranschaulichung der sachlich nothwendigen zeichnerischen Darstellungen und ihres Zusammenhanges mit der praktischen Ausführung.

Von

A. Riedler,

Professor an der Königl. technischen Hochschule zu Berlin.

Mit 256 Textfiguren.

In Leinwand gebunden Preis M. 6,—.

Sammlung von Vorrichtungen und Apparaten

zur Verhütung von Unfällen an Maschinen.

37 Tafeln mit französischem, deutschem und englischem erläuternden Text.

Herausgegeben von der

Gesellschaft zur Verhütung von Fabrikunfällen,

Mülhausen (Elsass).

Zweite Auflage.

In Leinwand gebunden Preis M. 12,—.

Zu beziehen durch jede Buchhandlung.

Verlag von **Julius Springer** in **Berlin N.**

Die Hebezeuge.

Theorie und Kritik ausgeführter Konstruktionen.
Ein Handbuch
für Ingenieure und Architekten, sowie zum Selbstunterricht für Studirende.
Von
Ad. Ernst,
Professor des Maschinen-Ingenieurwesens an der Technischen Hochschule zu Stuttgart.
Zweite neubearbeitete Auflage.
Mit 645 Textfiguren und einem Atlas von 64 lithographirten Tafeln.
Gebunden in zwei Leinwandbänden Preis M. 50,—.

Die Pumpen.

Berechnung und Ausführung der für die Förderung von Flüssigkeiten gebräuchlichen Maschinen.
Von
Konrad Hartmann,
Kaiserl. Regierungsrath. Professor an der Technischen Hochschule Charlottenburg.
Mit zahlreichen Textfiguren und Tafeln.
Zweite, unter Mitwirkung von Oberingenieur J. O. Knoke bearbeitete Auflage unter der Presse.

Die Gebläse.

Bau und Berechnung der Maschinen zur Bewegung, Verdichtung und Verdünnung der Luft.
Von
A. von Jhering,
Regierungsbaumeister, Docent an der Königl. Technischen Hochschule zu Aachen.
Mit 464 Abbildungen im Text und 3 Tafeln.
In Leinwand gebunden Preis M. 20,—.

Die Kraftmaschinen des Kleingewerbes.

Von
J. O. Knoke,
Mit 294 in den Text gedruckten Figuren.
In Leinwand gebunden Preis M. 10,—.

Hilfsbuch für die Elektrotechnik.

Unter Mitwirkung von Fink, Goppelsroeder, Pirani, v. Renesse und Seyffert
bearbeitet und herausgegeben von
C. Grawinkel und Dr. K. Strecker.
Mit zahlreichen Figuren im Text.
Vierte vermehrte und verbesserte Auflage.
Gebunden Preis M. 12,—.

Zu beziehen durch jede Buchhandlung.

*

Verlag von **Julius Springer** in **Berlin N.**

Elasticität und Festigkeit.

Die für die Technik wichtigsten Sätze und deren erfahrungsmässige Grundlage.

Von

C. Bach,

Professor des Maschinenwesens am Königl. Polytechnikum Stuttgart.

Zweite vermehrte Auflage.

Mit in den Text gedruckten Abbildungen und 15 Tafeln in Lichtdruck.

In Leinwand gebunden Preis M. 16,—.

Die Entwickelung der Schiffsmaschine

in den letzten Jahrzehnten.

Von

Carl Busley,

Professor an der Kaiserl. Marine-Akademie zu Kiel.

Mit 157 Textabbildungen und 5 lithographischen Tafeln.

Dritte durchgesehene Auflage.

In Leinwand gebunden Preis M. 12,—.

Die technische Entwicklung

des

Norddeutschen Lloyds und der Hamburg-Amerikanischen Packetfahrt-Aktien-Gesellschaft.

Von

Ingenieur **R. Haack** und Professor **C. Busley.**

Mit 572 Textfiguren, 34 lithographischen Tafeln und 11 Diagrammblättern.

In Leinwand gebunden Preis M. 32,—.

Hilfsbuch für den Schiffbau.

Von

Hans Johow,

Kaiserl. Marine-Ingenieur.

Mit 96 Holzschnitten und 2 lithograph. Tafeln.

In Leinwand gebunden Preis M. 16,—; in Leder M. 18,—.

Die Berechnung der Centrifugalregulatoren.

Von

W. Lynen,

Regierungs-Baumeister, Privatdocent an der Kgl. Techn. Hochschule Charlottenburg.

Mit 69 in den Text gedruckten Figuren und 6 Tafeln.

In Leinwand gebunden Preis M. 4,—.

Zu beziehen durch jede Buchhandlung.

Verlag von **Julius Springer** in **Berlin N.**

Die praktische Anwendung
der
Schieber- und Coulissensteurungen
von
William S. Auchincloss, C. E.

Autor. deutsche Uebersetzung u. Bearbeitung von. Oberingenieur A. Müller.

Mit 18 lith. Tafeln und zahlreichen in den Text gedruckten Holzschnitten.

In Leinwand gebunden Preis M. 8,—

Ausrückbare Kupplungen
für Wellen und Räderwerke.

Theoretische Grundlage und vergleichende Beurteilung ausgeführter Konstruktionen.

Von

Ad. Ernst,

Professor des Maschinen-Ingenieurwesens an der Technischen Hochschule zu Stuttgart.

Mit 165 Figuren.

In Leinwand gebunden Preis M. 6,—

Der Dampfkessel-Betrieb.
Allgemeinverständlich dargestellt.

Von

E. Schlippe,

Königl. Gewerbe-Inspektor zu Chemnitz.

Zweite umgearbeitete und vermehrte Auflage.

Mit zahlreichen in den Text gedruckten Abbildungen.

In Leinwand gebunden Preis M. 5,—.

Neuere Bagger- und Erdgrabemaschinen.
Von

B. Salomon, und **Ph. Forchheimer,**

Mit Abbildungen im Text und 7 lithographischen Tafeln.

Gebunden Preis M. 8,—.

Maschinenarbeit und Ausnutzung der Naturkräfte in Amerika.
Von

M. F. Gutermuth, E. Reichel, A. Riedler.

I. Heft: Kraft-, Licht-, Wärme- und Kälteverteilung in Stadten, Ausnutzung von Wasserkräften, Seil-Strassenbahnen. Mit 169 in den Text gedruckten Abbildungen. **Preis M. 7,—.**

II. Heft: Dampfmaschinen, Riementriebe, Pumpwerke, Luftkompressoren, Bergbaumaschinen, und -Anlagen. Mit 352 in den Text gedruckten Abbildungen und einem Textblatt. **Preis M. 7,—.**

Zu beziehen durch jede Buchhandlung.

**

Verlag von **Julius Springer** in **Berlin N.**

Grundlagen für das Veranschlagen der Löhne
bei der Bearbeitung der Maschinentheile.

Ein Leitfaden für die Praxis und den Unterricht.

Von

Richard Schulze,

Maschinen-Ingenieur.

Mit 78 in den Text gedruckten Abbildungen.

In Leinwand gebunden Preis M. 6,—.

Die Londoner Untergrundbahnen.

Von

L. Troske,

Königlicher Regierungs-Baumeister.

Mit 2 lithographirten Tafeln und 156 in den Text gedruckten Abbildungen.

Kartonirt Preis M. 10,—.

Anleitung zur statischen Berechnung von Eisenkonstruktionen im Hochbau.

Von

H. Schloesser,

Civil-Ingenieur.

Mit in den Text gedruckten Holzschnitten und einem Plan.

Zweite, neu bearbeitete und erweiterte Auflage.

In Leinwand gebunden Preis M. 7,—.

Lebenserinnerungen.

Von

Werner von Siemens.

Wohlfeile Volksausgabe.

Mit dem Bildnis des Verfassers in Kupferätzung.

In Leinwand gebunden Preis M. 2,—.

Wilhelm Siemens.

Von

William Pole.

Mit Porträts, Abbildungen und einer Karte.

Preis M. 8,—; in Leinwand gebunden M. 9,20.

Zu beziehen durch jede Buchhandlung.

GPSR Compliance

The European Union's (EU) General Product Safety Regulation (GPSR) is a set of rules that requires consumer products to be safe and our obligations to ensure this.

If you have any concerns about our products, you can contact us on ProductSafety@springernature.com

In case Publisher is established outside the EU, the EU authorized representative is:

Springer Nature Customer Service Center GmbH
Europaplatz 3
69115 Heidelberg, Germany

Batch number: 10682427

Printed by Printforce, the Netherlands